中国自主产权芯片技术与应用丛书

龙芯

嵌入式系统原理与应用开发

孙冬梅 —————————— 著

人民邮电出版社
北京

图书在版编目（CIP）数据

龙芯嵌入式系统原理与应用开发 / 孙冬梅著. -- 北京 : 人民邮电出版社, 2023.3
（中国自主产权芯片技术与应用丛书）
ISBN 978-7-115-61188-8

Ⅰ. ①龙… Ⅱ. ①孙… Ⅲ. ①微处理器－系统开发 Ⅳ. ①TP332.2

中国国家版本馆CIP数据核字(2023)第029512号

内 容 提 要

本书介绍龙芯1B（LS1B）芯片的原理与应用开发，以培养读者的动手能力和增强读者的工程素养为目标，按照项目驱动的思路展开知识的讲解和实践操作。本书基于LS1B开发套件，讲解LS1B的结构及原理，还介绍进行嵌入式系统开发需掌握的GPIO、UART等外设的基本原理与常用库函数，以及国产物联网操作系统RT-Thread的原理及应用开发。最后通过一个综合设计介绍嵌入式系统设计流程。

本书适合从事自动控制、智能仪器、电子电气、机电系统等系统开发工作的工程技术人员阅读，也可作为高等院校“嵌入式系统”“单片机系统原理及应用”等课程的教学用书，还可作为国产片上系统（SoC）应用与培训课程的参考用书。

◆ 著　　　　孙冬梅
责任编辑　赵祥妮
责任印制　陈　犇

◆ 人民邮电出版社出版发行　　北京市丰台区成寿寺路 11 号
邮编　100164　　电子邮件　315@ptpress.com.cn
网址　https://www.ptpress.com.cn
三河市祥达印刷包装有限公司印刷

◆ 开本：787×1092　1/16
印张：22　　　　2023 年 3 月第 1 版
字数：499 千字　　　　2023 年 3 月河北第 1 次印刷

定价：89.90 元

读者服务热线：(010)81055410　印装质量热线：(010)81055316
反盗版热线：(010)81055315
广告经营许可证：京东市监广登字 20170147 号

PREFACE

前言

1. 本书定位

本书基于国产硬件平台和国产操作系统进行嵌入式系统开发的讲解，深度融合产业需求，培养硬件和软件人才，引入国产硬件和国产操作系统案例，直面关键基础软件技术问题，激发读者的爱国情怀和使命担当，培养读者过硬的专业能力。

我国有组织科技攻关的能力，也有推动国产芯片应用所需要的动员能力。目前我国已经有设计和生产芯片的能力，但是芯片的生态还不完善。为了更好地推进国产芯片的使用，推广国产操作系统，扩大国产嵌入式系统的生态圈，系统介绍基于龙芯芯片的嵌入式系统开发过程就十分有必要了。

本书不仅介绍龙芯 1 号系列芯片的国产嵌入式系统开发，还介绍基于国产 RT-Thread 操作系统的应用开发，在全国产基础上内容的适用性广。在内核原理、应用程序编写方面，与市场上常见的 ARM 架构芯片相比，这一开发过程是通用的，包括编译、程序下载、调试、应用开发、内核裁剪等。

本书定位为学习 SoC 芯片 LS1B 的入门教材，即电子信息类专业基础课程可选用的教材。本书侧重基本原理的阐述，并从嵌入式系统开发的基础知识入手，详细介绍 GPIO、UART、PWM、RTC、I^2C、SPI、CAN 总线的原理与设计实例。

本书通过理论与实践相结合的方式，帮助读者掌握嵌入式系统基础知识与常用接口。书中实例的安排由浅入深、层层递进，在帮助读者掌握某一方面功能的同时，有效整合其他外围设备（简称外设）与内核，如按键、传感器等，并设计嵌入式系统，体现学习的系统性。

2. 框架结构

本书围绕两个主题展开，一是 LS1B 的结构及原理，二是嵌入式 LS1B 的开发与实践。本书在讲解上由易到难、循序渐进，内容可分为 4 个部分：第 01~03 章为基础知识，第 04~09 章为裸机编程部分，第 10~17 章为操作系统部分，第 18 章为综合设计。

裸机编程部分是一个初学者成长为系统程序员所需掌握的基础内容，包括基于设备的基本硬件接口，如GPIO、UART等，以及总线与通信。操作系统部分包含操作系统的基础知识，如文件、进程、线程、信号、网络等。

第04~18章给出了设计实例的源码及运行结果，并对源码进行详细分析。同时采用多结构化的编程方法，有利于与其他外设整合，进行综合开发，实现应用系统功能，帮助读者培养良好的编程习惯。

书中的代码部分借鉴了网络资源，部分由编者撰写，全部经过调试并在LS1B开发套件上运行通过。其中，部分应用程序与其他ARM架构的系统是通用的。

3．内容编排

本书具体内容如下。

第01章简要介绍嵌入式系统、LS1B以及本书所采用的LS1B开发套件。

第02章介绍LS1B开发套件的硬件平台，包括内部结构与外部接口，为读者设计电路和进行软件开发提供参考；还介绍最小系统和外设相关调试。

第03章介绍嵌入式软件开发基础、集成开发环境LoongIDE，并完成第一个嵌入式系统项目的运行。

第04~09章介绍裸机编程，包括GPIO、UART、PWM定时器、RTC定时器、WDT、I²C总线、SPI总线、CAN总线。首先讲解这些外设的基本原理，其次给出常用的库函数，最后给出设计实例。

第10章介绍国产操作系统RT-Thread的内核原理与实现方法。

第11 ~ 14章为嵌入式操作系统开发奠定基础，详细介绍RT-Thread中的线程管理、系统节拍与定时器管理、线程间同步与通信、内存管理。

第15章介绍基于RT-Thread的LS1B文件系统的原理和编程示例。

第16章介绍基于RT-Thread的LS1B网络系统的原理和编程示例。

第17章介绍基于RT-Thread的LS1B的设备操作实现。

第 18 章给出基于 LS1B 开发套件的综合设计案例，并基于实际项目对系统设计流程进行介绍，具有一定的实践参考价值。

配套资源中提供了本书的教学课件、实验指导书及 LS1B 开发套件电路原理图，以方便读者进行学习与实践。读者可登录“异步社区”网站，搜索本书，在本书页面中的“配套资源”处进行下载。

4. 内容勘误

由于编者水平有限，书中难免存在不妥之处，欢迎读者朋友通过邮件（sundm75@njtech.edu.cn）反馈！

孙冬梅

2023 年 1 月

CONTENTS
目录

第05章 通用同步/异步通信

第06章 定时器

第07章 I^2C 总线

第 12 章 RT-Thread 的系统节拍与定时器管理

第 13 章 RT-Thread 线程间同步与通信

第01章

概述

本章知识

- 嵌入式系统的定义和特点
- LS1B 的特点
- LS1B 开发套件的主要硬件资源

1.1 嵌入式系统简介

嵌入式系统通常定义为以应用为中心、以计算机技术为基础、软 / 硬件可裁剪，对功能、可靠性、成本、体积、功耗有严格要求的专用计算机系统。嵌入式系统主要由微处理器（microprocessor）、外围设备（简称外设）、嵌入式操作系统及用户应用程序等部分组成。嵌入式系统因其通常被嵌入主要设备之中而得名。

简而言之，嵌入式系统是一个面向应用、高度裁剪的专用计算机系统。它主要有 4 个特点。

（1）计算机系统——嵌入式系统的基础。嵌入式系统是计算机系统，主要有硬件和软件。硬件包括微处理器、存储器和外设等，软件是计算机的运行程序。嵌入式系统具有接收和存储信息、按程序计算并输出处理结果等功能。

（2）专用——相对于通用计算机系统的"通用"。个人计算机（Personal Computer，PC）具有通用计算机系统，智能手机也具有通用"计算机系统"。这是因为通用计算机系统拥有标准的硬件定义和操作系统，上层软件可以在统一的平台（硬件和系统软件统一）上进行开发。实际上通用和专用的判断标准很简单,如果一个计算机系统的软件可以自由地直接在同类计算机的硬件上运行，那么这个计算机系统很可能就是一个通用计算机系统。例如，应用程序可以在不同的智能手机上运行，使用的是相同的操作系统（Android 或 iOS 等）。专用是嵌入式系统非常重要的特点。

（3）面向应用——嵌入式系统的根本立足点。专用并不意味着面向应用，还可以面向"科研"、面向"军用"、面向"宣传"等。嵌入式系统的开发是工程应用问题，而科研类的开发是学术问题，前者是用成熟的技术去实现明确的已知目标，后者是用已知的技术去探索未知的领域或者验证可能的结果。

（4）高度裁剪——嵌入式系统实现的过程。嵌入式系统的目标非常明确，即实现某个具体的应用。相对能够适用于大部分应用、目标不明确的通用计算机系统，嵌入式系统如何才能体现出"针对某个具体的应用"而突显出来的"专用"呢？那就是裁剪。对能实现对应应用的通用计算机原型系统进行裁剪，去掉不必要的部分，使之成为某个应用领域的专用计算机系统。

那么哪些部分可以被裁剪？如何裁剪呢？这实际上是有明确标准的，即面向应用的具体需求进行裁剪。具体来说，虽然功能、成本、可靠性、功耗、体积、性能、安全性等都是各类嵌入式系统所需考虑的，但当成本（时间、金钱、人力资源等）有限的时候，就只能根据应用的需求来分配资源，尽量使系统具有更好的性价比。

知识拓展

嵌入式系统还有如下其他的定义。

（1）《英汉双解嵌入式系统词典》：嵌入式系统是一种计算机硬件和软件的组合，也许还有机械装置，用于实现一个特定功能。在某些特定情况下，嵌入式系统是一个大系统或产品的一部分。

（2）中国国家标准 GB/T 22033—2017《信息技术 嵌入式系统术语》：嵌入式系统是置入应用对象内部，起信息处理和控制作用的专用计算机系统。

（3）电气电子工程师学会（Institute of Electrical and Electronics Engineers，IEEE）：Device used to control, monitor, or assist the operation of equipment（用于控制、监控或协助设备运行的装置）。

（4）维基百科：嵌入式系统是一种用计算机控制的具有特定功能的较小的机械或电气系统，且经常有实时性的限制，在被嵌入整个系统中时一般会包含硬件和机械部件。

1.2 LS1B 简介

龙芯 1B（LS1B）是一款兼容 MIPS32 且支持 EJTAG（Enhanced Joint Test Action Group，增强型联合测试行动小组）调试的双发射处理器，通过采用转移预测、寄存器重命名、乱序发射、路预测的指令 Cache（高速缓存）、非阻塞的数据 Cache、写合并收集等技术来提高流水线的效率。

LS1B 是一款系统级的片上系统（System on Chip，SoC）。微控制单元（Micro Control Unit，MCU）只是芯片级的芯片，而 SoC 是系统级的芯片。SoC 既像 51 单片机那样有内置 RAM（Random Access Memory，随机存储器）、ROM（Read-Only Memory，只读存储器），又像微处理器那样强大，不仅可以存储简单的代码，还可以存储系统级的代码。也就是说，SoC 可以运行操作系统，将 MCU 集成化与微处理器强处理能力的优点合二为一。

1.3 LS1B 开发套件

LS1B 开发套件使用核心板加主板的结构设计，以方便用户采用核心板设计自己的应用。LS1B 开发套件的核心板采用的是龙芯 1 号系列的主控芯片，从芯片设计到板级设计都尽量实现国产最大化，是一款应用国产技术较多、原生中文技术支持较好的开发板。

LS1B 开发套件主要由苏州市天晟软件科技有限公司研发，其外观如图 1.1 所示。核心板采用 4 层印制电路板（Printed-Circuit Board，PCB），贴片零件全部由专业贴片机完成，不仅可保证信号的质量，也可保证元器件稳定、可靠。在设计上，工程师尽量把芯片的各项功能通过复用或直连的方式显示出来，以方便客户设计、验证。

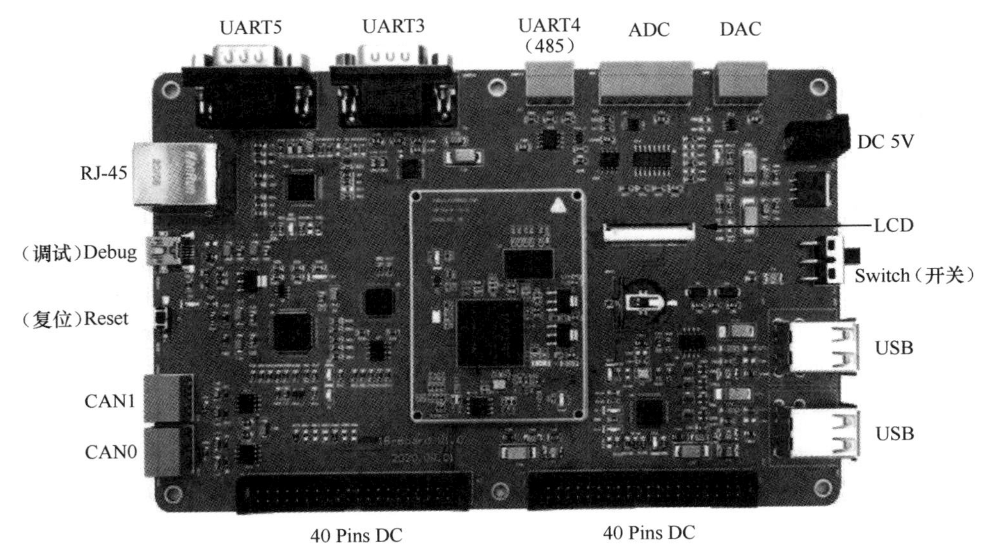

图 1.1　LS1B 开发套件外观

LS1B 开发套件的硬件资源如表 1.1 所示。

表 1.1　LS1B 开发套件的硬件资源

名称	描述
存储器	SPI Flash，512KB，W25X40BVSSIG； 1 个 SLC NAND Flash 存储器，128MB，K9F1G08U0C-PCB0； 64MB DDR2 SDRAM，K4T51163QI-HCF7
输入输出（Input/Output，I/O）	音频接口，立体声音频 LINE_OUT/LINE_IN/MIC_IN 接口（ALC655）； 5 个串行接口（简称串口），包括 1 个 4 线串行接口和 4 个 2 线串行接口，波特率高达 115200bit/s； 2 个 10Mbit/s/100Mbit/s 自适应速率网口（RTL8201EL-GR，带发送和接收指示灯）； 内部实时时钟（带备用纽扣电池）； 4 个 USB 2.0 HOST 接口； 1 个红外线数据接收头； 1 个 Micro SD 卡接口； 4 路 PWM 接口； 2 路标准 CAN 接口
显示	4 个高亮蓝色 LED（LED6、LED7、LED8、LED9）
按键	1 个复位按键
电源	直流电源适配器供电（5V，3A），带电源指示灯
其他	1 个蜂鸣器； 1 片 12 位 ADC（Analog-to-Digital Conversion，模数转换）数据采集芯片，并外接一个三针可调电阻，方便用户直接测试板上模数转换功能

练习题

1. 什么是嵌入式系统？说说嵌入式系统的组成部分。
2. 嵌入式系统与通用计算机系统的异同点有哪些？
3. LS1B 与普通 MCU 的差异有哪些？
4. LS1B 开发套件上的硬件资源有哪些？CPU 的型号是什么？

探索提升

20 世纪 90 年代，RTOS（Real Time Operating System，实时操作系统）开始流行，高端嵌入式 CPU 和嵌入式操作系统问世。高可靠、低功耗的嵌入式 CPU 出现，如 ARM、PowerPC 等，且支持操作系统、支持复杂应用程序的开发和运行。2000 年前后，芯片技术、互联网技术与嵌入式技术融合，微电子技术发展迅速，开源软件大规模运用。SoC 使嵌入式系统越来越小，功能却越来越强。约从 2010 年开始，IoT（Internet of Things，物联网）架构和应用程序逐步增多，面向移动应用程序的操作系统 Android 得到大规模应用。约 2020 年以来，AIoT（人工智能物联网）成为主流，人工智能、5G、云计算与嵌入式技术不断融合发展，嵌入式系统越来越多地用到了人脸识别、语音识别、环境侦测等智能算法，智能设备向着嵌入式的深度学习迈进，同时涌现了大量的智能产品，包括智能无人机、机器人等。

随着数字经济、IoT、产业互联网等技术的发展与应用，传统行业基于自身转型升级的需求，开始自发探索各类创新的方式，嵌入式系统已经成为其创新的重要载体和工具。嵌入式系统与人工智能、嵌入式视觉、IoT 和 RISC-V 等技术深度融合。随着 AIoT 应用、5G 设备部署、智能家居、智慧出行、工业互联网等应用场景的逐步丰富，嵌入式系统不断创新，变得越发重要。

嵌入式系统市场规模巨大，主要包括消费电子、智能网联汽车、工业互联网、医疗等多个行业，嵌入式系统涉及的产业规模达 2 万亿美元级别。我国嵌入式系统行业也日渐壮大，嵌入式软件市场规模约为 987 亿元。

“龙芯”是我国最早研制的高性能通用处理器系列，于 2001 年在中国科学院计算技术研究所开始研发。2010 年，中国科学院和北京市政府共同牵头出资，正式成立龙芯中科技术有限公司（现龙芯中科技术股份有限公司，简称龙芯中科），并开始市场化运作，旨在将龙芯处理器的研发成果产业化。

龙芯中科面向国家信息化建设的需求，面向国际信息技术前沿，以创新发展为主题，以产业发展为主线，以体系建设为目标，坚持自主创新，掌握计算机核心技术，为国家战略需求提供自主、安全、可靠的处理器，为信息产业及工业信息化的创新发展提供高性能、低成本、低功耗的处理器。

龙芯中科致力于龙芯系列 CPU 的设计、生产、销售和服务，主要产品包括面向行业应用的“龙芯 1 号”CPU、面向工业控制和终端类应用的“龙芯 2 号”CPU，以及面向桌面与服务器类应用的“龙芯 3 号”CPU。目前，龙芯中科面向网络安全、办公与信息化、工业控制及 IoT 等领域，与合作伙伴展开广泛的市场合作，产品在能源、金融、交通、教育等行业取得广泛应用。

第 02 章

LS1B 开发套件硬件平台

本章知识

- LS1B 开发套件硬件平台的外部接口、内部结构和最小系统电路
- 下载调试的接口及使用方法

2.1 外部接口

LS1B 芯片是基于 GS232 处理器核的片上系统(SoC),性价比高,广泛用在工业控制、家庭网关、信息家电、医疗器械和安全应用等领域。LS1B 芯片采用 SMIC 0.13μm 工艺实现，采用 Wire Bond BGA256 封装。

LS1B 芯片具有以下关键特性：

- 集成 1 个 GS232 双发射龙芯处理器核，指令和数据 L1 Cache 各 8KB；
- 集成 1 路 LCD（Liquid-Crystal Display，液晶显示器）控制器，支持最大分辨率为 1920px × 1080px（60Hz/16bit）；
- 集成 2 个 10M/100M/1000Mbit/s 自适应 GMAC；
- 集成 1 个 16/32 位 133MHz 的 DDR2 控制器；
- 集成 1 个 USB2.0 接口，兼容 EHCI（Enhanced Host Controller Interface，增强型主控制器接口）和 OHCI（Open Host Controller Interface，开放式主控制器接口）；
- 集成 1 个 8 位 NAND Flash 存储器控制器，最大支持 32GB；
- 集成中断控制器，支持灵活的中断设置；
- 集成 2 个 SPI（Serial Peripheral Interface，串行外设接口）控制器，支持系统启动；
- 集成 AC97 控制器；
- 集成 1 个全功能串口、1 个 4 线串口和 10 个 2 线串口；
- 集成 3 路 I^2C（Inter-Integrated Circuit，内部集成电路）控制器，兼容 SMBUS（System Management BUS，系统管理总线）；
- 集成 2 个 CAN（Controller Area Network，控制器局域网络）总线控制器；
- 集成 61 个 GPIO（General Purpose Input and Output，通用输入输出）端口；
- 集成 1 个 RTC（Real Time Clock，实时时钟）接口；
- 集成 4 个 PWM（Pulse Width Modulation，脉冲宽度调制）控制器；
- 集成看门狗电路。

2.2 内部结构

LS1B 芯片内部顶层结构如图 2.1 所示，由 AXI_MUX 和 XBAR 交叉开关互连，其中 CPU（GS232）、DC、AXI_MUX 作为主设备通过交叉开关连接到系统，DC、AXI_MUX 和 DDR2 作为从设备通过交叉开关连接到系统。在 AXI_MUX 内部实现了多个 AHB（Advanced High-performance Bus，高级高性能总线）和 APB（Advanced Peripheral Bus，高级外围总线）模块到顶层 AXI 交叉开关的连接，其中 DMA、GMAC0、GMAC1、USB 被 AXI_MUX 选择作为主设备访问交叉开关，AXI_MUX（包括 CONFREG、SPI0、SPI1）、APB、GMAC0、GMAC1、USB 等作为从设备被来自 AXI_MUX 的主设备访问。在 APB 内部实现了系统对内部 APB 接口设备的访问，这些设备包括 RTC、PWM、I²C、CAN、NAND、UART 等。

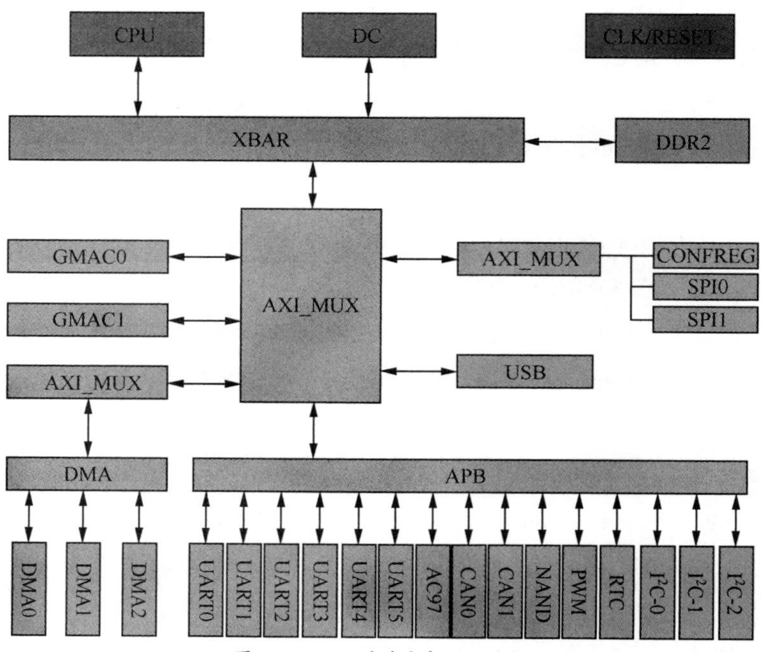

图 2.1　LS1B 芯片内部顶层结构

下面介绍 LS1B 芯片各模块的地址空间分配。

一级 AXI 交叉开关上模块的地址空间分配如表 2.1 所示。

表 2.1　一级 AXI 交叉开关上模块的地址空间分配

地址空间	模块	说明
0x00000000~0xfffffff	DDR	256MB
0x10000000~0x1c19ffff	—	保留
0x1c200000~0x1c2fffff	DC Slave	1MB
0x1c300000~0x1effffff	—	保留
0x1f000000~0x1ffffff	—	16MB
0x20000000~0x7fffffff	—	保留

AXI_MUX 下各模块的地址空间分配如表 2.2 所示。

表 2.2 AXI_MUX 下各模块的地址空间分配

地址空间	模块	说明
0xbf000000~0xbf7fffff	SPI0–memory	8MB
0xbf800000~0xbfbfffff	SPI1–memory	4MB
0xbfc00000~0xbfcfffff	SPI0	1MB
0xbfd00000~0xbfdfffff	CONFREG	1MB
0xbfe00000~0xbfe0ffff	USB	64MB
0xbfe10000~0xbfe1ffff	GMAC0	64MB
0xbfe20000~0xbfe2ffff	GMAC1	64MB
0xbfe30000~0xbfe3ffff	—	保留
0xbfe40000~0xbfe7ffff	APB–devices	256KB
0xbfe80000~0xbfebffff	SPI0–I0	256KB
0xbfec0000~0xbfefffff	SPI1–I0	256KB
0xbff00000~0xbfffffff	—	保留

APB 各模块的地址空间分配如表 2.3 所示。

表 2.3 APB 各模块的地址空间分配

地址空间	模块	说明
0xbfe40000~0xbfe43fff	UART0	16KB
0xbfe44000~0xbfe47fff	UART1	16KB
0xbfe48000~0xbfe4bfff	UART2	16KB
0xbfe4c000~0xbfe4ffff	UART3	16KB
0xbfe50000~0xbfe53fff	CAN0	16KB
0xbfe54000~0xbfe57fff	CAN1	16KB
0xbfe58000~0xbfe5bfff	I^2C–0	16KB
0xbfe5c000~0xbfe5ffff	PWM	16KB
0xbfe60000~0xbfe63fff	—	保留

续表

地址空间	模块	说明
0xbfe64000~0xbfe67fff	RTC	16KB
0xbfe68000~0xbfe6bfff	I^2C–1	16KB
0xbfe6c000~0xbfe6ffff	UART4	16KB
0xbfe70000~0xbfe73fff	I^2C–2	16KB
0xbfe74000~0xbfe77fff	AC97	16KB
0xbfe78000~0xbfe7bfff	NAND	16KB
0xbfe7c000~0xbfe7ffff	UART5	16KB

2.3 最小系统（核心板）设计结构

嵌入式的硬件最小系统是指可使内部程序运行的、规范的、可复用的核心系统，一般也称为核心板，包括电源电路、时钟电路、复位电路、存储器电路等。

2.3.1 电源电路

LS1B 芯片内部包含 4 个电源域，如表 2.4 所示。

表 2.4　LS1B 芯片内的电源域

电源域	描述
Core	内部主要功能模块的供电
RTC	系统断电时，由外部电池供电；系统在工作的情况下，供电由外部电路切换到普通电源。RTC 电源电流约为 100μA，在断电时间较长的场合建议使用外部 RTC
DDR	DDR2 接口工作所需电源，不支持休眠到内存
PAD	普通 3.3V 接口所需电源

LS1B 开发套件的核心板即可以使用的核心系统，其上的电源方案设计如图 2.2 所示。此方案提供了由 3.3V 到 Core 的 1.2V、到 DDR 的 1.8V 的供电。

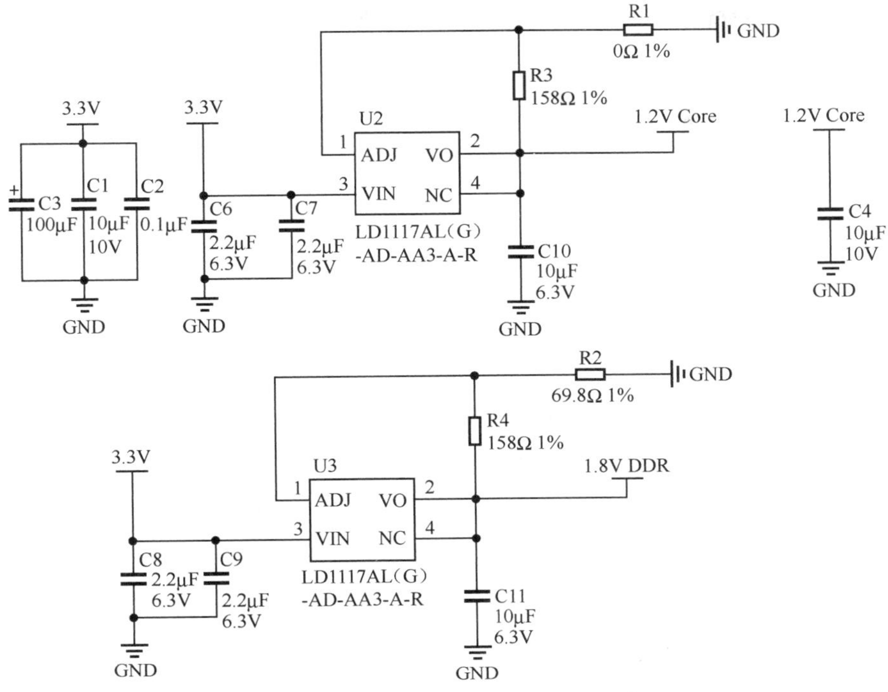

图 2.2 LS1B 开发套件核心板的电源方案

2.3.2 时钟电路

系统的时钟电路为嵌入式系统提供所需要的时钟信号（相当于人类的心跳），LS1B 开发套件核心板的时钟方案如图 2.3 所示。时钟电路提供了高速的 12MHz 的时钟信号，用于指令系统；提供了低速的 32.768kHz 的时钟信号，用于 RTC 定时器。

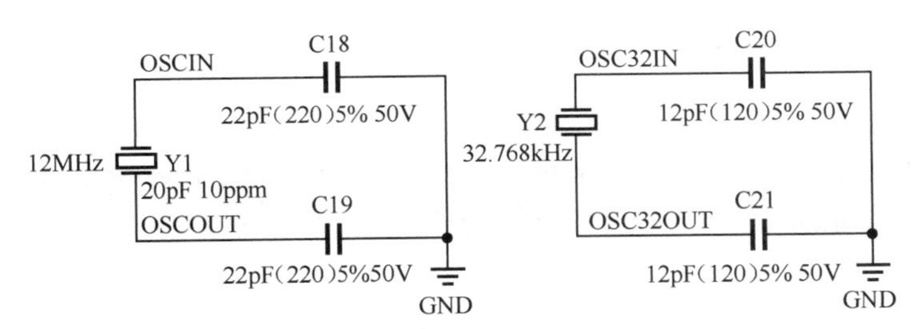

图 2.3 LS1B 开发套件核心板的时钟方案

2.3.3 复位电路

LS1B 开发套件核心板采用了专用的复位集成电路 MAX811T，实现系统的上电复位和手动复位，如图 2.4 所示。

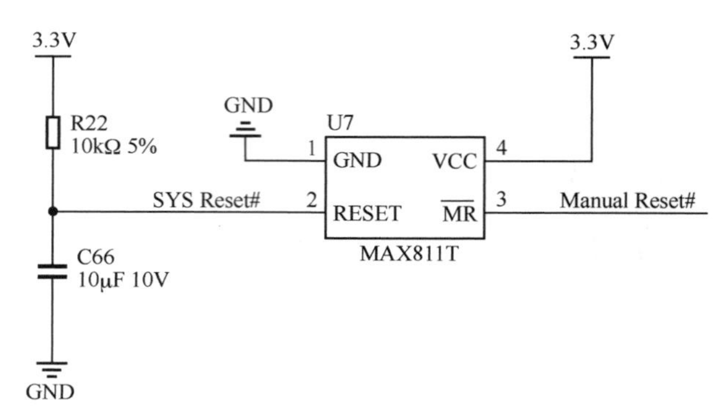

图 2.4　LS1B 开发套件核心板的复位电路

芯片引脚的上拉、下拉表示引脚的硬件连接状态。当一个引脚作为输入端时，如果浮空，则输入的电平就会随着外界环境的变化浮动，即输入的电平会忽上忽下地变动，不能成为理想的地电位（GND）或者系统高电平的电压（VCC）3.3V。同样，当一个引脚作为输出端时，如果没有配置浮空，则输出的电平就会随着外界环境的变化浮动，这对后续的电路会造成干扰。为了避免这种干扰，就需要对该引脚进行上拉或下拉的硬件连接，即该引脚通过一个电阻连接到 VCC 或者接地（GND），如图 2.5 所示。该电阻也称为上拉电阻或者下拉电阻。电阻的阻值通常为 1~10kΩ。阻值越小，上 / 下拉的强度越强，称为强上 / 下拉；阻值越大，上 / 下拉的强度越弱，称为弱上 / 下拉。MCU 芯片在编程配置引脚模式时，可配置成内部上 / 下拉，内部上 / 下拉的阻值很大，为弱上 / 下拉。当处于上拉状态时，输入引脚在浮空时电平为 VCC，输出引脚在浮空时输出也为 VCC；相反，当处于下拉状态时，输入引脚在浮空时电平为地电位，输出引脚在浮空时输出也为地电位。

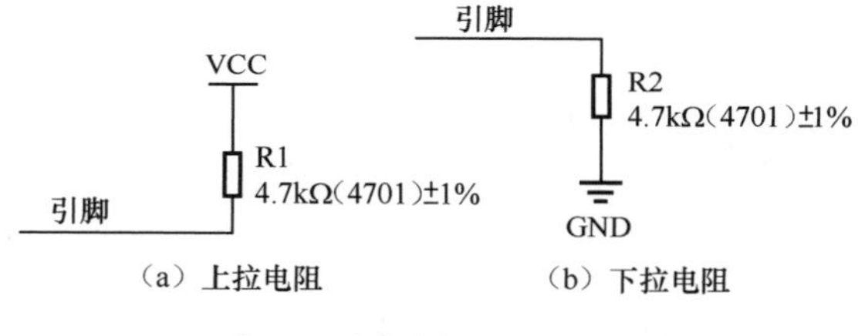

图 2.5　引脚的上 / 下拉电阻

系统上电复位后，需要对芯片引脚的上 / 下拉模式进行配置。表 2.5 为复位后的 LS1B 引脚的上 / 下拉状态。

表 2.5　复位后的 LS1B 引脚的上 / 下拉状态

配置引脚	上 / 下拉状态	功能
EJTAG_TRST	下拉	TAP 复位
EJTAG_TCK	上拉	TAP 时钟
EJTAG_TDI	上拉	TAP 数据输入
EJTAG_TDO	上拉	TAP 数据输出
EJTAG_TMS	上拉	TAP 工作模式
SYS_RSTN	上拉	系统复位

2.3.4 存储器电路

LS1B 作为 SoC，没有片上 ROM 和 RAM。LS1B 开发套件配备了外部的 RAM，即 8 位 64MB 的 Flash 存储器芯片 K4T51163QI-HCF7，该芯片电路如图 2.6 所示。

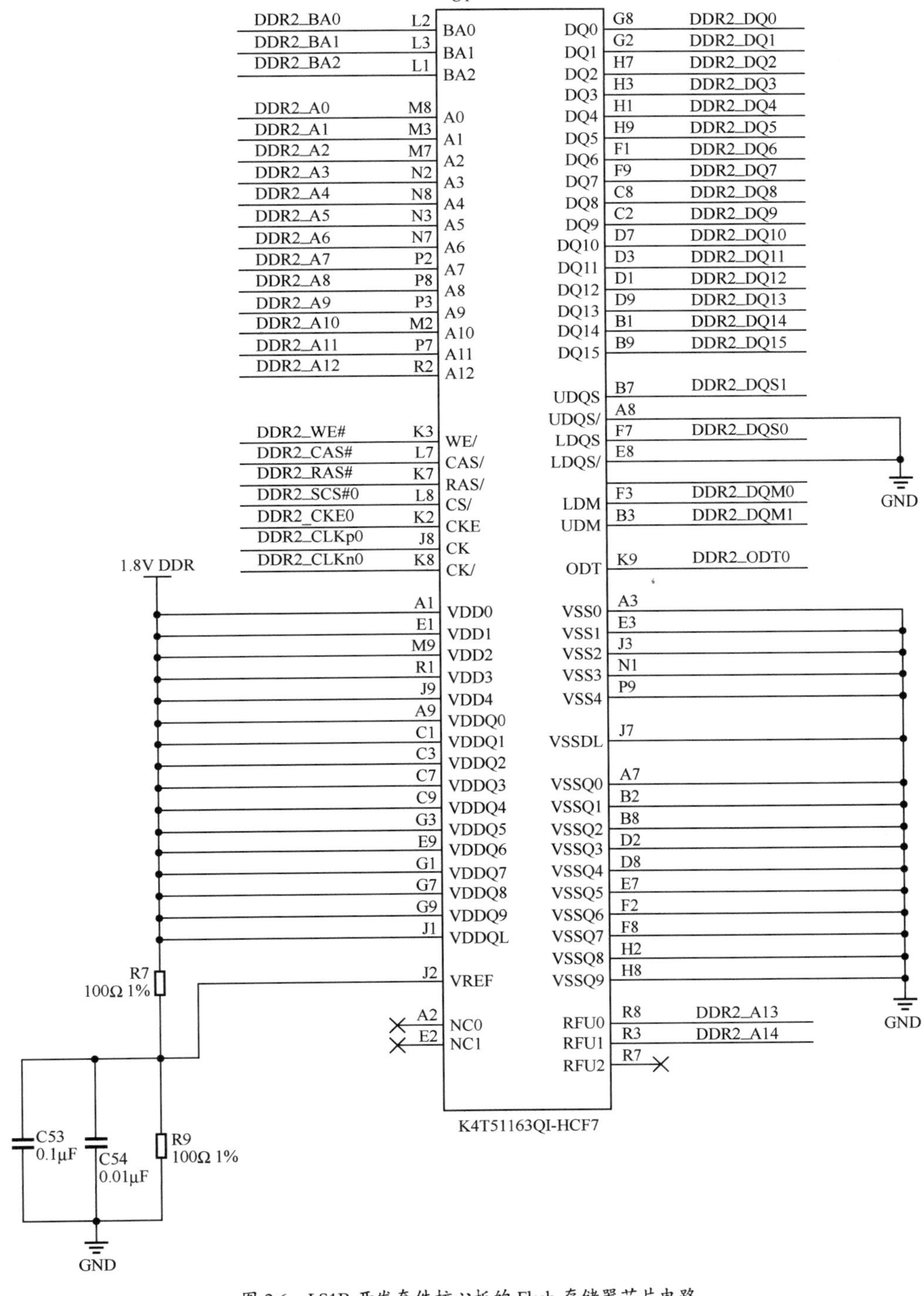

图 2.6 LS1B 开发套件核心板的 Flash 存储器芯片电路

LS1B 开发套件配备了外部的 NAND Flash 存储器，即 8 位 256MB 的 NAND Flash 存储器芯片 K9F1G08U0C-PCB0，该芯片电路如图 2.7 所示。

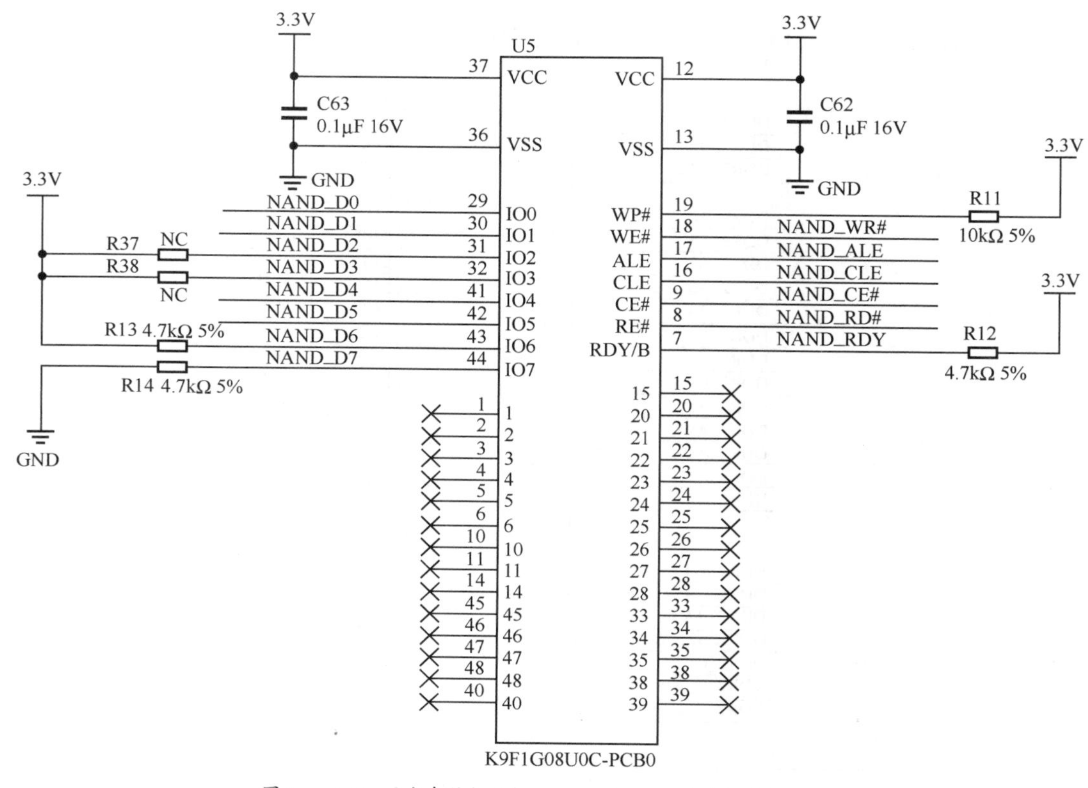

图 2.7 LS1B 开发套件核心板的 NAND Flash 存储器芯片电路

2.4 下载调试接口

LS1B 开发套件的硬件平台还包括一个 USB（Universal Serial Bus，通用串行总线）转 RS-232 的串口，用于运行时的控制台；以及一个 RJ45 网络接口，用于程序的 Flash 下载。下面介绍这两种辅助外设的使用方法。

2.4.1 串口控制台调试程序

控制台主要是虚拟设备的概念，而串口更多的是指真正的设备驱动。嵌入式系统在调试运行时需要统一的接口管理，串口控制台就起这个作用，它是一类终端 I/O 设备的抽象。LS1B 开发套件提供了两个 RS-232 的串口，使用 UART5 作为系统的控制台。用于控制台操控的软件可以使用普通的串口助手 SecureCRT，也可以使用 PuTTY 等控制台工具。下面介绍 SecureCRT 的安装和使用方法。

SecureCRT 有用户交互窗口，能够方便地记录历史命令，还能够录制脚本，自动加载运行。将 USB 转 RS-232 的串口插到计算机的 USB 接口，提示插入新硬件后，安装对应的驱动。这里使用的 USB 转串口芯片是 CH340，安装对应的驱动 CH340.exe。正确安装驱动后打开 PC 的设备管理器，可在设备管理器看到多出一个串口，如图 2.8 所示。

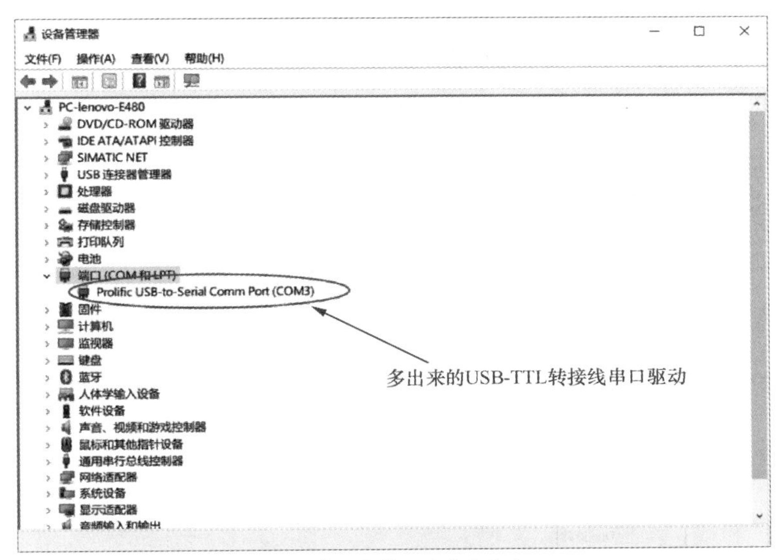

图 2.8　在设备管理器中查看串口

安装 SecureCRT 后打开界面，其界面与常用菜单项如图 2.9 所示。

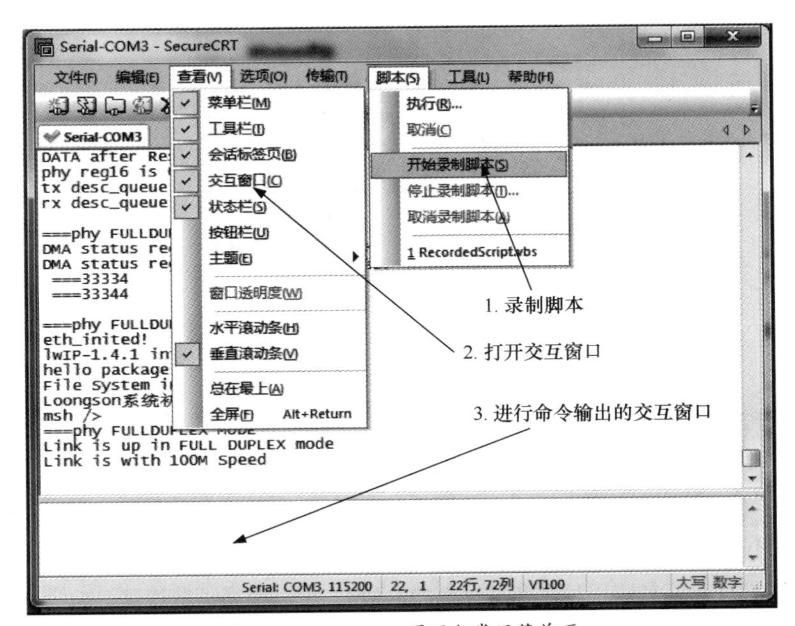

图 2.9　SecureCRT 界面与常用菜单项

打开 SecureCRT 后，在弹出的界面中配置快速连接，如图 2.10 所示。

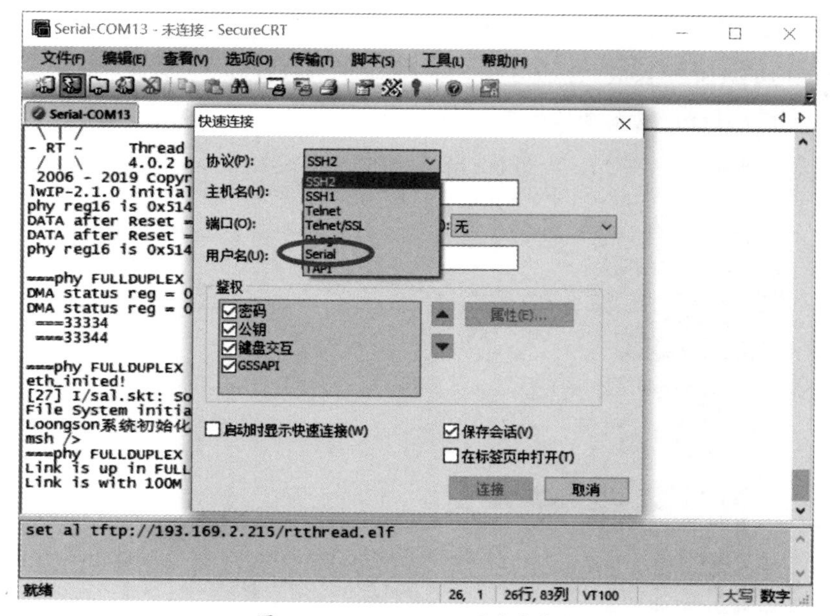

图 2.10　SecureCRT 配置快速连接

选择在设备管理器中看到的端口，如图 2.11 所示。

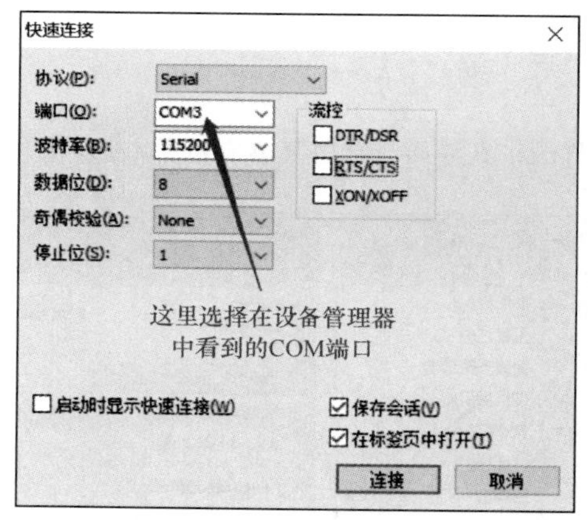

图 2.11　SecureCRT 配置端口

2.4.2　下载程序到 Flash

LS1B 开发套件使用 RJ45 网络接口，在集成开发环境（Integrated Development Environment，IDE）中通过 PMON（Prom Monitor，一种兼有 BIOS 和 boot leader 部分功能的开源软件）中的 TCP/IP 的以太网软件，下载应用程序到目标板的 RAM，可以提高下载速度、减少用户等待 LxLink 下载的时间。

LS1B 开发套件连接好 USB 转串口模块后，打开串口控制台，然后上电。在串口控制台中按空格键，使系统进入 PMON，如图 2.12 所示，这时能够看到系统 PMON 的启动状态。

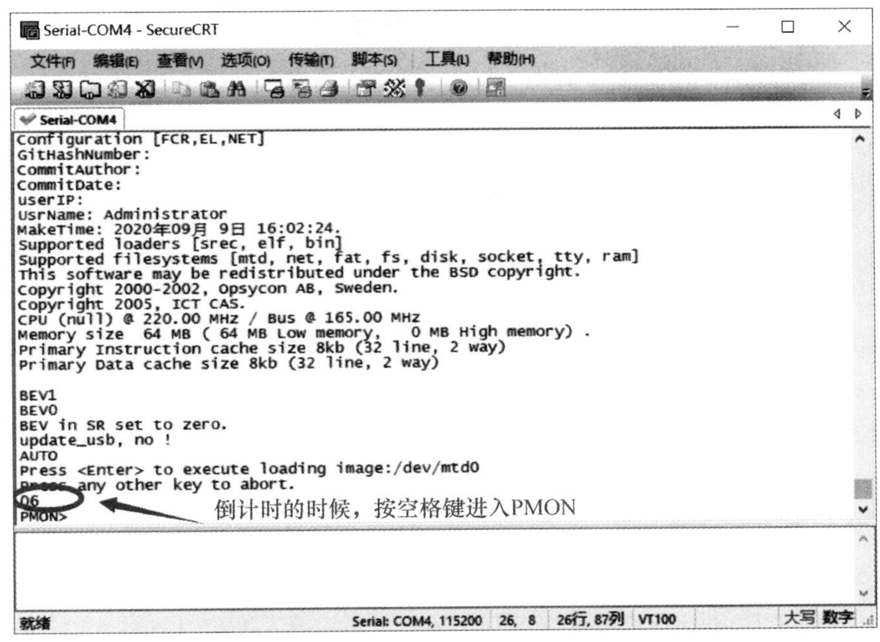

图 2.12 系统进入 PMON 的方法

如果需要将程序下载到 NAND Flash 存储器，需要在这个状态中配置好网络状态。运行 PMON，网络连接后，通过 TCP/IP 实现快速下载，具体下载过程参考 3.6.3 小节。

练习题

1. LS1B 芯片是基于哪种架构的 CPU？
2. LS1B 芯片主要应用于哪些领域？ LS1B 芯片的生产工艺是多少纳米，封装结构是什么？
3. LS1B 的最小系统（核心板）主要包括哪些电路？试绘制它们的简图。

探索提升

嵌入式系统的硬件平台以嵌入式微处理器为中心，由存储器、I/O 设备、通信模块以及电源等必要的辅助接口组成。嵌入式系统是量身定做的专用计算机系统，不同于通用计算机系统。实际应用中的嵌入式系统硬件配置非常精简，除了微处理器和基本的外部电路，其余的电路都可根据需求和成本进行裁剪、定制，非常经济、可靠。

嵌入式系统的硬件核心是嵌入式微处理器，有时为了提高系统的信息处理能力，常外接 DSP（Digital Signal Processor，数字信号处理器）和 DSP 协处理器（也可内部集成），以完成高性能信号处理。

随着计算机技术、微电子技术、应用技术的不断发展及纳米芯片加工工艺技术的发展，以微处理器为核心、集成多种功能的 SoC 芯片已成为嵌入式系统的核心。这些 SoC 芯片集成了大量的外部 USB、UART、以太网、AD/DA、IIS（Internet Information Services，互联网信息服务）等功能模块。在嵌入式系统设计中，要尽可能地选择满足系统功能接口的 SoC 芯片。

SoPC（System on Programmable Chip，可编程片上系统）结合了 SoC 和 PLD（Programmable Logic Device，可编程逻辑器件）、FPGA（Field Programmable Gate Array，现场可编程门阵列）的技术优点，使系统具有可编程的功能，是 PLD 在嵌入式应用中的完美体现，可极大地提高系统在线升级、换代的能力。

以 SoC/SoPC 为核心，用最少的外围部件和连接部件构成一个应用系统，满足功能需求，这也是嵌入式系统发展的一个方向。

可以说，现代嵌入式系统设计是以处理器 /SoC/SoPC 为核心来完成的，其外围接口包括存储设备、通信扩展设备、扩展设备接口和辅助的机电设备（如电源、连接器、传感器等）等。

第03章

软件开发基础和集成开发环境 LoongIDE

本章知识

- 嵌入式系统的软件开发基础
- LS1B 开发套件使用的集成开发环境 LoongIDE

3.1 嵌入式系统的程序设计

硬件电路逻辑被虚拟化成汇编语句，汇编语句再次被封装，被虚拟化成高级语言语句；高级语言语句再次被封装，形成一个有特定目的的程序，或者称为函数；这些函数再通过互调用，生成更复杂的函数，组合起来就形成最终的应用程序。应用程序再被操作系统虚拟化成可执行文件。其实到了底层，这个文件就会逐次地生成和检测 CPU 的电路信号。也就是说，硬件电路逻辑逐层地被虚拟化，最终形成程序，程序就是对底层电路作用的一种表达形式。按照与硬件虚拟化关系的远近，计算机程序设计语言分为机器语言、汇编语言和高级语言，它们之间的关系如图 3.1 所示。

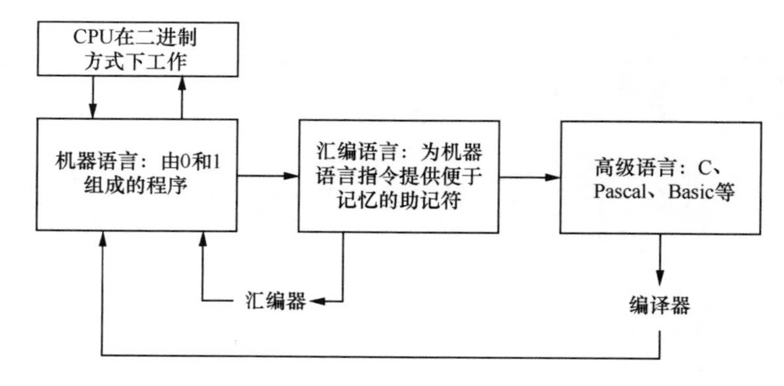

图 3.1 程序设计语言之间的关系

3.2 龙芯嵌入式开发工具

LoongIDE 中的 LS1x DTK 是用于龙芯 1x 芯片的嵌入式开发解决方案，包括创建以及调试用户应用项目，支持龙芯 1x 芯片的工业级应用开发。LS1x DTK 的拓扑结构如图 3.2 所示。

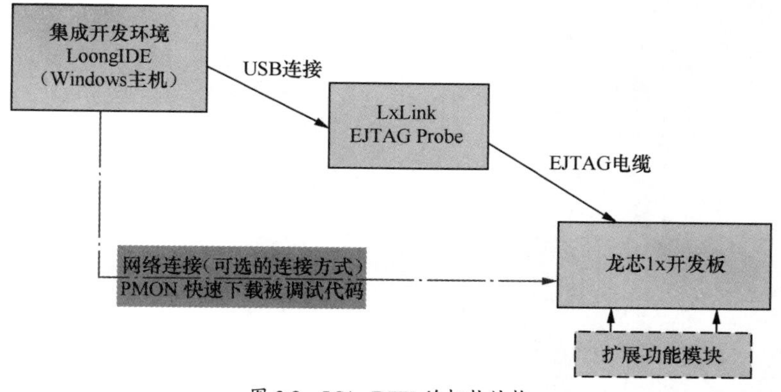

图 3.2 LS1x DTK 的拓扑结构

LS1x DTK 中的 LxLink 是用于芯片级调试的 EJTAG 接口设备，通过 USB 连接主机。LxLink 由上位机软件驱动运行，主要实现两大功能：

（1）标准 EJTAG 接口，实现龙芯 1x 的在线调试；

（2）实现 SPI 硬件接口，支持 NOR Flash 存储器芯片的编程。

3.3 嵌入式系统的结构

低级语言（如机器语言、汇编语言）依赖硬件，不具备可移植性和通用性。不同规格、不同品牌的 PC 存在硬件上的差异，但是基本输入输出系统（Basic Input/Output System，BIOS）及磁盘操作系统（Disk Operating System，DOS）的功能调用掩盖了这种硬件上的差异。BIOS 和 DOS 功能调用程序为系统程序，介于系统硬件与用户程序之间，是系统的必备部分。它们除了掩盖系统硬件差异，还屏蔽了烦琐、复杂的具体硬件操作控制。用户程序对 I/O 的操作是通过中断调用完成的，并不包含对硬件的直接驱动，这使得用户程序在一定程度上独立于硬件系统，从而可简化用户程序，使其易于维护及修改。嵌入式系统的结构如图 3.3 所示。

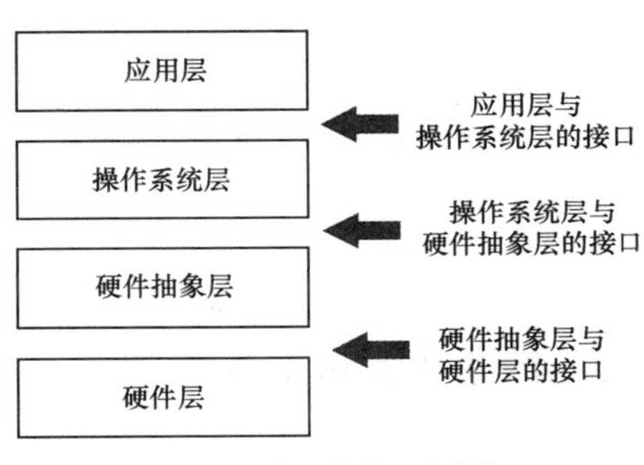

图 3.3 嵌入式系统的结构

最底层是硬件层，也就是硬件平台。作为一名嵌入式工程师，应能看懂最底层的硬件原理图，尤其是以下部分。

（1）芯片复位方式：包括硬件复位方式和软件复位方式。

（2）系统的电源组成（电源树）：包括开发板的电源输入、电源供电元器件、5V 电压供电元器件、3.3V 电压供电元器件。

（3）MCU 引脚配置：包括 GPIO、GPIO 与元器件连接情况、输入输出状态、中断等信号、I^2C 总线、UART 总线。

其次是硬件抽象层，也就是常说的驱动层，主要功能是在硬件初始化时对寄存器进行配置。例如某个外设名称为 ×××，则在工程中能看到名称为 ×××_driver.c 的外设驱动代码。

再次是操作系统层。对于功能较复杂的项目，操作系统只需移植现有系统即可，如 FreeRTOS、μC/OS-II、RT-Thread 等。

最后是应用层，主要是在开发环境中实现产品功能的逻辑代码和算法等。

3.4 嵌入式C语言开发基础

程序设计语言是人类与计算机交互的一种方式，用户通过程序设计语言可以告诉计算机需要做什么。就像不同国家有不同的语言一样，人类与计算机的交互也可以采用多种程序设计语言。常见的程序设计语言有汇编语言、C语言、Java语言、Python语言等。

由于嵌入式系统自身的特点，不是所有的程序设计语言都适用于嵌入式软件的开发。汇编语言与硬件的关系非常密切，效率最高，但使用起来不方便，程序开发和维护的效率比较低。而C语言是一种“高级语言中的低级语言”，它既具有高级语言的特点，又比较“接近”于硬件，而且效率比较高。将汇编语言和C语言结合起来进行嵌入式软件开发是嵌入式系统开发的常见操作。与硬件关系密切的程序或对性能有特殊要求的程序往往用汇编语言开发，上层应用程序则往往用C语言开发。

C语言不一定是最流行的，却是最基础的语言。C语言通常是高等院校工科类专业的基础课程，如同物理、化学。所以C语言是编程的基础，一定要灵活掌握、熟练应用。

C语言是一门面向过程的语言，经过长期发展，语法等都已经很成熟。C语言有代码量小、运行速度快、功能强大的特点。基于以上原因，很多操作系统和嵌入式软件都使用C语言编写，比如嵌入式Linux操作系统使用的就是C语言。

3.4.1 数据类型和运算符

1. 数据类型

C语言的数据类型如图3.4所示。

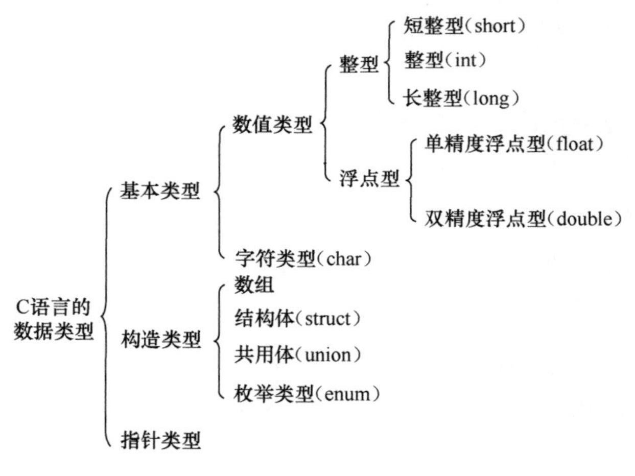

图3.4 C语言的数据类型

LS1B是32位的系统，在该系统中，char、short、int、long、float、double这6种不同数据类型占用空间如表3.1所示。

表 3.1 不同数据类型占用空间

名称	数据类型	占用空间 /B
char	字符	1
short	短整型	2
int	整型	4
long	长整型	4
float	单精度浮点型	4
double	双精度浮点型	8

当一个数据占用多个字节（即多地址）时，就涉及存储空间的大小端问题。LS1B 采用小端模式，即数据的低字节保存在内存的低地址。

数据还有常量和变量之分。常量是指在程序运行过程中不可变化的量，通常存放在 ROM 中，注意常量也有数据类型。变量是指在程序运行过程中会变化的量，通常存放在 RAM 中。

2. 运算符

C 语言中的运算符与数学符号的差异如表 3.2 所示。

表 3.2 C 语言中的运算符与数学符号的差异

	加法	减法	乘法	除法	求余数（取余）
数学	+	−	×	÷	无
C 语言	+	-	*	/	%

这里需要注意以下几点。

- 当进行除法运算的数据是整数时，结果也是整数；如果不能整除，则将小数丢弃。
- 在 C 语言中，只能对整数进行取余运算。
- 在 C 语言中，对变量本身进行运算可以采用简写形式。如表达式：

```
a=a+2;
```

可表示成：

```
a+=2;
```

这种简写形式与程序的执行效率无关。

另外，有一种简写符号，即自增运算符和自减运算符（++ 和 --），如以下表达式具有等同的效果：

```
a++;
a = a + 1;
```

注意

++（或 --）在操作数的前面叫作前自增（或前自减），前自增（或前自减）先进行自增（或自减）运算，再进行其他操作；++（或 --）在操作数的后面叫作后自增（或后自减），后自增（或后自减）先进行其他操作，再进行自增（或自减）运算。如下程序片段，输出值应为“c=3 a=2 b=2”：

```
int a = 1;
int b = 1;
int c = a++ + ++b;
printf("c=%d a=%d b=%d\n ", c,a,b);
```

对于逗号表达式，先求逗号左边的值，然后求逗号右边的值，整个语句的值是逗号右边的值。如下程序片段，输出值应为 8：

```
int a = 2;
int b = 3;
int c = 4;
int d = 5;
int i = (a = b, a + d);

printf("%d\n",i);
```

3.4.2 4 种基本程序结构

1. 顺序结构

顺序结构的程序设计是非常简单的，按照程序实际运行的顺序编写对应的语句。程序的执行顺序是自上而下依次执行。

例如，有两个数 x、y，其中 x=2、y=7，要求交换 x、y 的值。这个问题就好像交换两杯水，并可以使用第 3 个杯子。假设第 3 个杯子是 z，那么正确的代码应该为：

```
int x = 2, y = 7;
z = x;
x = y;
y = z;
```

执行结果是 x = 7，y = z = 2。这里要注意编写代码的顺序。

大多数情况下，顺序结构作为程序的一部分，与其他程序结构一起构成复杂的程序。

2. 分支结构

顺序结构的程序虽然能解决计算、输出等问题，但不能做判断并选择。对于要先做判断再选择的问题就要使用分支结构。

分支结构的执行是依据一定的条件选择执行路径，而不是严格按照语句出现的前后顺序（物理上）。分支结构程序设计方法的关键在于构造合适的分支条件和分析程序流程，根据不同的程序流程选择适当的分支语句。分支结构通常使用 if...else 语句，先做判断再选择。

分支结构适用于带有逻辑关系、条件判断的计算，如图 3.5 所示。设计这类程序时都要先绘制程序流程图（简称流程图），然后根据程序流程写出源程序。通过这样的方式把程序设计分析与编程语言分开，使得问题简单化，易于理解。

分支结构中含有另一个分支结构称为分支嵌套。只要正确绘制出流程图，弄清各分支所要执行的功能，分支嵌套结构也就不难理解了。图 3.6 所示为分支嵌套流程图。这是典型的分支嵌套结构，如果条件 1 成立，则继续判断条件 2，成立则执行分支 1，不成立则执行分支 2；否则，如果条件 1 不成立，则结束判断。分支 1 和分支 2 都可以由一条或若干条语句构成。

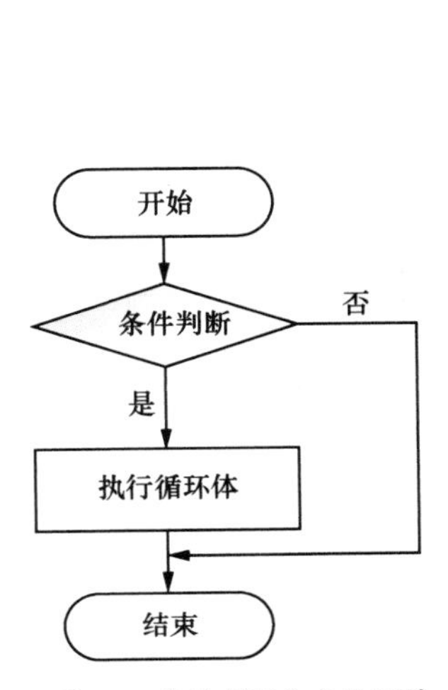

图 3.5　条件判断分支流程图

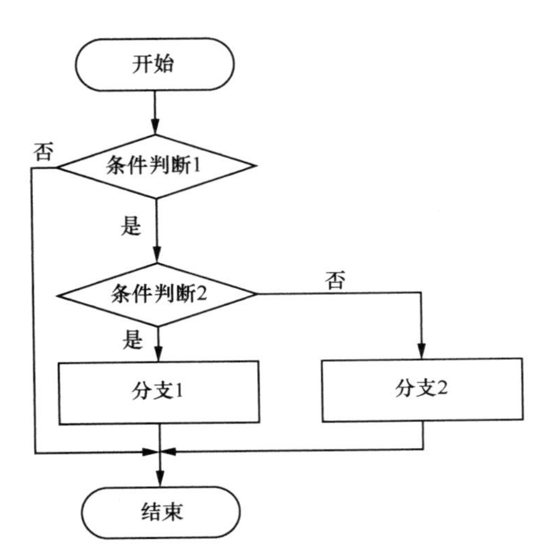

图 3.6　分支嵌套流程图

3. switch 语句

switch 语句是多分支选择语句，执行哪一个语句块取决于开关条件的设置，也就是表达式的值与常量表达式相匹配的分支。

不同于 if...else 语句，它的所有分支都是并列的。程序执行时，由第一分支开始查找，如果相匹配，执行其后的语句块，接着执行第二分支、第三分支等的语句块，直到遇到 break 语句；如果不匹配，查找下一个分支是否匹配。

switch 语句在应用时要特别注意开关条件的合理设置以及 break 语句的合理应用。

4. 循环结构

循环结构（简称循环）用来描述重复执行某段算法的问题，是程序设计中最能发挥计算机特长的程序结构。使用循环结构可以减少源程序重复书写的工作量。C 语言提供 4 种循环，即 goto 循环、while 循环、do...while 循环和 for 循环。

4 种循环可以用来处理同一问题，一般情况下它们可以互相替换。不提倡用 goto 循环，因为强制改变程序的顺序会给程序的运行带来不可预料的错误。我们主要学习 while、do...while、for 这 3 种循环，其流程图如图 3.7 所示。

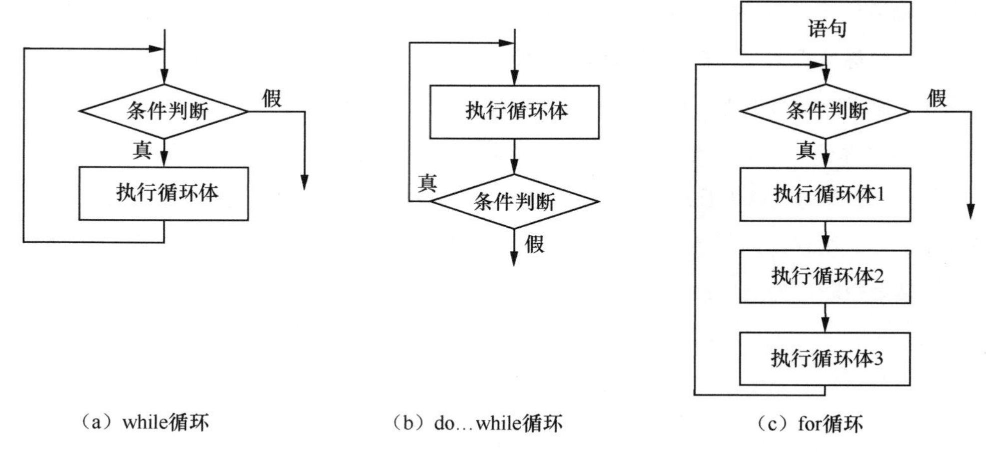

图 3.7 while、do...while、for 这 3 种循环的流程图

学习常用的 3 种循环的重点在于弄清它们的相同与不同之处，比如格式和执行顺序，将每种循环的流程图理解透彻以便掌握如何替换使用。可以用 3 种循环分别编写程序解决同一问题，这样能更好地理解它们的作用。

特别要注意，在循环体内应包含趋于结束的语句（即循环变量值的改变），否则可能变成死循环，这是初学者常犯的一个错误。

5．模块化程序结构

C 语言的模块化程序结构用函数来实现，即将复杂的 C 程序分为若干模块，每个模块都编写成一个 C 函数，然后通过主函数调用函数及函数的相互调用来实现功能。因此常说的 C 程序为主函数与子函数的组合。

建议读者注重对函数的定义、调用及值的返回等内容的理解和应用，并通过上机调试加以巩固。

3.4.3 指针与数组

C 语言最难的部分可能就是指针。指针是一个地址，是它指示的变量的首地址，在 32 位系统中，它就是一个 32 位的数据。这个地址的内容就是指针变量指向的数据，指针的类型就是指针变量指向数据的类型。

在许多 C 程序中，指针常被用于引用数组，或者作为数组的元素。指向数组的指针常被称为数组指针（array pointer），而具有指针类型元素的数组则被称为指针数组（pointer array）。

在指针的操作中，用“*”获取指针指向的数据，用“&”可以获得一个变量的地址。例如：

```
int *p = (int*)0x1000;
char *str = (char*)0x1000;
p++;
str++;
```

```
print("p=%d,str=%d\r\n",p,str);
```

输出结果：

```
p=0x1004,str=0x1001
```

可以看到，p 指向 int 型数据，p++ 相当于 p+sizeof(int)，而 str++ 相当于 str+sizeof(char)。

指针和数组就像孪生兄弟，有时候让人分不清楚，尤其是在函数参数传递的时候。当一个函数需要一个数组作为参数时，我们并不会将整个数组作为参数传递给函数，而是传入一个同类型指针 p，然后在函数中使用 p[N] 来访问数组中的元素。

那么，指针和数组到底是不是同一个东西呢？指针数组和数组指针的概念非常容易混淆。下面通过两个简单的语句来分析二者的区别。

```
int *p1[5];
int (*p2)[5];
```

首先，对于语句“int *p1[5];”，因为“[]”的优先级比“*”的高，所以 p1 先与“[]”结合，构成一个数组的定义，数组名为 p1，而“int *”修饰的是数组的内容，即数组的每个元素。也就是说，该数组包含 5 个指向 int 类型数据的指针（见图 3.8），因此，它是一个指针数组。

其次，对于语句“int (*p2)[5];”，“()”的优先级比“[]”的高，“*”和 p2 构成一个指针的定义，指针变量名为 p2，而 int 修饰的是数组的内容，即数组的每个元素。也就是说，p2 是一个指针，它指向一个包含 5 个 int 类型数据的数组，如图 3.9 所示。很显然，它是一个数组指针，数组在这里并没有名字，是匿名数组。

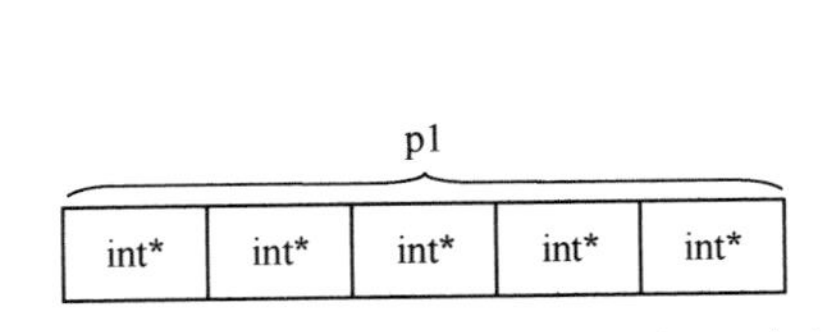

图 3.8　包含 5 个指向 int 类型数据的指针数组

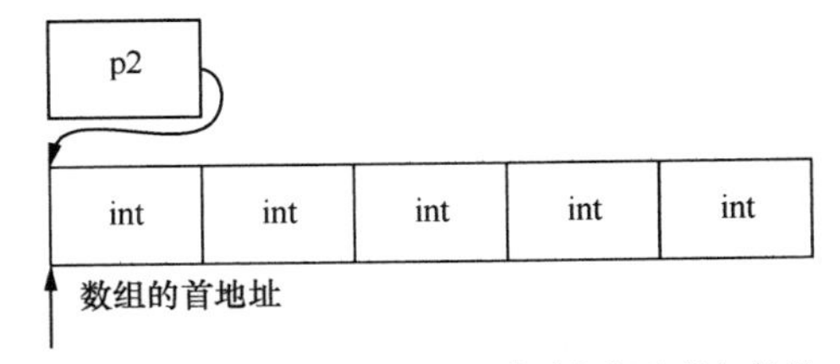

图 3.9　指向一个包含 5 个 int 类型数据的数组指针

由此可见，指针数组是一个数组，数组的元素都是指针，也就是说该数组存储的是指针，数组占多少字节（B）由数组本身决定；而数组指针是一个指针，指向一个数组，也就是说它是指向数组的指针，在 32 位系统下永远占 4B，至于它指向的数组占多少字节，这不能被确定，要视具体情况而定。

3.4.4　代码规范

学会了上述内容，看懂并写出基本代码就没有问题。但是写代码的时候，不能够随性而为。现在，软件和操作系统都有开源的，开发工作需要由不同的人合作完成，因此写出的代码要有良好的规范性和可读性，要进行模块化的编写。

代码规范化的第一个好处是看着很整齐、很舒服。假如我们用不规范的格式写了一万行代码，写的时候能看懂，但过了 3 个月再回头看就很吃力，更不要说让其他人看得懂了。所以代码要写规范，比如加注释就是代码规范化的一种方法。在一般情况下，根据软件工程的思想，注释要占整个文档的 20% 以上，所以注释要写得详细，而且格式要规范。

代码规范化的第二个好处是，程序不容易出错。规范的代码即使出错了查错也会很方便。格式虽然不会影响程序的功能，但会影响可读性。程序的格式是程序风格的重要构成元素，我们应追求清晰、美观。

代码规范化有七大原则，体现在空行、空格、成对书写、缩进、对齐、代码行、注释的书写规则上。

1. 空行

空行起着分隔程序段落的作用，能使程序的布局更加清晰。空行不会浪费内存，虽然打印含有空行的程序会多消耗一些纸张，但是值得。空行的规范化书写规则如下。

规则 1：定义变量后要加空行。尽可能在定义变量的同时初始化该变量，即遵循就近原则。如果变量的引用和定义相隔较远，那么变量的初始化就很容易被忘记。若引用了未被初始化的变量，就会导致程序出错。

规则 2：每个函数定义结束之后都要加空行。

总规则：两个相对独立的程序块、变量说明之后必须要加空行。比如前面几行代码完成的是一个功能，后面几行代码完成的是另一个功能，那么它们中间就要加空行。这样看起来更清晰。

2. 空格

空格的规范化书写规则如下。

规则 1：关键字（又称关键词）之后要加空格。像 const、case 等关键字之后至少要加一个空格，否则无法辨析关键字。像 if、for、while 等关键字之后应加一个空格再跟“(”，以突出关键字。

规则 2：函数名之后不要加空格，应紧跟“(”，和关键字区别开。

规则 3：“(”向后紧跟，“)”“,”“;”这 3 个符号向前紧跟，紧跟处不加空格。

规则 4：“,”之后要加空格；如果“;”不是一行的结束符号，其后要加空格。

规则 5：赋值运算符、关系运算符、算术运算符、逻辑运算符、位运算符，如 =、==、!=、+=、-=、*=、/=、%=、>>=、<<=、&=、^=、|=、<、<=、>、>=、+、-、*、/、%、&、|、&&、||、<<、>>、^ 等运算符的前后应当加空格。

注意，运算符“%”是取余运算符，与 printf 中“%d”的“%”不同，所以“%d”中“%”的前后不用加空格。

规则 6：单目运算符 !、~、++、--、-、*、& 等前后不加空格。

注意

规则 6 的“-”和规则 5 里的“-”不同，规则 6 的“-”是负号运算符，规则 5 里的“-”是减法运算符。

规则 6 的“*”和规则 5 里的“*”也不同，规则 6 的“*”是指针运算符，规则 5 里的“*”是乘法运算符。

规则 6 的“&”和规则 5 里的“&”也不同，规则 6 的“&”是取地址运算符，规则 5 里的“&”是按位与运算符。

总之，规则 6 中的是单目运算符，而规则 5 中的是双目运算符，它们是不一样的。

规则 7：像数组符号“[]”、结构体成员运算符“.”、指向结构体成员运算符“->”，这类运算符前后不加空格。

规则 8：对于表达式比较长的 for 语句和 if 语句，为了紧凑，可以适当地去掉一些空格。但 for 和 if 后面紧跟的空格不可以删，其后面的语句可以根据长度适当地去掉一些空格。例如：

```
for (i=0; i<10; i++)
```

for 和“;”后面保留空格就可以了，“=”和“<”前后的空格可去掉。

3. 成对书写

成对的符号一定要成对书写，如 ()、{}。不要写完左括号、写完内容后再补右括号，否则很容易漏掉右括号，尤其是写嵌套程序的时候。

4. 缩进

缩进是通过键盘上的 Tab 键实现的，可以使程序更有层次感。缩进的规则是：如果地位相等，则不需要缩进；如果属于某一个代码的内部代码，就需要缩进。

5. 对齐

对齐主要针对大括号“{}”。对齐的规范化书写规则如下。

规则 1：“{”和“}”分别独占一行。互为一对的“{”和“}”要位于同一列，并且与引用它们的语句左对齐。

规则 2：“{}”之内的代码要向内缩进一个 Tab，且同一地位的要左对齐，地位不同的继续缩进。

需要注意的是，很多编程软件是可以自动对齐代码的。比如：

```
#include <stdio.h>
int main(void)
{
    if (…)
    return 0;
}
```

写完 if 那一行后，按 Enter 键，此时光标在括号的右边，而此 if 下的大括号要写在与 if 左对齐的正下方，通常我们按 Backspace 键使光标停在与 if 左对齐的正下方。但事实上不需要这样做，我们直接输入大括号即可，系统会自动对齐到与 if 左对齐的正下方。比如：

```
#include <stdio.h>
int main(void)
{
    if (…)
    {
        while (…)
    }
    return 0;
}
```

写完 while 那一行后，按 Enter 键，此时光标不是停在与 while 左对齐的正下方。同样，我们不需要按 Backspace 键，直接输入大括号即可，系统会自动对齐到与 while 左对齐的正下方。

此外，编程软件还有对齐、缩进修正功能。按 Ctrl+A 组合键全选，然后按 Alt+F8 组合键，这时程序中所有成对的大括号都会自动对齐，未缩进的也会自动缩进。不管是在编程过程中，还是在编程结束之后，都可以使用这个功能。但如果我们完全按照规范格式写，几乎不需要使用这个功能，所以这只是一个辅助功能。

6. 代码行

代码行的规范化书写规则如下。

规则 1：一行代码只做一件事情，如只定义一个变量，或只写一条语句。这样的代码阅读起来更容易，并且便于写注释。

规则 2：if、else、for、while、do 等语句独占一行，执行语句不得紧跟其后。此外，非常重要的一点是，不论执行语句有多少行，就算只有一行也要加大括号，并且遵循对齐的原则，这样可以防止书写错误。

7. 注释

C 语言中一行注释一般采用“//……”，多行注释必须采用“/*……*/”。注释通常用于重要的代码行或段落提示。在一般情况下，源程序有效注释量必须在 20% 以上。虽然注释有助于理解代码，但注意不可过多地使用注释。

注释的规范化书写规则如下。

规则 1：注释是对代码的提示，而不是文档。程序中的注释不可喧宾夺主，注释太多会让人眼花缭乱。

规则 2：如果代码本身的含义就是清楚的，则不必加注释。例如：

```
i++;  //i 加 1
```

这就是多余的注释。

规则 3：边写代码边写注释，修改代码的同时要修改相应的注释，以保证注释与代码的一致性，不再有用的注释要删除。

规则 4：当代码比较长，特别是有多重嵌套的时候，应当在段落的结束处加注释，这样便于阅读。

规则 5：每一条宏定义的右边必须有注释，说明其作用。

3.5 LoongIDE

3.5.1 LoongIDE 简介

龙芯 1x 嵌入式开发工具（简称 LoongIDE）是一套用于龙芯 1 号系列芯片，可基于 RT-Thread、FreeRTOS、μC/OS、RTEMS 或裸机进行嵌入式开发的嵌入式编程工具，帮助用户在龙芯 1x 嵌入式开发过程中减少代码开发量、缩短开发周期、降低开发难度，快速实现符合工业标准的产品。

LoongIDE 可在 Windows 下安装并运行，支持 Windows XP 及以上版本操作系统；支持英、汉双语版本；以项目为单位进行源码管理；提供菜单、工具栏、快捷键、快捷菜单等多种操作方式；支持多种项目属性，包括构建库文件、是否使用 RTOS 等选项；提供功能强大的 C/C++ 代码编辑器，支持代码折叠、高亮语法、未用代码段灰色显示等功能；提供实时代码解析引擎，实现光标处头文件、类、变量、函数等原型的快速信息提示、查找和定位。

LoongIDE 是 LS1x DTK 的人机交互界面，实现龙芯 1x 项目的 C/C++ 和汇编程序的编辑、编译、调试，软件功能强大、简单、易用；包含基于实时操作系统 RTEMS 的龙芯 1x 的 BSP（Board Support Package，板级支持包），可以让用户快速部署工业级应用的项目；包含基于 RT-Thread、FreeRTOS、μC/OS、裸机编程的龙芯 1x 应用程序框架，方便用户选择适用的 RTOS。

LoongIDE 能够自动生成标准化的项目以及符合代码规范的代码，项目文件可读性强、模块化好、方便移植，如图 3.10 所示。

```
main.c×  ls1x_gpio.c×
10
11  #include <stdio.h>
12
13  #include "ls1b.h"
14  #include "mips.h"
15
16  //-----------------------------------------------------------------------
17  // BSP
18  //-----------------------------------------------------------------------
19
20  #include "bsp.h"
21
22  //-----------------------------------------------------------------------
23  // 主程序
24  //-----------------------------------------------------------------------
25
26  int main(void)
27  {
28      printk("\r\nHello, world! \r\n");
29
30      /*
31       * 裸机主循环
32       */
33      for (;;)
34      {
35          unsigned int tickcount = get_clock_ticks();
36          printk("tick count = %i\r\n", tickcount);
37
38          delay_ms(500);
39      }
40
```

图 3.10 自动生成项目中的 main.c 文件

3.5.2 LoongIDE 的下载和安装

LoongIDE 使用在 MinGW 环境下编译的 GNU 工具链，在使用 GCC（GNU Compiler Collection，GNU 编译器套件）、GDB（GNU symbolic Debugger，GNU 调试器）等 GNU 工具时，需要 MinGW 环境的支持。LoongIDE 还提供了 RTEMS GCC for MIPS 工具链，用于 RTEMS 和 FreeRTOS 项目的搭建。本书重点讲解 RT-Thread 操作系统，这里可以不再安装其他操作系统。

从龙芯中科官方合作伙伴苏州市天晟软件科技有限公司官网上下载必要的软件。建议运行环境选择 msys2_full_install.exe 离线安装包，下载并安装，然后下载 “龙芯 1x 嵌入式集成开发环境”安装程序 loongide_1.1_setup.exe。

总结一下，一共下载并安装两个软件：msys2_full_install.exe、loongide_1.1_setup.exe。需要严格按照以上顺序进行安装。

3.5.3 LoongIDE 的库函数

LoongIDE 能够自动生成项目工程，工程中包含对应的库函数，用于实现龙芯 SoC 所有片内外设的功能函数与变量定义。通过了解这些库函数，分析它们的命名规则和使用规律，可方便后期编程，增强程序的可读性和规范性。LS1B 的库函数遵循以下命名规则。

（1）LS1B 的常用外设缩写和外设名称如表 3.3 所示。

表 3.3　LS1B 的常用外设缩写和外设名称

缩写	外设名称	缩写	外设名称
ac97	声卡	can	控制器局域网
console	控制台	fb	帧缓冲设备
gmac	网络控制器	gpio	通用 I/O 端口
i2c	I^2C 总线接口	nand	NAND Flash 存储器控制器
pwm	脉冲宽度调制控制器	rtc	实时时钟
spi	SPI 总线接口	uart	通用异步收发器
watchdog	看门狗		

（2）系统、源程序文件和头文件名称都以“ls1b_”和“ls1x_”为开头，如 ls1b_gpio.h 和 ls1x_gpio.h。

（3）用于单独一个文件的常量，应该在该文件中定义；用于多个文件的常量，应该在对应的头文件中定义。

（4）寄存器作为常量，它的名称由英文大写字母构成，如：

```
#define LS1X_INTC0_BASE          LS1B_INTC0_BASE
```

（5）外设函数的名称以该外设的缩写加下画线为开头，如：

```
void gpio_write(int ioNum, int val)
```

3.6 第一个嵌入式系统项目

学习嵌入式系统通常从基于裸机编程的 MCU 开始。LS1B 是一款系统级的 SoC，既能够实现芯片级 MCU 的功能，也能够实现系统级的操作系统。本书首先基于裸机进行基本外设的讲解，然后基于操作系统进行开发。

3.6.1 新建项目向导

嵌入式的编程通常从编写“Hello, world!”程序开始。下面基于 LoongIDE 的软件平台、LS1B 开发套件的硬件平台搭建第一个 HelloWorld 项目。

LoongIDE 新建项目基于向导实现。使用菜单“文件→新建→新建项目向导”创建新项目。当没有项目被打开时，使用“项目视图”“代码解析”面板的快捷菜单“新建项目向导”创建新项目。输入新项目基本信息，用于在工作区创建一个以“1.helloworld.lxp”命名的新项目，如图 3.11 所示。

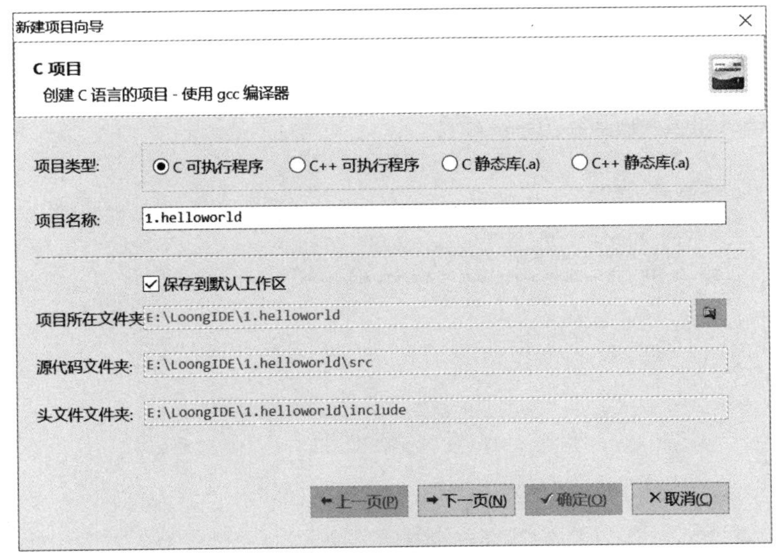

图 3.11　新建项目向导配置项目基本信息

项目类型选择“C 可执行程序”（ELF 格式的 .exe 文件）；项目名称为用户自定义的本项目名称，这里填写“1.helloworld”；项目所在文件夹用来指定项目的文件夹位置，项目文件的扩展名为 .lxp。填写完成后，单击“下一页”进行 MCU、工具链和操作系统配置，如图 3.12 所示。

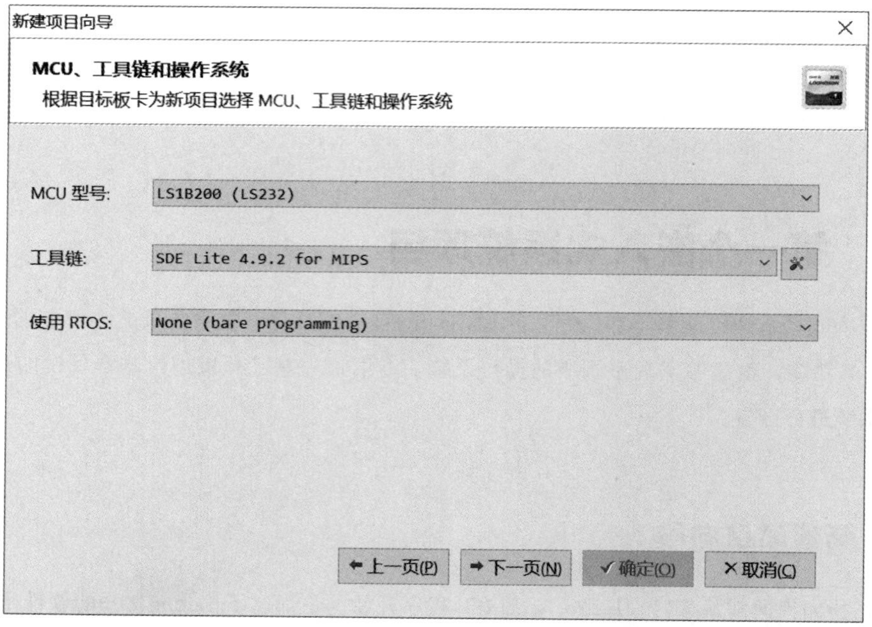

新建项目向导

MCU、工具链和操作系统

根据目标板卡为新项目选择 MCU、工具链和操作系统

MCU 型号: LS1B200 (LS232)

工具链: SDE Lite 4.9.2 for MIPS

使用 RTOS: None (bare programming)

上一页(P) 下一页(N) 确定(O) 取消(C)

图 3. 12 新建项目向导进行 MCU、 工具链和操作系统配置

根据项目的需求，选择 MCU 型号等配置选项。这里根据新项目将运行的目标芯片选择芯片型号：LS1B200（LS232）。工具链为新项目选择编译使用的工具链：SDE Lite 4.9.2 for MIPS。最后根据新项目需求，使用裸机编程进行项目开发：None（bare programming）。单击“下一页”进入图 3.13 所示的界面。

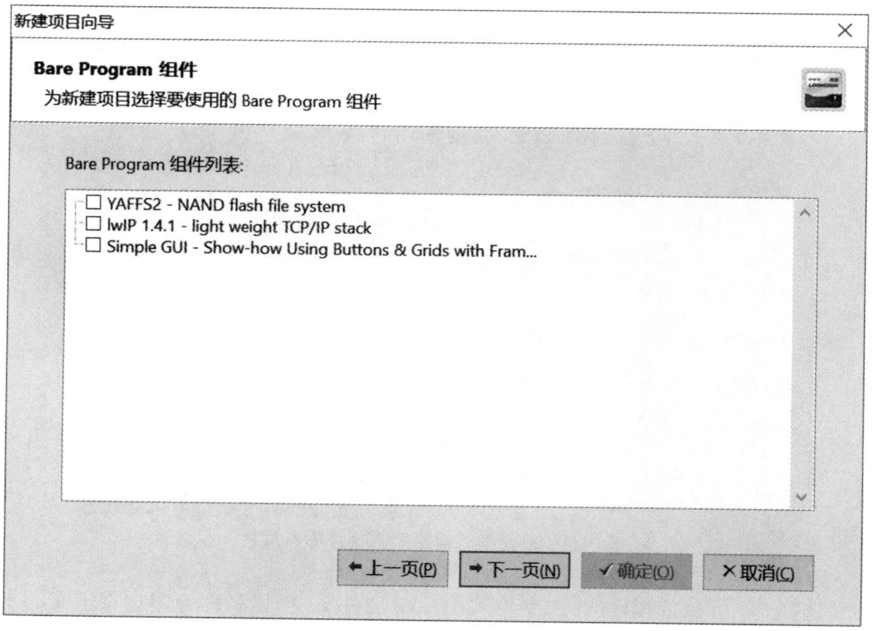

新建项目向导

Bare Program 组件

为新建项目选择要使用的 Bare Program 组件

Bare Program 组件列表:

- YAFFS2 - NAND flash file system
- lwIP 1.4.1 - light weight TCP/IP stack
- Simple GUI - Show-how Using Buttons & Grids with Fram...

上一页(P) 下一页(N) 确定(O) 取消(C)

图 3.13 新建项目向导配置裸机组件

这里不进行选择，直接单击“下一页”按钮，进入新建项目汇总信息显示界面，如图 3.14 所示。

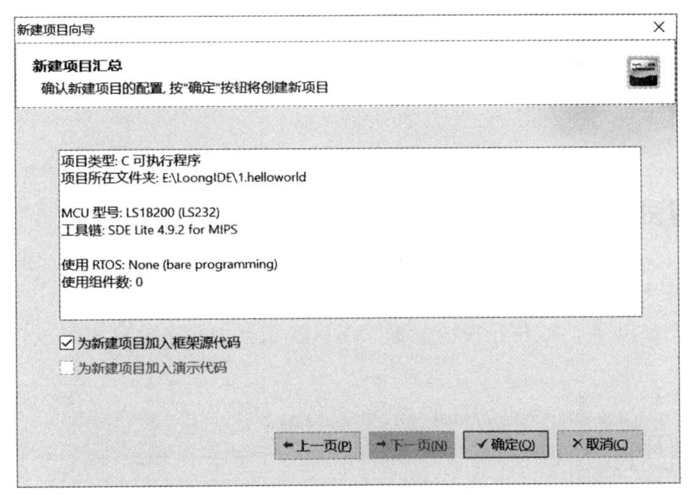

图 3.14　新建项目汇总信息

最后，系统从模板载入源码文件。根据向导选择，在创建裸机编程项目时，向导将为新建项目创建的文件有：

- 启动文件 start.S；
- 链接脚本文件 ld.script 或者 linkcmds；
- libc 库文件（部分）；
- 项目基本代码文件。

组件为用户根据项目的实际需求，选择需要添加到新项目的组件。至此，完成新项目创建，界面如图 3.15 所示。

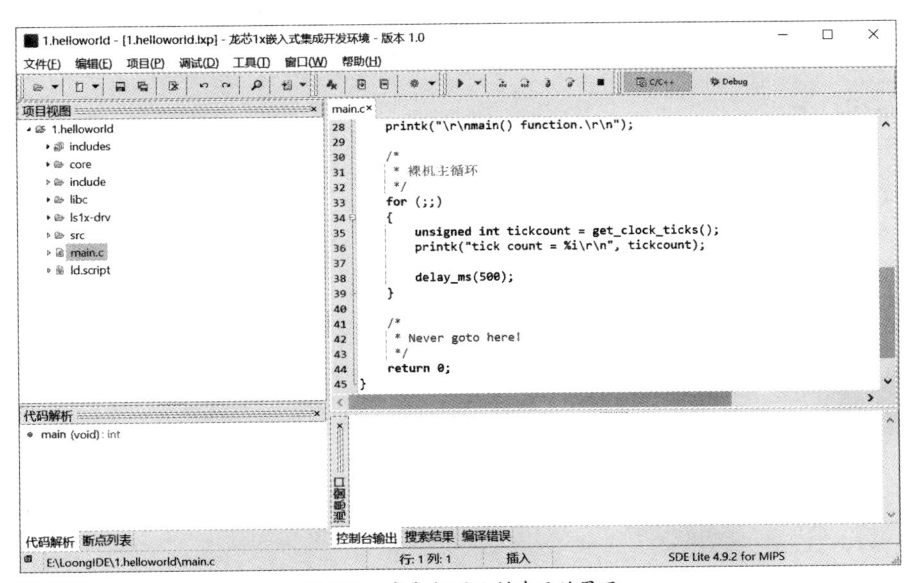

图 3.15　完成新项目创建后的界面

在 LoongIDE 中，可以执行以下操作：

- 在项目中新建、添加、编辑、保存源码文件；
- 执行编译操作，并对编译错误进行处理；
- 在项目编译成功后，启动调试。

3.6.2 项目调试运行

将开发板的 USB 调试线和 USB 转 RS-232 连接线接到 PC 上。根据 2.4.1 小节介绍的操作，打开 SecureCRT 串口调试助手。打开开发板电源，串口控制台的输出信息如图 3.16 所示。

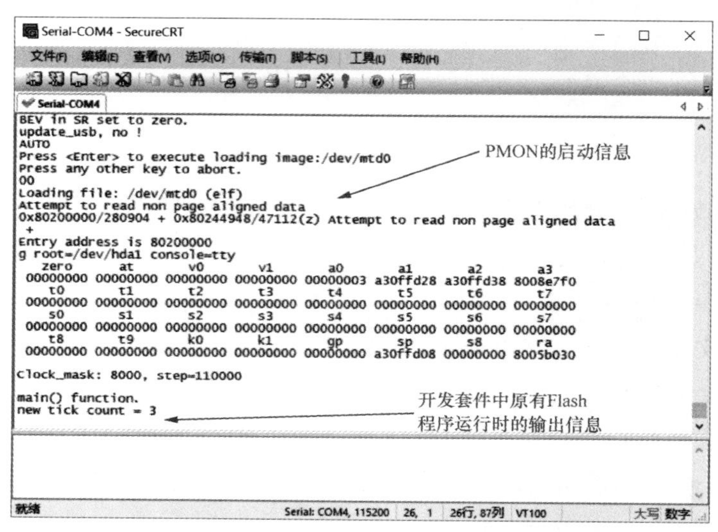

图 3.16 开发套件启动后串口控制台的输出信息

修改 main.c 中的代码，将输出的第一句修改成“Hello, world!”。

```
int main(void)
{
    printk("\r\nHello, world! \r\n");

    /*
     * 裸机主循环
     */
    for (;;)
    {
        unsigned int tickcount = get_clock_ticks();
        printk("tick count = %i\r\n", tickcount);

        delay_ms(500);
```

```
    }

    /*
     * Never goto here!
     */
    return 0;
}
```

然后编译程序和下载程序，如图 3.17 所示。

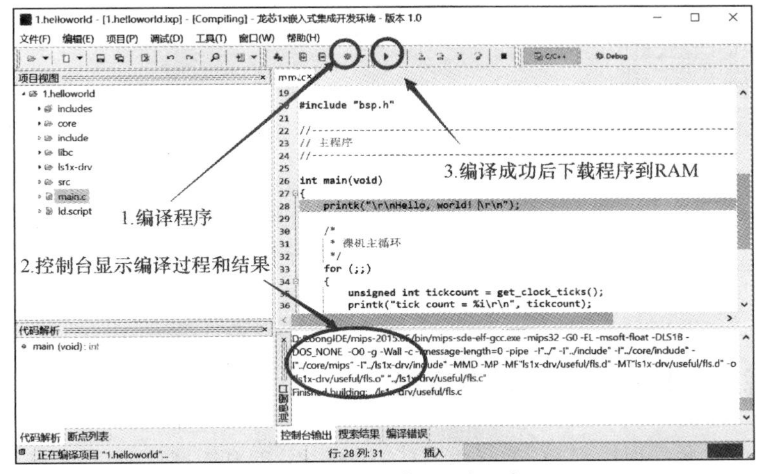

图 3.17　编译程序和下载程序

单击下载按钮，程序使用 LxLink 通过 EJTAG 接口下载到 RAM，进入调试状态。状态栏上显示程序下载进度，等待下载完成。

下载完成后，正式开始应用程序调试，调试程序常用功能如图 3.18 所示。

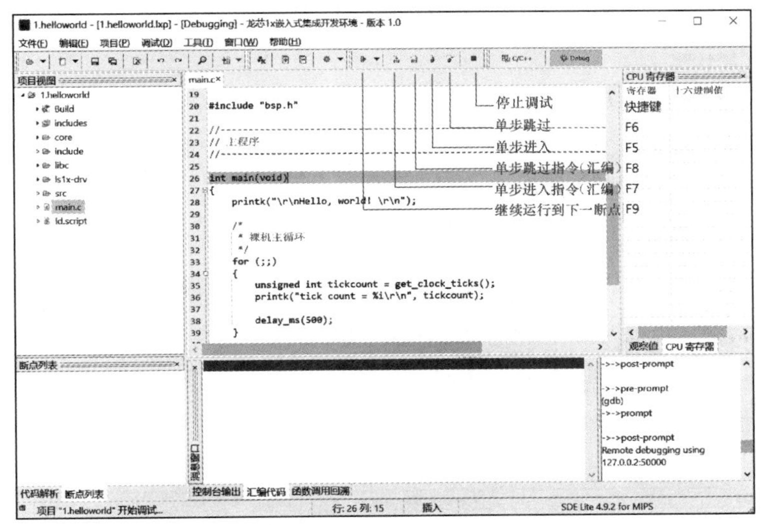

图 3.18　调试程序常用功能

下载到 RAM 后，串口控制台显示的输出信息如图 3.19 所示。

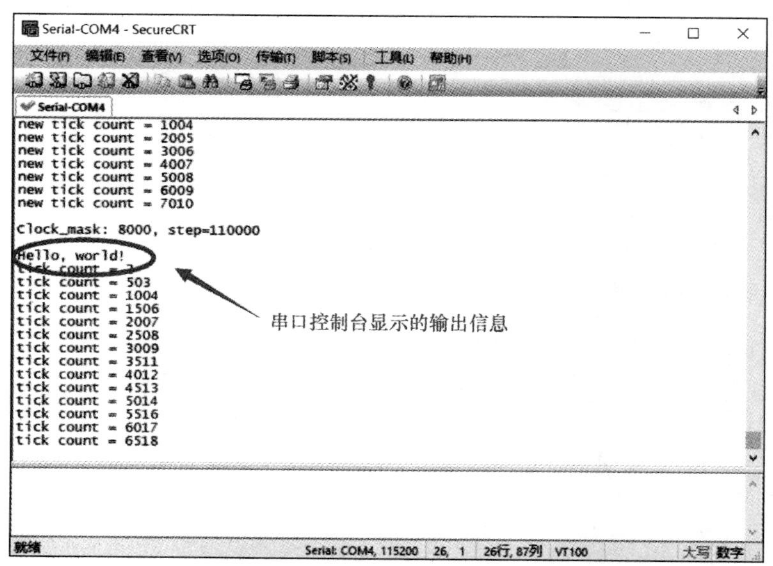

图 3.19　串口控制台显示的输出信息

3.6.3　下载到 Flash 存储器中运行

通过网线把开发套件连接到 PC 的有线网口，配置 PC 的有线网口 IP 地址为 192.168.1.1。为了顺利地通过 TCP/IP 下载程序到 NAND Flash 存储器，先进行连通性检测。按照 2.4.2 小节介绍的方法在开发套件开机后，进入 PMON 状态。在串口控制台输入“ping 192.168.1.1”命令，如果能 ping 通 PC，则说明开发套件与 PC 的连接正常，如图 3.20 所示。

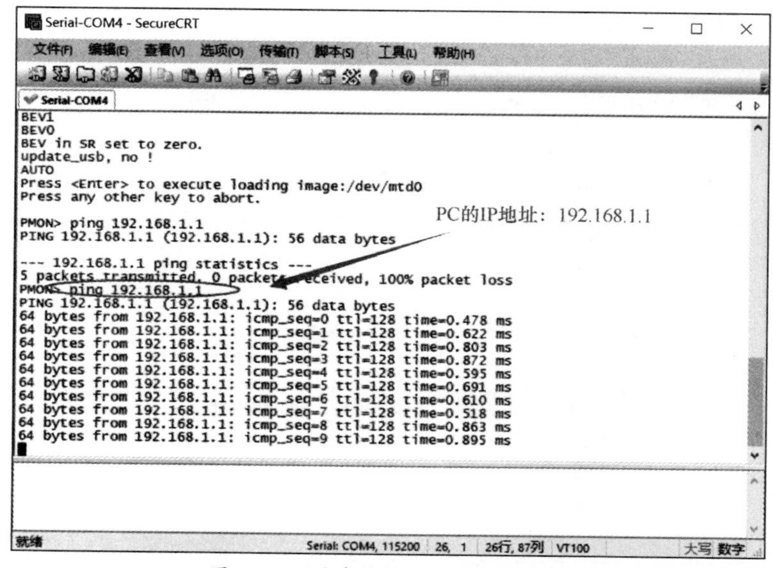

图 3.20　开发套件与 PC 的连通性检测

单击“工具”菜单下的“NAND Flash 编程”，如图 3.21 所示。选择编译成功的 .exe 文件，单击“确定”按钮。

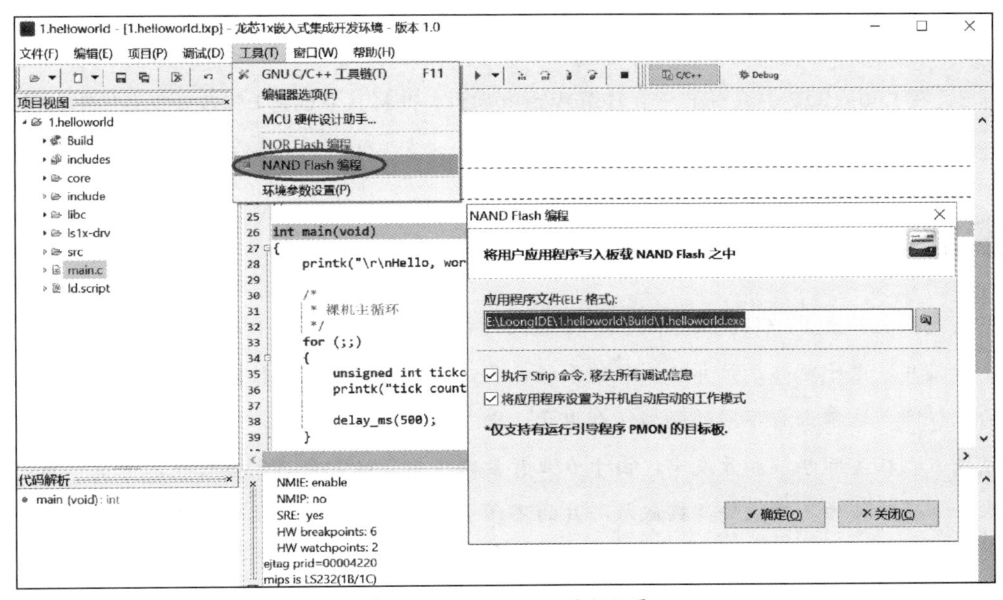

图 3.21 NAND Flash 编程配置

下载到 NAND Flash 存储器的过程如图 3.22 所示。下载成功后，程序就固化在 NAND Flash 存储器中，开机后将自动运行。

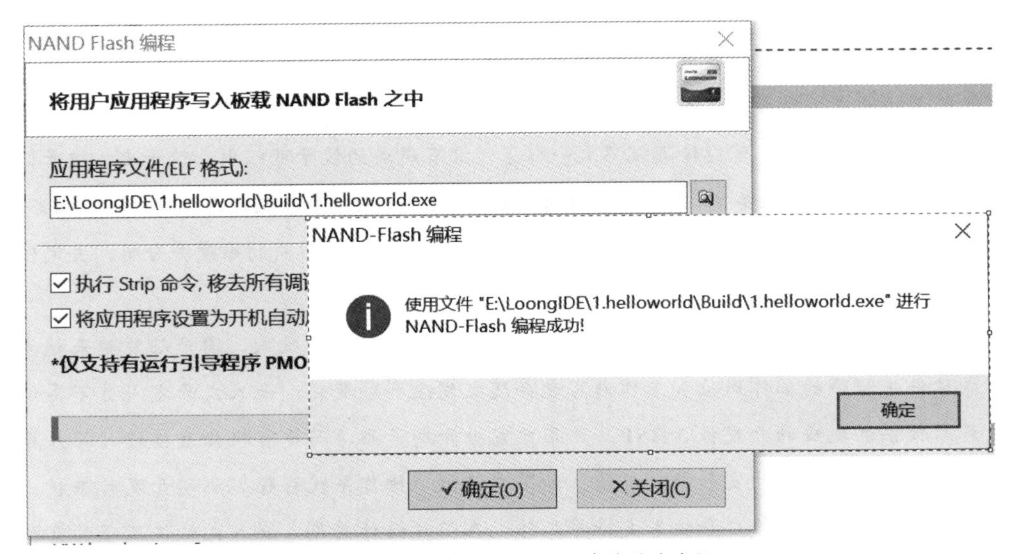

图 3.22 下载到 NAND Flash 存储器的过程

练习题

1. 列举嵌入式C语言中常用的几种数据类型。
2. 说明嵌入式C语言中指针与数组的联系与区别。
3. 在LoongIDE中编写第一个HelloWorld项目，并将其下载到LS1B开发套件中运行。

探索提升

嵌入式系统开发是一门交叉学科。一个嵌入式电子产品（如手机）从底层到上层，一般会涉及半导体芯片、电子电路、计算机、操作系统、多媒体等不同领域的技术。很多从事嵌入式开发工作的工程师，通常来自不同的领域（如电子、电气、计算机、机械、自动化、物理，甚至一些文科领域），在实际学习和开发中，由于专业背景的限制，经常会遇到各种技术壁垒：搞硬件的不懂软件，搞软件的不懂硬件，搞底层芯片的不懂上层软件，搞上层软件的不懂底层芯片。嵌入式技术栈太深，除了极少数人，一般人很难实现“技术破圈”，将整个技术栈从上到下捋一遍，彻底打通。

相对于桌面软件开发，嵌入式开发还具有碎片化特点：不同的架构（如ARM、MIPS、RISC-V等）、不同厂家的SoC处理器（如Cortex-M系列、Cortex-A系列、AI芯片等）、不同的操作系统（如Linux、μC/OS、FreeRTOS、Android等），一般需要对应的编译开发环境与之匹配，这样工程师才能基于这个编译开发环境进行应用开发。如果把软件开发比作开饭馆卖饺子，对于桌面软件开发，锅碗瓢盆、水电煤气，甚至饺子（如超市里的速冻饺子）都准备好了，标准统一，就等着你根据顾客不同的需求，做成一道道不同的美食：猪肉芹菜饺子、三鲜饺子等，以及蒸饺、水饺、煎饺等。而对于嵌入式开发，可能情况就不太一样了：没有现成的饺子可以用，饺子皮、饺子馅儿、锅碗瓢盆都需要自己动手准备，开发环境需要自己搭建。遇到问题，不能仅考虑当前的软件业务逻辑，可能还要从芯片、硬件电路、操作系统、底层驱动，甚至编译器等不同的维度去分析，去定位出现问题的原因。

随着半导体行业发展趋势的变化，以及国内对芯片行业的大力投入，国产芯片越来越多，未来嵌入式软件工程师的工作岗位和工作内容也会随之发生一些变化：嵌入式开发人员不再仅仅基于芯片厂家提供的现成的开发板、BSP、产品方案去开发产品，而是有机会直接进入芯片原厂工作，参与芯片底层软件的开发和维护工作，如芯片测试、操作系统移植、驱动开发与维护，以及基于自家芯片产品方案的推广和技术支持等工作。在芯片设计前期，嵌入式软件工程师有时候还需要和IC（Integrated Circuit，集成电路）工程师一起去测试芯片，编写相应的测试代码和测试用例。

嵌入式C语言在测试中起到了举足轻重的作用。从语法上来说C语言并不复杂，但编写优质、可靠的嵌入式C程序并非易事，不仅需要熟知硬件特性和缺陷，还需要对编译原理和计算机技术有一定的了解。这就需要嵌入式开发人员不断扩充自己的知识体系，不断学习和解锁新的技能：C语言、软件工程、编译原理、计算机体系结构、操作系统、汇编语言、硬件电路，有时甚至还需要了解一些芯片设计、芯片制造、CPU内部结构等“圈外”知识。每一个新的知识点，每一项新的技能，市面上都有大量的图书可以参考阅读，但每一本书都有其面向的领域和侧重点，与我们的实际工程需求往往有一定偏差，需要我们花大量的时间和精力去阅读和消化，然后才能提炼出我们所需要的一些核心知识点和关键技能。有了这些核心知识点和关键技能作为理论支撑，我们才可以在嵌入式开发中更好、更快地解决各种工程问题。

第 04 章

通用输入输出与外部中断

本章知识

- LS1B 开发套件通用输入输出的功能、硬件结构、库函数、设计实例
- 中断的原理、库函数、设计实例

4.1 GPIO 端口组成及功能

要正确并高效地使用一个外设，首先要了解其主要结构以及能够实现的功能，而外设结构与使用的开发环境有密切的关系。

通用输入输出（General-Purpose Input/Output, GPIO）是 MCU 中最基本的外设之一，GPIO 给芯片的设计和应用提供了灵活的外部接口。GPIO 可用于感知外界信号（输入模式）和控制外设（输出模式）。在嵌入式开发中，经常需要用到一些外部功能模块，比如 LED（Light-Emitting Diode，发光二极管）、按键、蜂鸣器、温度传感器等，这些外部功能模块都比较简单，只需要 MCU 的 GPIO 与模块连接，控制引脚输出 / 读取高低电平即可。还有一些外部功能模块需要多个引脚构成的“协议”来进行通信，比如 UART、I²C、SPI 等。如今的 MCU 大都采用引脚复用技术，即一个 GPIO 既可以直接控制引脚输出高低电平，也可以将其设置为某个协议的引脚之一，比如 I²C 的时钟信号引脚 SCK。此外，有些 MCU 的引脚还能设置为 ADC 模式读取模拟信号，或者设置为 DAC 模式输出模拟信号。本节主要对引脚的 GPIO 模式进行讲解。

根据芯片型号的不同，GPIO 在 LS1B 芯片上的引脚位置和数量不同。LS1B 的 GPIO 部分引脚通过复用实现，从而在 Wire Bond BGA256 封装情况下提供丰富的外部功能。

GPIO 引脚按照顺序统一编号，从 00 到 61。LoongIDE 提供了方便的硬件设计助手，用户可在编程时查看所使用的引脚号及复用状态，并可自动生成初始化代码。在界面中选择“工具”菜单，再选择“MCU 硬件设计助手”，弹出对话框提示选择芯片，如图 4.1 所示。

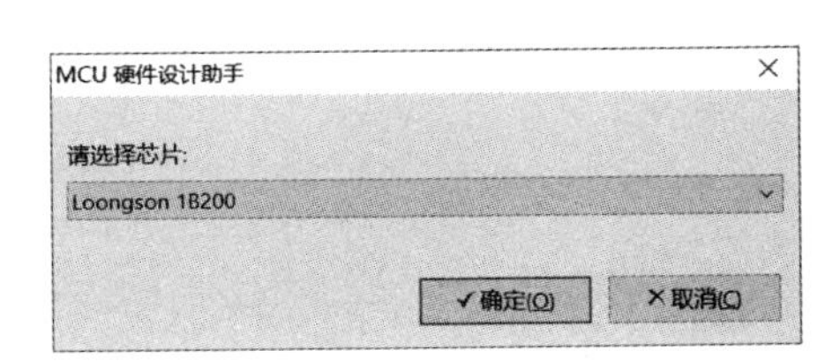

图 4.1　“MCU 硬件设计助手”对话框提示选择芯片

选择 Loongson 1B200 后，单击“确定”按钮，可弹出所有的硬件接口，方便配置，如图 4.2 所示。

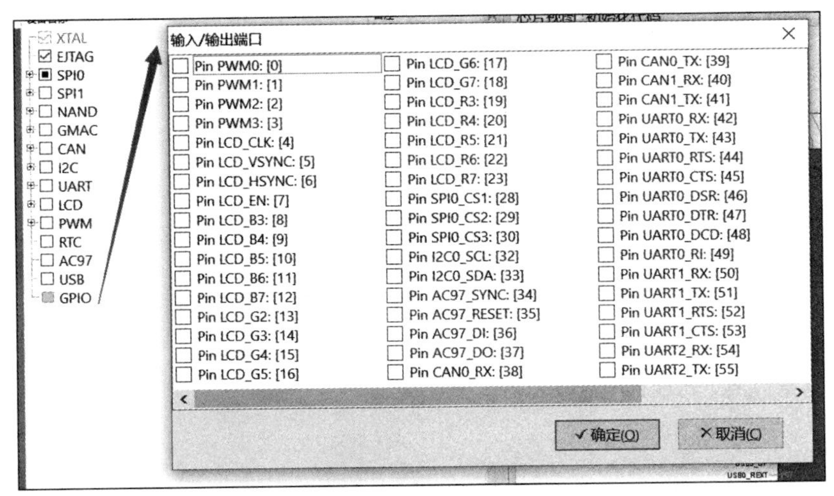

图 4.2　MCU 硬件设计助手显示的硬件接口

4.2 GPIO 的硬件结构

GPIO 是外设中最简单也是最重要的配置之一。GPIO 有多种类型和配置选项，包括输入、输出、上拉、下拉、推挽等。

GPIO 除了可以传输 I/O 数据外，还可以提供中断、定时计数器、串口，也就是复用的功能，这可通过寄存器进行设置。如果有多个复用功能模块对应同一个引脚，仅可使能其中的一个功能模块，其他模块保持非使能状态。

4.2.1 GPIO 输入

作为 GPIO 的输入引脚，其外部的接法有 3 种：带上拉电阻的连接、带下拉电阻的连接和什么都不带的连接，如图 4.3 所示。带上拉电阻的连接是通过一个电阻连接到电源，这个引脚平常状态为高电平。带下拉电阻的连接是通过电阻接地（GND），这个引脚平常状态为低电平。输入引脚悬空不接称为浮空输入，一般引脚不能悬空。设计时需要仔细看电路图，掌握上拉电阻与下拉电阻的取值和电路连接方式。

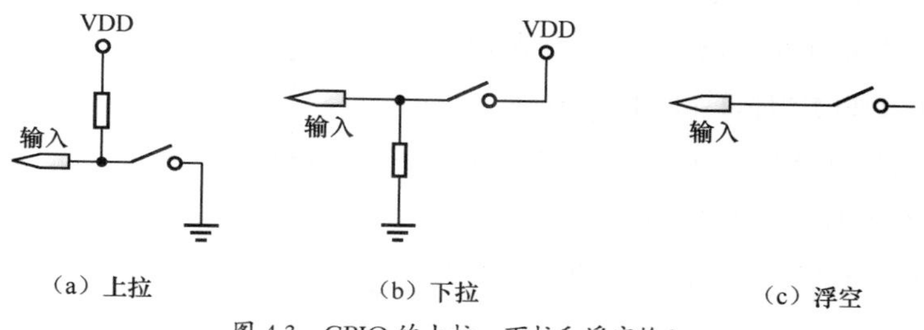

图 4.3 GPIO 的上拉、下拉和浮空输入

为何输入需要上拉和下拉呢？因为在数字电路中，如果输入引脚悬空，那么输入信号不确定；同时为了避免输入阻抗高，吸收离散信号而损坏电路，可将一个电阻连接到电源或地，该电阻起到限流电阻的作用。

因此 GPIO 输入主要通过以下 3 种方式进行配置：

- 高阻抗（Hi-Z，也称为浮空）
- 上拉（pull-up，内部电阻连接到 VDD）
- 下拉（pull-down，内部电阻接地）

上拉电阻与下拉电阻的取值范围为 1~10kΩ，该电阻也称为限流电阻。

在 LS1B 芯片中，GPIO 作为外部输入时，输入高电平可以是 3.3~5V，输入低电平是 0V。在复位时，GPIO 都是内部上拉输入状态。

4.2.2 GPIO 输出

LS1B 芯片的 GPIO 作为输出时，输出高电平是 3.3V，输出低电平是 0V；GPIO 对应的所有输出引脚都是推挽模式，驱动电流为 8mA，内阻大约为 50Ω。GPIO 的推挽模式的等效结构如图 4.4 所示。

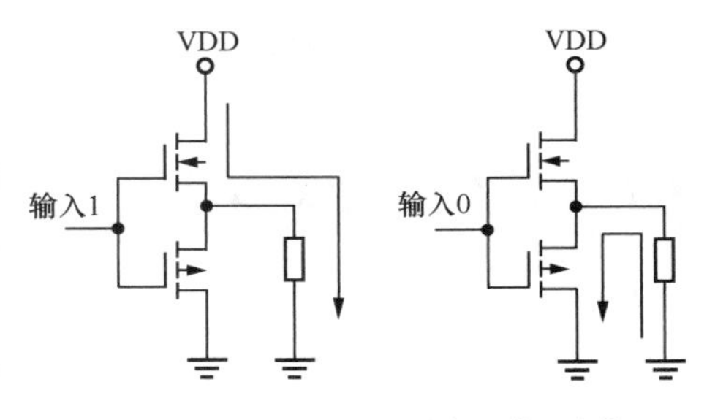

图 4.4 GPIO 的推挽模式的等效结构

在推挽模式的等效结构中，两个 MOS 管（MOSFET）受到互补信号的控制，始终保持一个处于截止、另一个处于导通的状态。推挽模式的最大特点是可以真正输出高电平和低电平，且在两种电平下都具有驱动能力。两个 MOS 管中一个导通时出现较低的阻抗，使 RC 时间常数很小，逻辑电平转换速度很快。

所谓驱动能力，就是指输出电流的能力。在驱动大负载（负载内阻越小，负载越大）的情况下，例如输出电压为 5V，驱动的负载内阻为 10Ω，于是根据欧姆定律，在正常情况下负载上的电流为 0.5A（推算出功率为 2.5W）。显然一般的输入输出不可能有这么大的驱动能力，也就是没有办法输出这么大的电流，造成的结果就是输出电压会被拉下来，达不到标称的 5V。当然如果只是数字信号的传递，下一级的输入阻抗理论上最好是高阻态，也就是只需要传电压，基本没有电流，也就没有功率，于是不需要很大的驱动能力。对于推挽模式，输出高、低电平时电流的流向如图 4.4 所示。

但推挽模式有一个缺点，如果两个推挽结构相连，一个输出高电平（上面的 MOS 管导通、下面的 MOS 管截止时），同时另一个输出低电平（上面的 MOS 管截止、下面的 MOS 管导通时），电流会从第一个引脚的 VDD 通过上端 MOS 管再经过第二个引脚的下端 MOS 管直接流向 GND。整个通路上电阻很小，会发生短路，进而可能造成端口的损伤。这也是推挽模式不能实现“线与逻辑 [1]”的原因。

4.2.3 GPIO 寄存器

和 STM 单片机一样，LS1B 的硬件驱动是经过一系列控制寄存器的写入操作来实现的。这些控制寄存器就像一台台精巧的控制装置，能够接收指令并操纵相关设备完成指令规定的行为或动作。图 4.5 形象地说明了用户、寄存器、设备之间的关系。按键操作相当于写寄存器，观看显示器则相当于读寄存器。简单的读与写功能可让系统完成复杂的行为和动作。从编程的角度看，这些寄存器也可以看作设备制造商提供的底层 API（Application Program Interface，应用程序接口），只不过操作的参数为内存的地址，操作的过程为读和写这个地址。

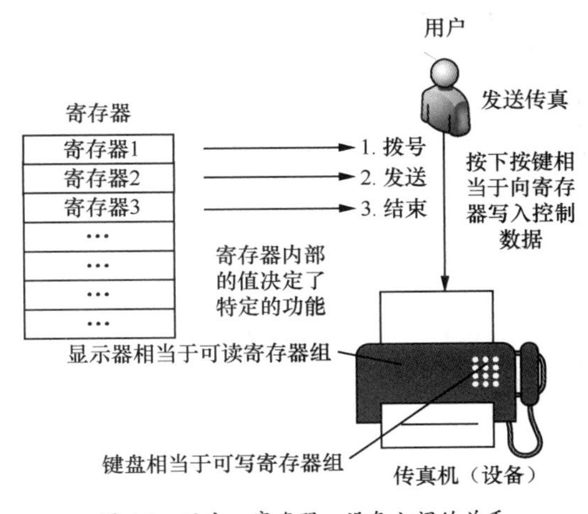

图 4.5 用户、寄存器、设备之间的关系

LS1B 的 GPIO 引脚一共有 62 个，分别用 GPIO00~GPIO61 表示，《龙芯 1B 处理器用户手册》

[1] 两个或两个以上输出端直接互连就可以实现与的逻辑功能。

中给出了每个 GPIO 引脚能实现的功能，前 7 个引脚实现的功能如表 4.1 所示。

表 4.1 LS1B 的 GPIO 的前 7 个引脚实现的功能

PAD	复位状态	PAD 描述	GPIO	第一复用	第二复用	第三复用	UART
PWM0	内部上拉，复位输入	PWM0 波形输出	GPIO00	NAND_RDY	SPI1_CSN	UART0_RX	—
PWM1	内部上拉，复位输入	PWM1 波形输出	GPIO01	NAND_CS	SPI1_CSN	UART0_TX	—
PWM2	内部上拉，复位输入	PWM2 波形输出	GPIO02	NAND_RDY	—	UART0_CTS	—
PWM3	内部上拉，复位输入	PWM3 波形输出	GPIO03	NAND_CS	—	UART0_RTS	—
LCD_CLK	内部上拉，复位输入	LCD 时钟	GPIO04	—	—	—	—
LCD_VSYNC	内部上拉，复位输入	LCD 列同步	GPIO05	—	—	—	—
LCD_HSYNC	内部上拉，复位输入	LCD 行同步	GPIO06	—	—	—	—

每个 GPIO 端口可以自由编程。与 GPIO 端口相关的配置寄存器的功能也可在《龙芯 1B 处理器用户手册》中查看，LS1B 的部分 GPIO 配置寄存器如表 4.2 所示。62 个引脚的 GPIO 端口由两个 32 位的配置寄存器 GPIOCFG0 和 GPIOCFG1 进行配置，基地址为 0xbfd010c0。

表 4.2 LS1B 的部分 GPIO 配置寄存器[1]

偏移地址	位	寄存器	名称	读 / 写	描述
0xbfd010c0	32	GPIOCFG0	配置寄存器 0	R/W	GPIOCFG0[30:0] 分别对应 GPIO30:GPIO00。 1：对应 PAD 为 GPIO 功能。 0：对应 PAD 为普通功能。 复位值：32′ hf0ffffff
0xbfd010c4	32	GPIOCFG1	配置寄存器 1	R/W	GPIOCFG1[29:0] 分别对应 GPIO61:GPIO32。 1：对应 PAD 为 GPIO 功能。 0：对应 PAD 为普通功能。 复位值：32′ hffffffff
0xbfd010d0	32	GPIOOE0	输入使能寄存器 0	R/W	GPIOOE0[30: 0] 分别对应 GPIO30:GPIO00。 1：对应 GPIO 被控制为输入。 0：对应 GPIO 被控制为输出。 复位值：32′ hf0ffffff

[1] 表中 R 表示可读，W 表示可写。

续表

偏移地址	位	寄存器	名称	读 / 写	描述
0xbfd010d4	32	GPIOOE1	输入使能寄存器 1	R/W	GPIOOE1[29: 0] 分别对应 GPIO61:GPIO32。 1：对应 GPIO 被控制为输入。 0：对应 GPIO 被控制为输出。 复位值：32′ hffffffff
0xbfd010e0	32	GPIOIN0	输入寄存器 0	R	GPIOIN0[30: 0] 分别对应 GPIO30:GPIO00。 1：GPIO 输入为 1，PAD 驱动输入为 3.3V。 0：GPIO 输入为 0，PAD 驱动输入为 0V
0xbfd010e4	32	GPIOIN1	输入寄存器 1	R	GPIOIN1[29:0] 分别对应 GPIO61:GPIO32。 1：GPIO 输入为 1，PAD 驱动输入为 3.3V。 0：GPIO 输入为 0，PAD 驱动输入为 0V
0xbfd010f0	32	GPIOOUT0	输出寄存器 0	R/W	GPIOOUT0[30:0] 分别对应 GPIO30:GPIO00。 1：GPIO 输出为 1，PAD 驱动输出为 3.3V。 0：GPIO 输出为 0，PAD 驱动输出为 0V
0xbfd010f4	32	GPIOOUT1	输出寄存器 1	R/W	GPIOOUT1[29:0] 分别对应 GPIO61:GPIO32。 1：GPIO 输出为 1，PAD 驱动输出为 3.3V。 0：GPIO 输出为 0，PAD 驱动输出为 0V

LS1B 的 GPIO 引脚也有复用功能，除了传输 I/O 数据外，还可以提供中断、定时计数器、串口等。其复用功能的实现比较复杂，需要几组复用寄存器同时配置使用。GPIO 引脚的复用功能实现采用复用寄存器（GPIO_MUX_CTRL0 和 GPIO_MUX_CTRL1）控制。GPIO_MUX_CTRL0 的基地址为 0xbfd00420，寄存器的描述如表 4.3 所示。当引脚配置为 GPIO 功能时，复用寄存器的配置不起作用。

表 4.3　LS1B 的 GPIO 的复用寄存器 GPIO_MUX_CTRL0 描述

位	描述	读 / 写特性
31:29	—	保留
28	UART0_UAE_PWM23	R/W
27	UART0_UAE_PWM01	R/W
26	UART1_USE_LCD0_5_6_11	R/W
25	I^2C_USE_CAN1	R/W
24	I^2C_USE_CAN0	R/W
23	NAND3_USE_UART5	R/W
22	NAND3_USE_UART4	R/W
21	NAND3_USE_UART1_DAT	R/W
……	……	……

GPIO_MUX_CTRL1 的基地址为 0xbfd00424，寄存器的描述如表 4.4 所示。

表 4.4　LS1B 的 GPIO 的复用寄存器 GPIO_MUX_CTRL1 描述

位	描述	读 / 写特性
31	USB_reset	R/W
30:25	—	保留
24	SPI1_CS_USE_PWM01	R/W
23	SPI1_USE_CAN	R/W
22:21	—	保留
20	DISABLE_DDR_CONFSPACE	……
……	……	……

普通的 GPIO 给出了 3 组寄存器进行 GPIO 的配置，下面结合实例说明如何对 GPIO 接口进行配置。

例如 GPIO00 在默认复位后的状态（即复位后没有进行任何的寄存器写操作）下，基本功能是 GPIO 功能。如果需要该引脚实现 PWM0 波形输出，则要对它的配置寄存器 GPIOCFG0（见表 4.2）相应的位写 0；如果需要该引脚实现 SPI1_CSN 的输出功能，就要将它配置成第二复用；如果需要该引脚实现 UART0 的输出功能，就要将它配置成第三复用。

下面在 LoongIDE 中采用硬件设计助手自动生成 GPIO00 作为 GPIO 的初始化代码。首先将 PWM0 配置成 GPIO00，如图 4.6 所示。

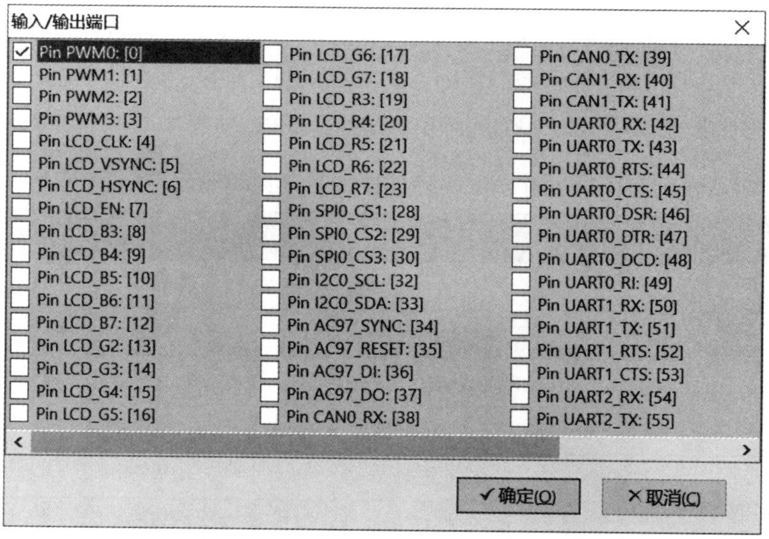

图 4.6　将 PWM0 配置成 GPIO00

自动生成的初始化代码如下，代码段的开头部分说明了此代码的创建日期及功能。

```
/*
 * LS1B initialize code, auto generated by hardware assisant.
 * Created: 2021/6/22 18:01:02
```

```
 */

#include "ls1b.h"
#include "ls1b_gpio.h"

/*
 * UART Split Register at 0xBFE78038
 */
static void ls1b_set_uartsplit_reg(void)
{
    // do nothing
}

/*
 * MUX Control register 0 at 0xBFD00420,
 */
static void ls1b_set_muxctrl0_reg(void)
{
    // do nothing
}

/*
 * MUX Control register 1 at 0xBFD00424,
 */
static void ls1b_set_muxctrl1_reg(void)
{
    unsigned int regVal;

    regVal = MUX_CTRL1_GMAC1_SHUT |
             MUX_CTRL1_GMAC0_SHUT |
             MUX_CTRL1_USB_SHUT;

    LS1B_MUX_CTRL1 &= ~regVal;
    ls1x_sync();
    LS1B_MUX_CTRL1 |= regVal;
    delay_ms(1);
}
```

```
/*
 * set gpio pin usage, TODO Should modify DIRECTION!
 */
static void ls1b_set_gpio_regs(void)
{
    gpio_enable(0, DIR_IN);     // Pin: 0
}

/*
 * LS1B Initialize function
 */
void ls1b_pins_initialize(void)
{
    ls1b_set_uartsplit_reg();
    ls1b_set_muxctrl0_reg();
    ls1b_set_muxctrl1_reg();
    ls1b_set_mux_regs();
    ls1b_set_gpio_regs();
}
```

代码段中，将 LS1B 的 GPIO_MUX_CTRL1 寄存器的 11 位、12 位、13 位置 0。这里再说明一下代码段的如下语句的含义：

```
    regVal = MUX_CTRL1_GMAC1_SHUT |
             MUX_CTRL1_GMAC0_SHUT |
             MUX_CTRL1_USB_SHUT;

    LS1B_MUX_CTRL1 &= ~regVal;
```

MUX_CTRL1_GMAC1_SHUT、MUX_CTRL1_GMAC0_SHUT 和 MUX_CTRL1_USB_SHUT 为宏定义，代表 13 位、12 位和 11 位。将 32 位数据中的这 3 位置 0，再与寄存器原来的值相与，则寄存器中这 3 位都变成了 0。

最后采用函数语句“gpio_enable(0, DIR_IN);”将 GPIO00 配置成输入。这里使用的是 LS1B 的库函数。在 LoongIDE 的项目视图中能够看到所有库函数，如图 4.7 所示。这些库函数是后续编程的基础，编程操作内核和外设就是通过这些库函数来控制系统，使其按照指定的程序来运行，这些库函数是最重要且核心的部分。后面学习每一种外设前，都要先学习相关的原理，再基于库函数，像搭积木一样进行编程，最后进行测试，检验编程的结果是否满足设计的需求。

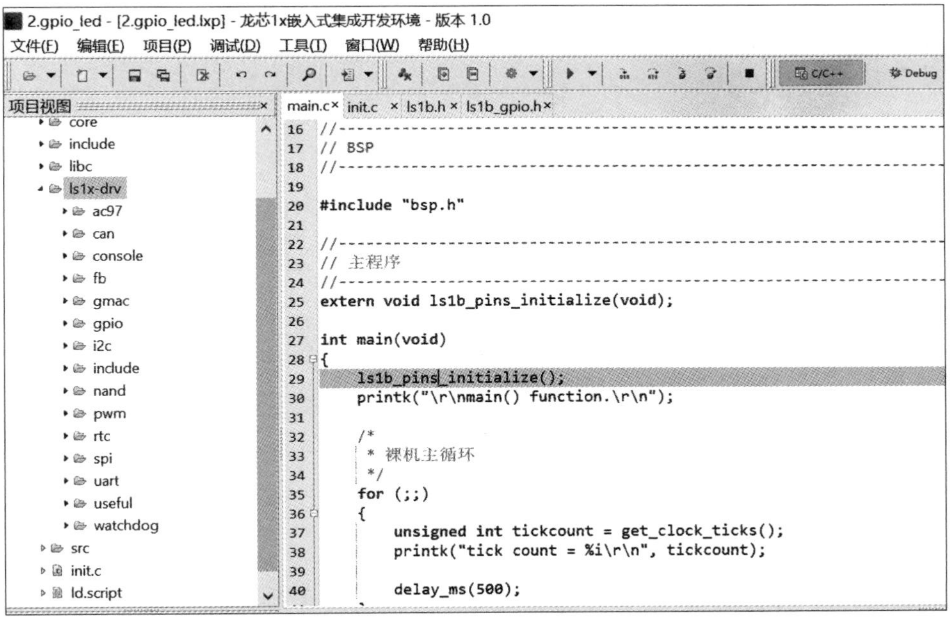

图 4.7 LoongIDE 的项目视图中的库函数

GPIO 寄存器的相关定义在文件 ls1b.h 中：

```
/* 1：对应 PAD 为 GPIO 功能。0：对应 PAD 为普通功能 */
#define LS1B_GPIO_CFG_BASE        0xBFD010C0
/* 1：对应 GPIO 被控制为输入。0：对应 GPIO 被控制为输出 */
#define LS1B_GPIO_EN_BASE         0xBFD010D0
/* 1: GPIO 输入为 1，PAD 驱动输入为 3.3V。0: GPIO 输入为 0，PAD 驱动输入为 0V */
#define LS1B_GPIO_IN_BASE         0xBFD010E0
/* 1: GPIO 输出为 1，PAD 驱动输出为 3.3V。0: GPIO 输出为 0，PAD 驱动输出为 0V */
#define LS1B_GPIO_OUT_BASE        0xBFD010F0
```

从上面的定义可以看出，GPIO 配置寄存器的基地址是 0xbfd010c0，控制输入输出功能的寄存器基地址是 0xbfd010d0，存储 GPIO 输入值的寄存器基地址是 0xbfd010e0，配置 GPIO 输出值的寄存器基地址是 0xbfd010f0。

4.3 GPIO 的常用库函数

本节主要介绍 GPIO 的常用库函数。

1. gpio_enable 函数

gpio_enable 函数的相关说明如表 4.5 所示。

表 4.5　gpio_enable 函数的相关说明

信息	说明
函数名	gpio_enable
函数原型	void gpio_enable(int ioNum, int dir)
功能描述	使能 GPIO 端口
输入参数 1	ioNum：GPIO 端口序号
输入参数 2	dir：GPIO 方向，DIR_IN 为输入，DIR_OUT 为输出
输出参数	无
返回值	无
先决条件	无
被调用函数	无

2. gpio_read 函数

gpio_read 函数的相关说明如表 4.6 所示。

表 4.6　gpio_read 函数的相关说明

信息	说明
函数名	gpio_read
函数原型	int gpio_read(int ioNum)
功能描述	读 GPIO 端口，该 GPIO 被设置为输入模式
输入参数	ioNum：GPIO 端口序号
输出参数	无
返回值	无
先决条件	无
被调用函数	无

3. gpio_write 函数

gpio_write 函数的相关说明如表 4.7 所示。

表 4.7　gpio_write 函数的相关说明

信息	说明
函数名	gpio_write
函数原型	int gpio_write (int ioNum, int val)
功能描述	写 GPIO 端口，该 GPIO 被设置为输出模式
输入参数 1	ioNum：GPIO 端口序号
输入参数 2	val：输出的值

续表

信息	说明
输出参数	无
返回值	无
先决条件	无
被调用函数	无

4. gpio_disable 函数

gpio_disable 函数的相关说明如表 4.8 所示。

表 4.8　gpio_disable 函数的相关说明

信息	说明
函数名	gpio_disable
函数原型	void gpio_disable (int ioNum)
功能描述	关闭 GPIO 功能，端口恢复默认设置
输入参数	ioNum：GPIO 端口序号
输出参数	无
返回值	无
先决条件	无
被调用函数	无

4.4 库函数与寄存器的关系

库函数是通过读写寄存器对外设进行操作的，下面通过分析 gpio_read 函数源码来说明它们的关系。

```
int gpio_read(int ioNum)
{
    if ((ioNum >= 0) && (ioNum < GPIO_COUNT))
        return ((LS1B_GPIO_IN(ioNum / 32) >> (ioNum % 32)) & 0x1);
    else
        return -1;
}
```

GPIO_COUNT 为常量 62，表示 LS1B 的 GPIO 的数量是 62。如果 GPIO_COUNT 超出 62，则会出错。

函数 LS1B_GPIO_IN 为宏定义：

```
#define LS1B_GPIO_IN(i)  (*(volatile unsigned int*)(LS1B_GPIO_IN_BASE+i*4))
```

该函数直接返回对应 GPIO 寄存器内的数值。

由上述内容可以看出，库函数的本质是对外设的寄存器进行操作。

4.5 GPIO 应用——流水灯设计实例

【任务功能】

实现 GPIO 所接的 4 个发光二极管（LED）依次亮灭，即流水灯的功能。

【硬件电路原理图】

流水灯的 4 个 LED 的硬件连接如图 4.8 所示。

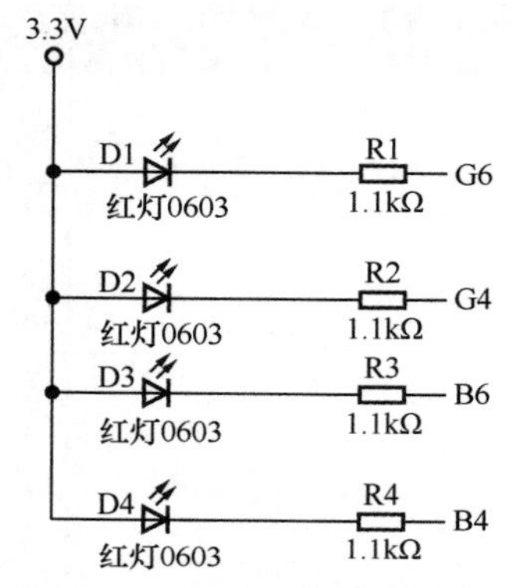

图 4.8 流水灯的 4 个 LED 的硬件连接

【程序分析】

1. 配置输入输出的引脚

在 LoongIDE 中用硬件设计助手配置 GPIO 引脚，如图 4.9 所示。

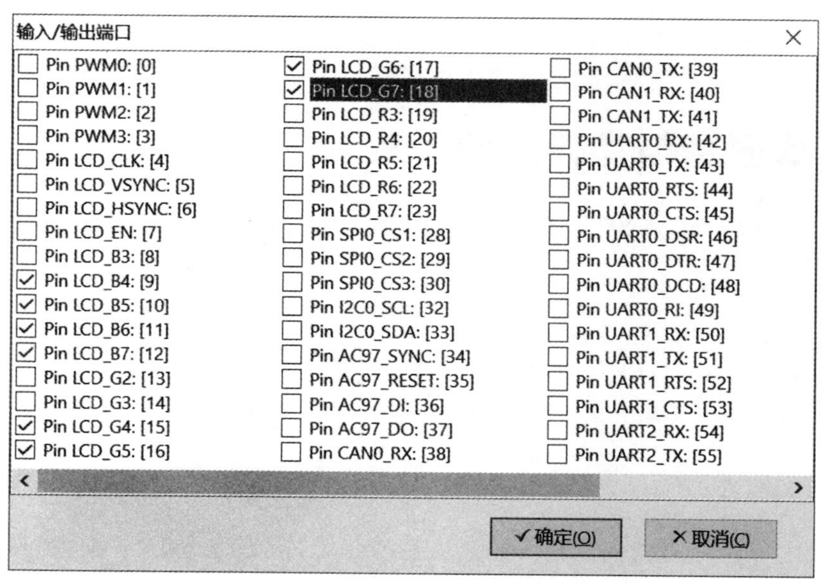

图 4.9 用硬件设计助手配置 GPIO 引脚

单击“确定”按钮后生成初始化代码，如图 4.10 所示。

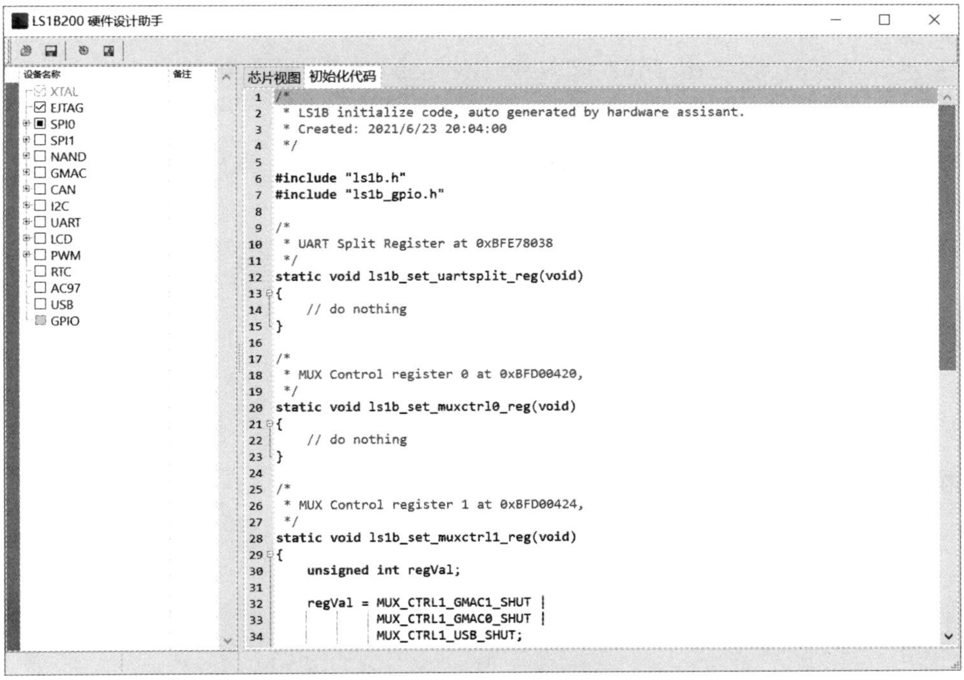

图 4.10 生成初始化代码

将代码复制到项目工程文件中，另存为 init.c。初始化代码将 GPIO 配置成输入模式：

```
gpio_enable(9, DIR_IN);      // Pin: LCD_B4
gpio_enable(10, DIR_IN);     // Pin: LCD_B5
gpio_enable(11, DIR_IN);     // Pin: LCD_B6
gpio_enable(12, DIR_IN);     // Pin: LCD_B7
gpio_enable(15, DIR_IN);     // Pin: LCD_G4
gpio_enable(16, DIR_IN);     // Pin: LCD_G5
gpio_enable(17, DIR_IN);     // Pin: LCD_G6
gpio_enable(18, DIR_IN);     // Pin: LCD_G7
```

将其中的 LCD_G6、LCD_G4、LCD_B6、LCD_B4 配置成输出模式，根据图 4.8，当对应的引脚输出为 0 时，对应的 LED 将会点亮。LCD_G7、LCD_G5、LCD_B7、LCD_B5 用作按键输入，这里先配置成输入模式。

修改后的初始化代码为：

```
gpio_enable(9, DIR_OUT);     // Pin: LCD_B4
gpio_enable(10, DIR_IN);     // Pin: LCD_B5
gpio_enable(11, DIR_OUT);    // Pin: LCD_B6
gpio_enable(12, DIR_IN);     // Pin: LCD_B7
gpio_enable(15, DIR_OUT);    // Pin: LCD_G4
gpio_enable(16, DIR_IN);     // Pin: LCD_G5
```

```
    gpio_enable(17, DIR_OUT);    // Pin: LCD_G6
    gpio_enable(18, DIR_IN);     // Pin: LCD_G7
```

2. GPIO 的初始化代码调用及 GPIO 配置

在 main.c 中添加代码：

```
#include "ls1b_gpio.h"
extern void ls1b_pins_initialize(void);
ls1b_pins_initialize();
```

调用初始化代码，实现 GPIO 的配置。

3. 应用功能的实现

在主程序的主循环中，实现流水灯的功能：

```
    for (;;)
    {
        unsigned int tickcount = get_clock_ticks();
        printk("tick count = %i\r\n", tickcount);

        gpio_write(17,0);               // 点亮 LCD_G6 引脚对应的 LED
        delay_ms(100);                  // 延时 100ms
        gpio_write(17,1);               // 熄灭 LCD_G6 引脚对应的 LED

        gpio_write(15,0);               // 点亮 LCD_G4 引脚对应的 LED
        delay_ms(100);                  // 延时 100ms
        gpio_write(15,1);               // 熄灭 LCD_G4 引脚对应的 LED

        gpio_write(11,0);               // 点亮 LCD_B6 引脚对应的 LED
        delay_ms(100);                  // 延时 100ms
        gpio_write(11,1);               // 熄灭 LCD_B6 引脚对应的 LED

        gpio_write(9,0);                // 点亮 LCD_B4 引脚对应的 LED
        delay_ms(100);                  // 延时 100ms
        gpio_write(9,1);                // 熄灭 LCD_B4 引脚对应的 LED
}
```

【操作步骤与运行结果】

编译并下载程序运行，可看到板上的 4 个 LED 按顺序点亮 / 熄灭。

4.6 中断的原理

中断是嵌入式系统中一种非常灵活和重要的运行机制，在大部分的应用产品中，由前后台方式来构成，也就是一个 while(1) 的主循环构成前台，若干个中断构成后台。在主循环中撰写并实现主要的、顺序处理的应用功能；而在中断（也就是后台）中，基于触发信号（或中断信号）实现特殊的功能，如定时器触发、外部按键触发、某种通信的收发状态等。在嵌入式系统中，定时器、GPIO、通信端口、ADC 等都可称为外设，每一种外设都可以产生相应的中断。

LS1B 芯片拥有内置的、简单的、灵活的中断控制器。LS1B 芯片的中断控制器除了管理 GPIO 输入的中断信号外，还处理内部事件引起的中断。所有的中断寄存器的位域安排相同，一个中断源对应其中一位。中断控制器共有 4 个中断输出连接 CPU 模块，分别对应 INT0、INT1、INT2、INT3。芯片支持 64 个内部中断和 62 个外部 GPIO 中断，其中 INT0、INT1 分别对应 64 个内部中断的前、后 32 位， INT2 和 INT3 对应 62 个外部 GPIO 中断，具体如表 4.9 所示。

表 4.9　64 个内部中断和 62 个外部 GPIO 中断

位编号	INT0	INT1	INT2	INT3
31	保留	保留	保留	保留
30	UART5	保留	GPIO30	保留
29	UART4	保留	GPIO29	GPIO61
28	TOY_TICK	保留	GPIO28	GPIO60
27	RTC_TICK	保留	GPIO27	GPIO59
26	TOY_INT2	保留	GPIO26	GPIO58
25	TOY_INT1	保留	GPIO25	GPIO57
24	TOY_INT0	保留	GPIO24	GPIO56
23	RTC_INT2	保留	GPIO23	GPIO55
22	RTC_INT1	保留	GPIO22	GPIO54
21	RTC_INT0	保留	GPIO21	GPIO53
20	PWM3	保留	GPIO20	GPIO52
19	PWM2	保留	GPIO19	GPIO51
18	PWM1	保留	GPIO18	GPIO50
17	PWM0	保留	GPIO17	GPIO49
16	保留	保留	GPIO16	GPIO48
15	DMA2	保留	GPIO15	GPIO47
14	DMA1	保留	GPIO14	GPIO46
13	DMA0	保留	GPIO13	GPIO45
12	保留	保留	GPIO12	GPIO44
11	保留	保留	GPIO11	GPIO43

续表

位编号	INT0	INT1	INT2	INT3
10	AC97	保留	GPIO10	GPIO42
9	SPI1	保留	GPIO09	GPIO41
8	SPI0	保留	GPIO08	GPIO40
7	CAN1	保留	GPIO07	GPIO39
6	CAN0	保留	GPIO06	GPIO38
5	UART3	保留	GPIO05	GPIO37
4	UART2	保留	GPIO04	GPIO36
3	UART1	GMAC1	GPIO03	GPIO35
2	UART0	GMAC0	GPIO02	GPIO34
1	保留	OHCI	GPIO01	GPIO33
0	保留	EHCI	GPIO00	GPIO32

4.7 GPIO 中断寄存器

使用中断首先要设置中断使能寄存器中相应的位，系统复位时默认不使能中断；然后设置中断触发类型寄存器、中断极性控制寄存器和中断输出控制寄存器相应的属性；最后当发生中断时，通过中断状态寄存器查看相应的中断源。

中断触发方式分为电平触发与边沿触发两种。选择电平触发时，中断控制器内部不寄存外部中断，对中断处理响应完成后只需要清除对应设备上的中断，就可以清除对 CPU 的相应中断。例如，上行网口向 CPU 发出接收包中断，网络驱动处理中断后，只要清除上行网口内部的中断寄存器中的中断状态，就可以清除 CPU 中断控制器的中断状态，而不需要通过对应的 INT_CLR 对 CPU 进行清除中断。但是在边沿触发的方式下，中断控制器会寄存外部中断，此时软件处理中断时，需要通过写对应的 INT_CLR，清除 CPU 中断控制器内部的对应中断状态。另外，在边沿触发的情况下，用户可以通过写 INT_SET 位强置中断控制器的对应中断状态。LS1B 的中断控制相关寄存器如表 4.10 所示，其中 RO 表示只读。

表 4.10　LS1B 的中断控制相关寄存器

偏移地址	位	寄存器	描述	读 / 写特性
0xbfd01040	32	INTISR0	中断状态寄存器 0	RO
0xbfd01044	32	INTIEN0	中断使能寄存器 0	R/W
0xbfd01048	32	INTSET0	中断置位寄存器 0	R/W

续表

偏移地址	位	寄存器	描述	读 / 写特性
0xbfd0104c	32	INTCLR0	中断清空寄存器 0	R/W
0xbfd01050	32	INTPOL0	高电平触发中断使能寄存器 0	R/W
0xbfd01054	32	INTEDGE0	边沿触发中断使能寄存器 0	R/W
0xbfd01058	32	INTISR1	中断状态寄存器 1	RO
0xbfd0105c	32	INTIEN1	中断使能寄存器 1	R/W

对于指定的外设，在中断触发时需要找到指定的中断入口函数执行，这涉及模块内部的中断机制以及中断控制的功能设计。典型的单片机中的中断执行流程如图 4.11 所示。

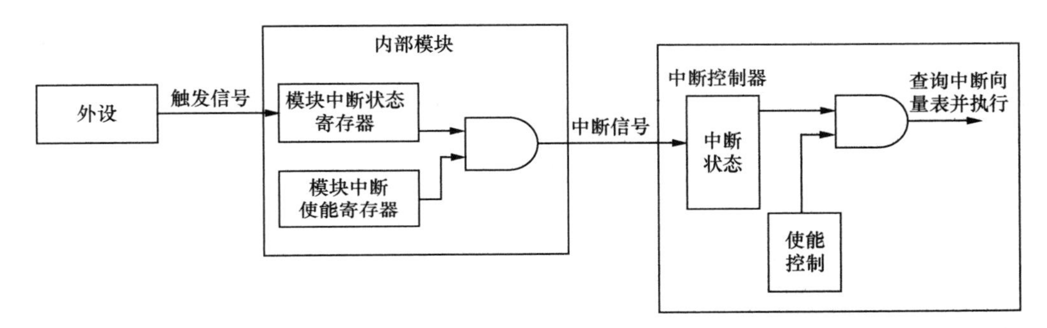

图 4.11 典型的单片机中的中断执行流程

首先，外设根据实际的硬件运行生成中断触发信号，修改内部模块相关状态位，如外部 GPIO 的边沿变化、串口数据发送或接收完成等事件，转换为模块内部的相关状态标志位的变化。其次，模块根据内部状态变化，结合中断控制器向量的相关配置，将状态变化通过中断信号提交到中断控制器中。最后，中断控制器根据中断触发信号提供的信息，查询中断向量表并执行，使程序计数器（Program Counter，PC）指针跳转到对应的中断函数中执行。

4.8 GPIO 中断库函数

在 GPIO 的库函数中，可以方便地将 62 个 GPIO 配置成所需要的中断。

这里先介绍一下中断函数，在文件 ls1x-drv/include/ls1x-io.h 中，定义了中断句柄函数原型：

```
typedef void (* irq_handler_t)(int vector, void *arg);
```

该函数原型使用了面向对象的方法封装驱动程序，其中参数 vector 为中断编号，arg 为安装中断向量时传入的参数。

常用的 GPIO 中断库函数介绍如下。

1. ls1x_enable_gpio_interrupt 函数

ls1x_enable_gpio_interrupt 函数的相关说明如表 4.11 所示。

表 4.11　ls1x_enable_gpio_interrupt 函数的相关说明

信息	说明
函数名	ls1x_enable_gpio_interrupt
函数原型	int ls1x_enable_gpio_interrupt(int gpio)
功能描述	使能 GPIO 中断
输入参数	gpio：GPIO 端口序号
输出参数	无
返回值	0 表示成功，–1 表示不成功
先决条件	无
被调用函数	无

2. ls1x_disable_gpio_interrupt 函数

ls1x_disable_gpio_interrupt 函数的相关说明如表 4.12 所示。

表 4.12　ls1x_disable_gpio_interrupt 函数的相关说明

信息	说明
函数名	ls1x_disable_gpio_interrupt
函数原型	int ls1x_disable_gpio_interrupt(int gpio)
功能描述	禁止 GPIO 中断
输入参数	gpio：GPIO 端口序号
输出参数	无
返回值	0 表示成功，–1 表示不成功
先决条件	无
被调用函数	无

3. ls1x_install_gpio_isr 函数

ls1x_install_gpio_isr 函数的相关说明如表 4.13 所示。

表 4.13　ls1x_install_gpio_isr 函数的相关说明

信息	说明
函数名	ls1x_install_gpio_isr
函数原型	int ls1x_install_gpio_isr(int gpio, int trigger_mode,void (*isr)(int, void *), void *arg)
功能描述	安装 GPIO 中断向量

续表

信息	说明
输入参数 1	gpio：GPIO 端口序号
输入参数 2	trigger_mode：中断触发方式
输入参数 3	isr：中断向量，类型同 irq_handler_t
输入参数 4	arg：用户自定义参数，该参数供中断向量引用
输出参数	无
返回值	0 表示成功，-1 表示不成功
先决条件	无
被调用函数	无

4. ls1x_remove_gpio_isr 函数

ls1x_remove_gpio_isr 函数的相关说明如表 4.14 所示。

表 4.14 ls1x_remove_gpio_isr 函数的相关说明

信息	说明
函数名	ls1x_remove_gpio_isr
函数原型	int ls1x_remove_gpio_isr(int gpio)
功能描述	取消已安装 GPIO 中断向量
输入参数	gpio：GPIO 端口序号
输出参数	无
返回值	0 表示成功，-1 表示不成功
先决条件	无
被调用函数	无

4.9 GPIO 应用中断——按键点灯设计实例

【任务功能】

实现通过 GPIO 所接的 4 个按键控制 4 个 LED。

【硬件电路原理图】

GPIO 所接的 4 个 LED 和 4 个按键的硬件连接如图 4.12 所示。

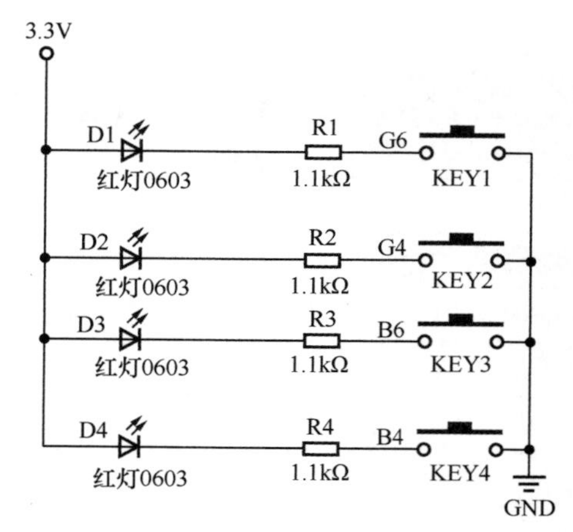

图 4.12　GPIO 所接的 4 个 LED 和 4 个按键的硬件连接

【程序分析】

1．配置输入输出的引脚

参考 4.5 节进行输入输出引脚的配置并生成初始化代码，或者直接复制 4.5 节中的代码，但需修改文件夹名称，防止与前面的工程重复定义，再在 LoongIDE 中导入工程。

在 C 语言的代码中，经常会使用宏定义代表所要表达的实际引脚。如这里重新定义 4 个按键和 4 个 LED：

```
#define KEY1 10
#define KEY2 12
#define KEY3 16
#define KEY4 18
#define D1 17
#define D2 15
#define D3 11
#define D4 9
```

这些以“#”开头的命令称为预处理命令，“#define”为宏定义命令，可用一个标识符来代替后面的字符串。上述代码中，字符串“10”可用字符“KEY1”来代替。这样，后面再操作 GPIO 时，不需要查找电路或者手册确定对应的 GPIO 数值；同样，若要更换引脚，也能够在宏定义中方便地修改。

2．GPIO 的初始化代码调用及 GPIO 配置

在 main.c 中添加代码。

调用初始化代码，实现 GPIO 的配置。

```
extern void ls1b_pins_initialize(void);
ls1b_pins_initialize();
```

安装中断向量，定义中断产生时的回调函数，即当中断产生时，需要运行的函数：

```
    ls1x_install_gpio_isr(KEY1,
                          INT_TRIG_EDGE_DOWN,
                          KEY1_down_irq_handler,
                          NULL);
```

3．应用功能的实现

在中断服务函数中实现对应的 LED 取反：

```
static void KEY1_down_irq_handler(int vector, void *arg)
{
    int click_down = gpio_read(KEY1) ? 0 : 1;
    if (click_down)
    {
        /* 禁止 GPIO 中断 */
        ls1x_disable_gpio_interrupt(KEY1);
        gpio_write(D1, ! gpio_read(D1));
        /* 使能 GPIO 中断 */
        ls1x_enable_gpio_interrupt(KEY1);
    }
}
```

【操作步骤与运行结果】

编译并下载程序运行，按下 4 个按键，则对应板上的 4 个 LED 点亮或熄灭。

练习题

1．GPIO 的输入方式有上拉输入和下拉输入，试说明这两种方式的硬件与软件的差异。

2．GPIO 的中断是如何实现的？试说明其配置与编程的全部过程。

3．本章实现按键控制 LED 闪烁采用的是中断方式，请读者采用查询的方式来实现按键控制 LED 闪烁。请写出配置过程和详细的代码。

探索提升

在学习了如何编写第一个通用程序“Hello world!”后，我们终于开始了第一个嵌入式的专用程序——点灯应用程序的学习。

“点灯”可以说是嵌入式界的“Hello world！”，一般学习嵌入式编程都从点灯开始。开玩笑地说，点一盏灯是“Hello world！”，点流水灯是“Hello hello world！”，按键点灯就是外语版的“Hello world！”。那么延时函数、按键查询点灯、按键中断点灯、定时器点灯、PWM 呼吸灯又是什么呢？读者可以带着这个问题继续学习。

对于 GPIO 模式，不同的 MCU 的功能细节略有差异。LED 是一种能够将电能转化为可见光的半导体器件，当给 P 极施加正向电压后，空穴和自由电子在 PN 结复合，辐射出光子而发光。后面我们可以通过 PWM 实验控制每个灯的亮度，实现不同颜色组合，更具可玩性。

当读者完成了一个 LED 的点亮后，也就完成了 GPIO 的基本操作，之后就能够采用各种方法去实现点灯。

第05章

通用同步/异步通信

本章知识

- LS1B 开发套件通用同步/异步通信的方式、配置
- UART 的结构、库函数、设计实例

5.1 串行通信简介

CPU 与外设的信息交换称为通信，基本的通信方式有并行通信和串行通信。LS1B 提供了功能强大的串行通信模块，即通用同步 / 异步收发设备（Universal Synchronous/Asynchronous Receiver/Transmitter, USART）。

通用异步收发设备（Universal Asynchronous Receiver/Transmitter，UART）是计算机硬件的一部分，它将要传输的信息在串行通信与并行通信之间加以转换。UART 通常集成在其他通信接口上，将并行输入信号转换成串行输出信号。

5.1.1 串行通信与并行通信

串行通信是数据一位一位依次传输的通信方式。串行通信的数据传输速度慢，用的传输线条数少，适用于远距离的数据传输。

并行通信是数据以字节或字为单位各位同时传输的通信方式。并行通信的数据传输速度快，但占用的传输线条数多，适用于近距离通信，远距离通信的成本比较高。

5.1.2 串行通信方式

从硬件上看，串行通信方式有单工通信、半双工通信和全双工通信。

（1）单工通信。数据只允许向一个方向进行传输，即数据发送设备只能发送数据，数据接收设备只能接收数据。在数据发送设备与数据接收设备之间只需要一条传输线。

（2）半双工通信。数据允许向两个方向进行传输，但是发送数据的过程与接收数据的过程不能同时进行，即进行通信的两个设备都具备发送数据与接收数据的能力，但是同一时刻只能有一个设备进行数据发送，而另一个设备进行数据接收。

（3）全双工通信。数据允许向两个方向进行传输，并且发送数据的过程与接收数据的过程可以同时进行，即进行通信的两个设备都具备发送数据与接收数据的能力，而且同一时刻两个设备均可以发送数据与接收数据。

5.1.3 串行异步通信和串行同步通信

串行通信按照串行数据的时钟控制方式分为串行异步通信和串行同步通信。串行异步通信是一种常用的串行通信方式，一次通信传送一个字符帧。发送的字符之间的时间间隔可以是任意的，接收端时刻做好接收的准备。串行异步通信的特点是通信设备简单、价格低廉，但因为具有起始位和停止位，所以传输效率较低。

对于串行同步通信，需要设备在进行通信前先建立同步，发送频率和接收频率要同步。串行同步通信在信息的两端加上同步字符组成一个信息帧，由一个统一的时钟控制信号发送；接收时识别同步字符，当检测到有一串数位与同步字符相匹配时，就认为开始传输一个信息，把此后的数位作为实际传输信息来处理。因此串行同步通信的传输速度较快，可用于点对多点（串行异步通信只适用于点对点）。其缺点是需要使用专用的时钟控制线实现同步，对长距离的通信来说成本较高，通信的速率也较低。串行同步通信多用于同一印制电路板上芯片级的通信。

5.1.4 串行异步通信的数据传输形式

对于串行异步通信，需要制定一些通信方共同遵守的规则，其中最重要的是字长和波特率。串行异步通信的数据传输形式如图 5.1 所示。其中，字长选择 8 位或 9 位；起始位为低电平，停止位为高电平，空闲位为全 1；发送和接收由共用的波特率发生器驱动。

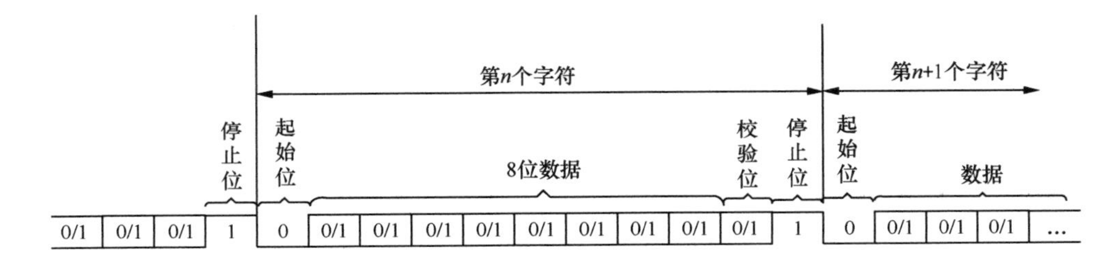

（a）不带空闲位的UART数据帧格式

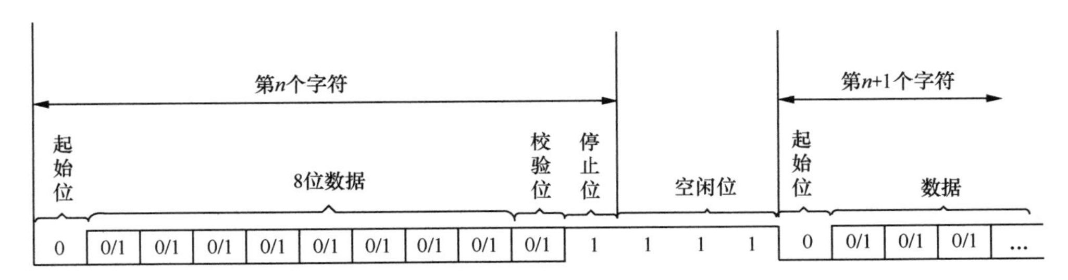

（b）带空闲位的UART数据帧格式

图 5.1 串行异步通信的数据传输形式

5.1.5 串行异步通信的参数配置

1. 比特率

串口异步通信与同步通信方式不同，异步通信中没有时钟信号，所以两个通信设备之间需要约定好数据传输的速率，从而接收设备才能正确地解析发送设备发送的数据。

数据的传输速率又叫作比特率，即每秒传输的二进制数的位数，单位是比特 / 秒（bit/s，有的地方也记为 bps），常见的比特率为 4800bit/s、9600bit/s、115200bit/s 等。比特率的倒数就是每一位数的传输时间，称为位传输时间，单位为秒（s）。

比特率是衡量数据传输速率的指标，通常情况下，比特率越高，数据传输的速度也就越快。

2. 起始位

串行通信的数据包从起始位开始，直到停止位结束。数据包的起始位由一个逻辑 0 的数据位表示，用来通知接收端一个待接收的字符开始到达。线路电平在不传输字符的空闲状态下应保持为 1。

接收端不断检测线路的状态，若连续为 1 以后检测到一个 0，那么表示线路上发来一个新字符，应马上准备接收。字符的起始位还被用作同步接收端的时钟，以保证以后的接收能正确进行。

3. 有效数据

在数据包的起始位之后是要传输的主体数据内容，也称为有效数据。有效数据的长度常被约定为 5 位、6 位、7 位或 8 位，一般是 8 位。要注意的是，传输数据的时候低位在前、高位在后。

4. 校验位

由于数据通信相对容易受到外部干扰，导致传输数据出现偏差，因此可以在传输过程中加上校验位，即在有效数据之后，添加一个可选的校验位，可用这一位（1/0）来确定传输过程是否有错误发生。校验方法有奇校验（odd parity）、偶校验（even parity）、0 校验（space parity）、1 校验（mark parity）以及无校验（no parity）等，相关说明如下。

- 奇校验要求有效数据和校验位中“1”的个数为奇数。比如一个 8 位的有效数据为 01101001，此时总共有 4 个“1”，为达到奇校验效果，校验位为“1”，最后传输的数据将是 8 位的有效数据加上 1 位的校验位，总共 9 位。
- 偶校验与奇校验的要求刚好相反，要求有效数据和校验位中“1”的个数为偶数。比如有效数据为 11001010，此时有效数据中“1”的个数为 4，所以校验位为“0”。
- 0 校验是不管有效数据中的内容是什么，校验位总为“0”；1 校验是校验位总为“1”。
- 在无校验的情况下，数据包中不包含校验位。

5. 停止位

停止位用来表示字符的结束，它一定是逻辑 1。停止位可以是 1 位、1.5 位或 2 位。接收端接收到停止位后，知道一个字符已传输完毕；同时为接收下一个字符做好准备，只要再接收到 0，就是新字符的起始位。若停止位后并不紧接着传输下一个字符，则使线路电平保持为逻辑 1。

5.1.6 串行通信协议的电气特性和电路连接方式

根据通信使用的电平标准不同，UART 协议的串口可分为 TTL 电气规则、RS-232 电气规则和 RS-485 电气规则。如果两个使用不同电气规则的设备直接通信，即使都是用 UART 协议，也无法通信，甚至会烧毁对方的 I/O 口。所以在两个设备准备连接、通信前，操作者需要对通信双方的电气特性做充分的了解，如有需要可通过特定的转换芯片将二者连接。

如图 5.2 所示，波形 a 为 RS-232 电气规则下的通信，波形 b 为 TTL 电气规则下的通信。虽然两者波形完全相反，但是传输的内容都是 0B01010101（二进制传输，从低位开始传输）。波形之所以有差异，是因为两者的电气特性完全不同。在 RS-232 电气特性下，逻辑 0 为 +3~+15V，逻辑 1 为 -15~-3V，称为负逻辑；而在 TTL 电气特性下，逻辑 1 为 +5V，逻辑 0 为 0V，称为正逻辑。

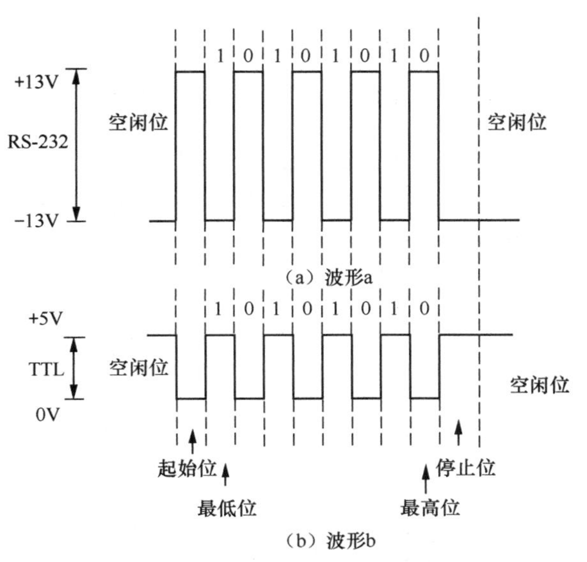

图 5.2　RS-232 电气特性与 TTL 电气特性的区别

常见的 RS-232 电气规则的接口是 DB9，如图 5.3 所示。在较早型号的计算机上可以看到这种接口，而新出品的计算机上已经基本没有这种接口了。这种接口的电气特性协议可以追溯到 1970 年。

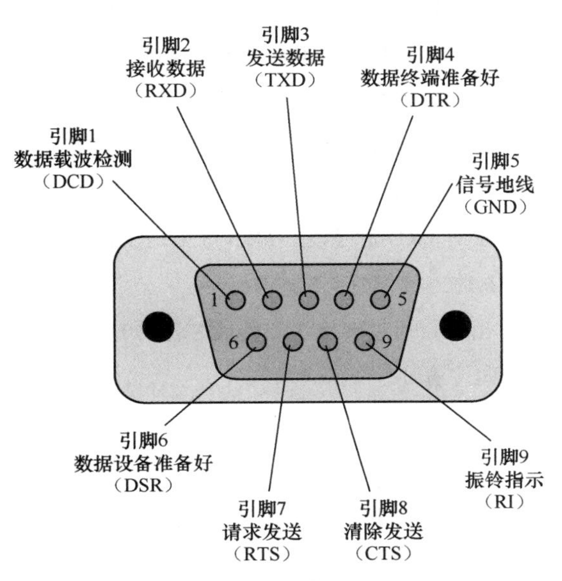

图 5.3　RS-232 电气特性的接口 DB9

常见的 RS-485 端口包含 A、B 两个接口，逻辑 1 表示两线的电压差（B-A）为 +2~+6V，逻辑 0 表示两线的电压差（B-A）为 -2~-6V。这两种接口在 PC 上不常见，但是在工业的可编程逻辑控制器（Programmable Logic Controller，PLC）中较常见。在使用串口传输的时候，不仅要考虑使用何种协议，而且要考虑双方的电气特性。

PC 上常见的串口是 USB。USB 有两种接口方式，一种是传统的 USB-A，这也是最常见的接口；另一种是 USB-C，它支持正反盲插。通过一个 USB 转 TTL 芯片，可以将 USB 接口转换成 TTL 电气规则的串口，实现嵌入式系统与 PC 的通信。

LS1B 芯片使用的是 TTL 电气规则，在 LS1B 开发套件中使用的 RS-232 转 TTL 接口如图 5.4 所示。

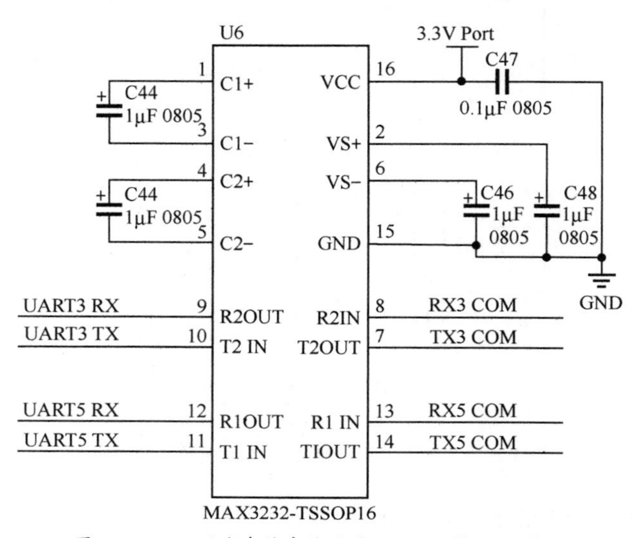

图 5.4　LS1B 开发套件中使用的 RS-232 转 TTL 接口

2.4 节中串口控制台使用的是 USB 转 RS-232，将 PC 的 USB 接口转成 RS-232 接口；再使用 LS1B 开发套件中的 RS-232 转 TTL 芯片，将 RS-232 转换成 TTL 电气规则与 CPU 通信，即理想状态下为正逻辑，5V 或 3.3V 表示逻辑 1，0V 表示逻辑 0。

设备间的引脚连接采用最简单的二线制连接方式（地线默认连接），即只需要两根信号线就能完成数据收发：一根是 RXD 信号线，RXD 的全称是 Receive eXternal Data，代表接收数据引脚，即接收外设传来的数据；另一根是 TXD 信号线，TXD 全称是 Transmit eXternal Data，代表发送数据引脚，即向外设发送数据。具体连接如图 5.5 所示。

PC 中的数据从 USB 接口出发，通过转接线和转换芯片将 USB 信号转换为 UART 协议的 TTL 信号，传输至嵌入式系统；反向传输时，嵌入式系统将信号送至转换芯片，转换为 USB 信号后传输至 PC，其结构如图 5.6 所示。

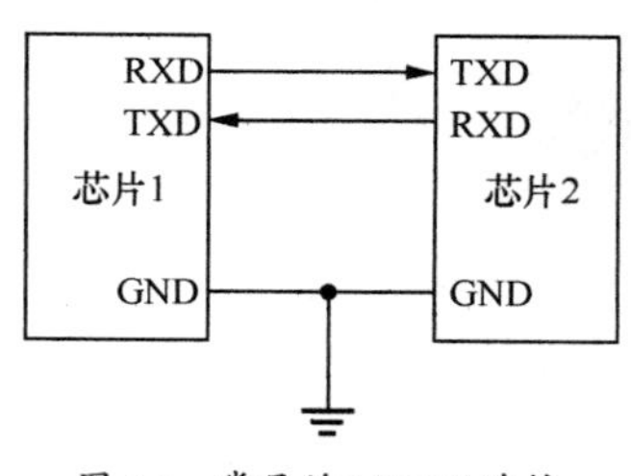

图 5.5　常见的 UART 连接

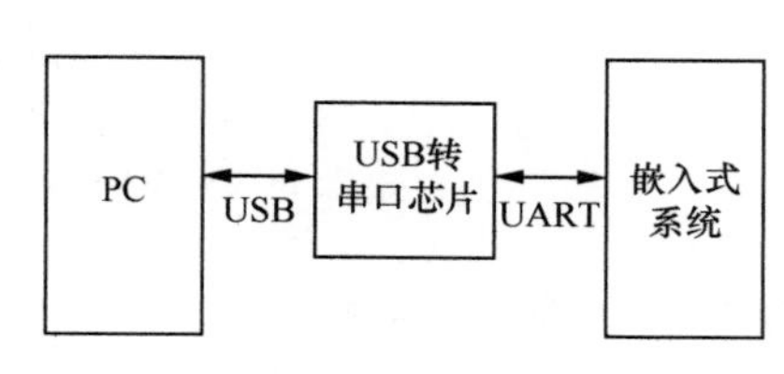

图 5.6　PC 与嵌入式系统的通信

5.2 UART 结构及工作方式

5.2.1 UART 结构

LS1B 集成了 12 个 UART，通过 APB 与总线桥通信。UART 控制器提供与 Modem（调制解调器）或其他外设串行通信的功能，例如与另外一台计算机，以 RS-232 为标准使用串行线路进行通信。该控制器在设计上很好地兼容国际工业标准半导体设备 16550A。

UART 控制器有发送模块和接收模块、Modem 模块、中断仲裁模块、访问寄存器模块，这些模块之间的关系和 UART 控制器结构如图 5.7 所示。

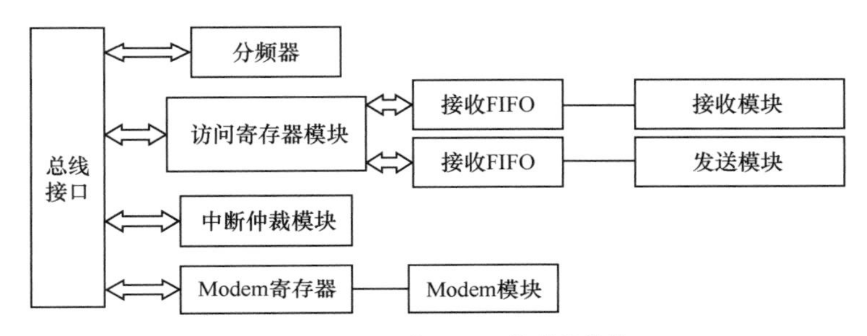

图 5.7 LS1B 的 UART 控制器结构

主要模块功能及特征描述如下。

- 发送模块和接收模块：负责处理数据帧的发送和接收。发送模块是将 FIFO（First In First Out，先进先出）发送队列中的数据按照设定的格式，由并行数据转换为串行数据帧，并通过发送端发送出去。接收模块则监视接收端信号，一旦出现有效初始位，就进行接收，并将接收到的异步串行数据帧转换为并行数据，存入 FIFO 接收队列中，同时检查数据帧格式是否有错。UART 的帧结构是通过线路控制寄存器（Line Control Register, LCR）设置的，发送模块和接收模块的状态被保存在线路状态寄存器（Line Status Register, LSR）中。
- Modem 模块：Modem 寄存器包括 Modem 控制寄存器（MCR）和 Modem 状态寄存器（MSR）。Modem 控制寄存器控制输出信号 DTR 和 RTS 的状态。Modem 模块监视输入信号 DCD、CTS、DSR 和 RI 的线路状态，并将这些信号的状态记录在 Modem 状态寄存器的相应位中。
- 中断仲裁模块：当任何一种中断条件被满足，并且中断使能寄存器（Interrupt Enable Register, IER）的相应位被置 1，那么 UART 的中断请求信号 UART_INT 被置为有效状态。为了减少和外部软件的交互，UART 把中断分为 4 个级别，并且在中断标识寄存器（Interrupt Identification Register, IIR）中标识这些中断。4 个级别的中断按优先级由高到低的顺序排列为：接收线路状态中断、接收数据准备好中断、传输保存寄存器为空、Modem 状态中断。
- 访问寄存器模块：当 UART 被选中时，CPU 可通过读操作或写操作访问被地址线选中的寄存器。

5.2.2 串行异步通信的工作方式

1. 数据发送

发送端发送 8 位或 9 位的数据。发送移位寄存器中的数据在 TXD 引脚上输出，首先移出数据的最低有效位，然后再一位一位地移出高位。

2. 数据接收

在 UART 接收期间，数据的最低有效位首先从 RXD 引脚移进。

3. 波特率的产生

接收端和发送端的波特率由时钟控制器产生。

上述配置可通过串行通信标准库简单、快捷地实现。

5.2.3 UART 相关寄存器

LS1B 内共有 12 个并行工作的 UART 接口，其功能寄存器完全一样，只是访问基地址不一样，每个 UART 接口可以自由编程。与 UART 接口相关的配置寄存器名称和基地址如表 5.1 所示。

表 5.1 与 UART 接口相关的配置寄存器名称和基地址

寄存器名称	寄存器物理基地址
UART0	0xbfe40000
UART0_1	0xbfe41000
UART0_2	0xbfe42000
UART0_3	0xbfe43000
UART1	0xbfe44000
UART1_1	0xbfe45000
UART1_2	0xbfe46000
UART1_3	0xbfe47000
UART2	0xbfe48000
UART3	0xbfe4c000
UART4	0xbfe6c000
UART5	0xbfe7c000

UART0 和 UART1 都实现了一分四功能。UART0 有 8 个 PAD，UART1 只有 4 个 PAD（这 4 个 PAD 与 CAN0/CAN1 复用）。所以在 CAN0/CAN1 不用的时候，LS1B 最多可以提供 12 个两线 UART。

5.3 UART 的常用库函数

UART 的常用库函数介绍如下。

（1）串口初始化函数 ls1x_uart_init，其相关说明如表 5.2 所示。

表 5.2 ls1x_uart_init 函数的相关说明

信息	说明
函数名	ls1x_uart_init
函数原型	int ls1x_uart_init(void *dev, void *arg)
功能描述	串口初始化函数
输入参数	dev：使用的串口号（devUART0/ devUART1...）；arg：配置的参数
输出参数	无
返回值	0 表示成功，-1 表示不成功
先决条件	无
被调用函数	无

（2）串口打开函数 ls1x_uart_open，其相关说明如表 5.3 所示。

表 5.3 ls1x_uart_open 函数的相关说明

信息	说明
函数名	ls1x_uart_ open
函数原型	int ls1x_uart_open(void *dev, void *arg)
功能描述	串口打开函数
输入参数	dev：使用的串口号（devUART0/devUART1...）；arg：配置的参数
输出参数	无
返回值	0 表示成功，-1 表示不成功
先决条件	无
被调用函数	无

（3）串口关闭函数 ls1x_uart_close，其相关说明如表 5.4 所示。

表 5.4 ls1x_uart_close 函数的相关说明

信息	说明
函数名	ls1x_uart_close
函数原型	int ls1x_uart_close(void *dev, void *arg)
功能描述	串口关闭函数
输入参数	dev：使用的串口号（devUART0/devUART1...）；arg：配置的参数

续表

信息	说明
输出参数	无
返回值	0 表示成功，-1 表示不成功
先决条件	无
被调用函数	无

（4）串口读函数 ls1x_uart_read，其相关说明如表 5.5 所示。

表 5.5 ls1x_uart_read 函数的相关说明

信息	说明
函数名	ls1x_uart_read
函数原型	int ls1x_uart_read(void *dev, void *buf, int size, void *arg)
功能描述	串口读函数
输入参数	dev：使用的串口号（devUART0/devUART1...）；buf：从串口读出数据存放地址；size：读出数据的字节数；arg：配置的参数
输出参数	无
返回值	读出的字节数，-1 表示不成功
先决条件	无
被调用函数	无

（5）串口写函数 ls1x_uart_write，其相关说明如表 5.6 所示。

表 5.6 ls1x_uart_write 函数的相关说明

信息	说明
函数名	ls1x_uart_write
函数原型	int ls1x_uart_write(void *dev, void *buf, int size, void *arg)
功能描述	串口写函数
输入参数	dev：使用的串口号（devUART0/devUART1...）；buf：要写入串口数据存放地址；size：写入数据的字节数；arg：配置的参数
输出参数	无
返回值	写入的字节数，-1 表示不成功
先决条件	无
被调用函数	无

UART 初始化的代码在 ns16550.c 中，可以修改以下代码段。

```
/* UART 3 */
#ifdef BSP_USE_UART3
static NS16550_t ls1c_UART3 =
{
```

```
    .BusClock  = 0,                  // 初始化
    .BaudRate  = 115200,
    .CtrlPort  = LS1C_UART3_BASE,
    .DataPort  = LS1C_UART3_BASE,
    .bFlowCtrl = false,              // 启用硬件支持
    .ModemCtrl = 0,
    .bIntrrupt = true,               // 根据需要修改
    .IntrNum   = LS1C_UART3_IRQ,
    .IntrCtrl  = LS1C_INTC0_BASE,
    .IntrMask  = INTC0_UART3_BIT,
    .dev_name  = "uart3",
};
```

5.4 UART 应用——串口发送 / 接收设计实例

【任务功能】

基于 UART3 实现串口数据的发送 / 接收。

【硬件电路原理图】

UART 硬件连接参见图 5.4。

【程序分析】

（1）测试 UART 端口的源码如下：

```
/*uart3-test.c*/
#include "bsp.h"
#include <string.h>
#include "ns16550.h"

#define STRLEN 64

static const char s1[] = "\r\nPlease send string\r\n";
static char s2[STRLEN] = "";

static int uart3_opened = 0;
static int count = 0;

void uart3_work(void)
```

```
{
    if (!uart3_opened)
    {
        ls1x_uart_init(devUART3, NULL);      // 默认: 115200, 8N1
        ls1x_uart_open(devUART3, NULL);

        uart3_opened = 1;
    }

    ls1x_uart_write(devUART3, s1, 22, NULL);/* 发送 s1 */

    count = ls1x_uart_read(devUART3, s2, 1, 2000);/* 接收到 s2, 超时时间为 2000ms */

    if(count > 0)
    {
      ls1x_uart_write(devUART3, s2, count, NULL);/* 发送 s2 */
      count = 0;
      memset(s2, 0x00, STRLEN);                    /* 清空 s2 */
    }
}
```

（2）源码分析。

UART 波特率初始化为 115200baud/s，数据位为 8 位，停止位为 1 位：

```
ls1x_uart_init(devUART3, NULL);      // default: 115200, 8N1
```

打开串口：

```
ls1x_uart_open(devUART3, NULL);
```

串口发送数据：

```
ls1x_uart_write(devUART3, s1, 22, NULL);/* 发送 s1 */
```

串口接收数据：

```
ls1x_uart_read(devUART3, s2, 1, 2000);      /* 接收到 s2, 超时时间为 2000ms */
```

在 main.c 的循环语句中添加代码：

```
uart3_work();
```

【操作步骤与运行结果】

最后在主程序的循环代码中实现数据的收发，每隔 2s 向串口 3 发送提示字符串“Please send string”；通过串口向开发套件串口 3 发送数据，串口 3 会将收到的数据输出，接收数据的超时时间为 2s（2000ms）。

练习题

1. 试说明串行通信与并行通信的区别。

2. 试说明串行通信中串行同步通信与串行异步通信的区别，它们的优点和缺点分别是什么？

3. 参考串口发送 / 接收设计实例，编写程序实现按下按键后从 UART3 发送按键值的功能。

4. LS1B 开发套件外接 2 个 RS-232 标准串口，请参考串口发送 / 接收设计实例，编写程序实现串口 3 接收的数据从串口 5 中发出，从串口 5 接收的数据再从串口 3 发出的功能。

探索提升

在显示器出现之前，嵌入式系统查看内核运行时的变量数据都是通过串口实现的，因此串口也称为串口控制台。在通信的总线中，串口通信总线因为协议简单、接线线路少、兼容性好，已经成为很多单片机的标准配置，包括以 51 内核为代表的 8 位单片机、16 位单片机，以及目前流行的以 STM32 为代表的 32 位单片机。串口通信由串口控制实现，可实现数据的串并转换和并串转换，方便用户使用。

通信通常都是以帧为单位进行的，一帧中包含多个字节，形成一个字符串；为了区分帧的类别，会加上控制字节，表示帧的类型；为了让接收端顺利接收这些字符串，还会加上字符串的长度；为了让接收端判断这一帧发送的数据是否正确，还要加上检验字节，CRC（Cyclic Redundancy Check，循环冗余检验）或者和校验。这样一帧数据就形成一个结构，包含了帧头、控制字节、长度、内容、校验字节、帧尾，也就形成了一个通信协议。通信发送端和接收端都要遵循这个协议，才能正确地发送与接收数据。

常用的接收方式有 3 种：第一种是基于查询的方式，即一个字节一个字节地接收后再查询判断，这种方式比较浪费时间；第二种是基于中断的方式，即收到字符后进入中断，在中断函数中处理，这种方式节约时间，但也是一个个地接收，比较慢；第三种是基于 DAM 加上空闲中断，即总线空闲时表示一帧数据接收完成，这时再处理已经接收的数据，速度和效率都得到了保证。

当前基于串口的外设模块有很多，大部分是基于串口数据协议的。这些模块让开发人员可以更方便地进行嵌入式开发，但也需要他们拥有更扎实的编程基础、更高超的编程技巧，以便更好地操控串口模块。

第06章

定时器

本章知识

- LS1B 开发套件定时器（包括 PWM 定时器、RTC 定时器、WDT）的工作方式、库函数、设计实例

6.1 常用定时器结构及工作方式

在嵌入式系统中，定时器 / 计数器是常用的外设，主要功能是定时 / 计数。定时器 / 计数器从本质上来说都是计数器，如常用的数字逻辑电路 74LS161，具有基本的计数功能。当该定时器 / 计数器正常启动后，对某一信号源进行计数；计数结果超出范围（溢出）时，某一引脚会输出信号。如果信号源来自内部的时钟，该外设就是定时器；如果信号源来自外部引脚（例如 GPIO 的高低电平）的脉冲，该外设就是计数器。当用作定时器时，如果设置使用的计数器初值，则计数器从该初值开始计数，最后能实现不同的定时时间。

6.2 PWM 输出和 PWM 定时器

假设有一个 5V 的电源和一个灯，要控制灯的亮度，如何实现呢？

一种办法是串联一个可调电阻，改变电阻的阻值，灯的亮度就会改变。

另一种办法是串联一个开关，如图 6.1 所示。假设在 1s 内，有 0.5s 开关是闭合的，0.5s 开关是断开的，那么灯就亮 0.5s、灭 0.5s，这样灯看上去是闪烁的。如果把开关闭合和断开的时间缩短，比如 0.5ms 闭合、0.5ms 断开，那么灯的闪烁频率就会变得更高。由于人眼的视觉暂留效应，闪烁频率超过一定值后人就感觉不到闪烁，这时看不到灯的闪烁，只看到灯的亮度降低到原来的一半。

同理，如果开关在 1ms 内，0.1ms 闭合、0.9ms 断开，那么灯的亮度就只有原来的 1/10。这就是脉冲宽度调制（Pulse Width Modulation，PWM）的基本原理。

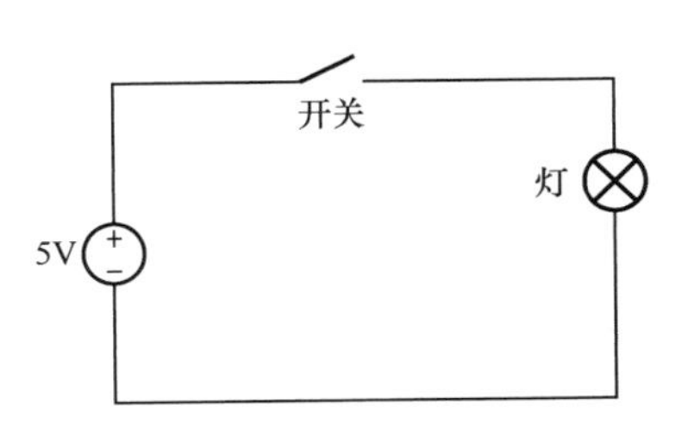

图 6.1 用开关控制灯

PWM 是指对脉冲的宽度进行调制，是一种对模拟信号电平进行数字编码的方法，即通过对一系列脉冲的宽度进行调制，来等效获得所需要的波形（包括形状和幅值）。PWM 是一种模拟控制方式，根据相应载荷的变化调制晶体管基极或 MOS 管栅极的偏置，来实现晶体管或 MOS 管导通时间的改变，从而实现开关稳压电源输出的改变。这种方式能使电源的输出电压在工作条件变化时保持恒定，是利用微处理器的数字信号对模拟电路进行控制的一种非常有效的技术。

在 PWM 中，高电平保持的时间与该 PWM 的时钟周期之比称为占空比。例如，如果 PWM 的频率是 1000Hz，那么它的时钟周期就是 1000μs。如果高电平保持的时间是 200μs，那么低电平保持的时间是 800μs，占空比就是 200 : 1000，也就是 20%。

图 6.2 所示为 3 种不同占空比的 PWM 波形，从上到下占空比依次为 75%、50% 和 25%。

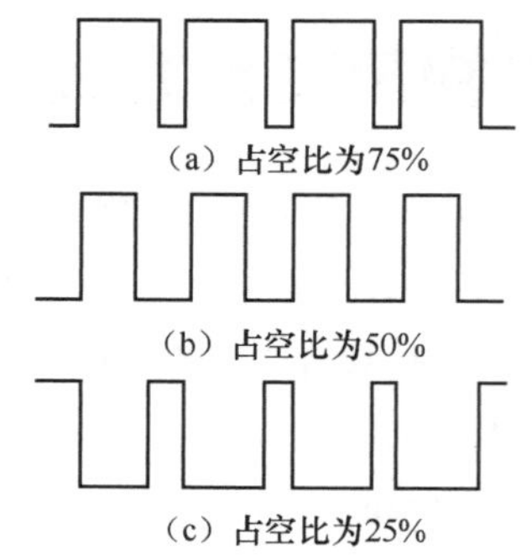

图 6.2　3 种不同占空比的 PWM 波形

PWM 信号仍然是数字信号，在给定的任何时刻，满幅值的直流电流时断时续。电压源或电流源以一种通（ON）或断（OFF）的重复脉冲序列被加到模拟负载上。通的时候即直流电流被加到负载上，断的时候即直流电流被断开。因此只要带宽足够，任何模拟值都可以使用 PWM 进行编码。

6.2.1　PWM 结构及工作方式

LS1B 芯片实现了四路脉冲宽度调节 / 计数控制器。每路 PWM 工作和控制方式完全相同，每路 PWM 有一路脉冲宽度输出信号（pwm_out）。系统时钟频率高达 100MHz，计数寄存器和参考寄存器的数据宽度均为 24 位，使得芯片非常适用于控制高档电动机。四路 PWM 控制器基地址及中断号如表 6.1 所示。

表 6.1　四路 PWM 控制器基地址及中断号

名称	基地址	中断号
PWM0	0xbfe5c000	18
PWM1	0xbfe5c010	19
PWM2	0xbfe5c020	20
PWM3	0xbfe5c030	21

每路控制器共有 4 个控制寄存器，控制寄存器的具体描述如表 6.2 所示。

表 6.2　四路 PWM 控制器的控制寄存器

寄存器名称	地址	宽度	访问	说明
CNTR	基地址 + 0x0	24	R/W	主计数器
HRC	基地址 + 0x4	24	R/W	高脉冲定时参考寄存器
LRC	基地址 + 0x8	24	R/W	低脉冲定时参考寄存器
CTRL	基地址 + 0xc	8	R/W	控制寄存器

6.2.2 LS1B 中 PWM 的常用库函数

在 LS1B 开发套件中使用 PWM 设备，用户必须通过宏定义选择 PWM 设备，即在 bsp.h 中定义：

```
#define BSP_USE_PWM0
#define BSP_USE_PWM1
#define BSP_USE_PWM2
#define BSP_USE_PWM3
```

PWM 的常用库函数介绍如下。

（1）PWM 初始化函数 ls1x_pwm_init，其相关说明如表 6.3 所示。

表 6.3 ls1x_pwm_init 函数的相关说明

信息	说明
函数名	ls1x_pwm_init
函数原型	int ls1x_pwm_init (void *dev, pwm_cfg_t *arg)
功能描述	初始化 PWM 设备
输入参数	dev：使用的设备号（devPWM0/devPWM1/devPWM2/devPWM3）； arg：PWM 的工作模式，具体见后面的代码段
输出参数	无
返回值	0 表示成功，-1 表示不成功
先决条件	无
被调用函数	无

PWM 的工作模式有：

```
#define PWM_SINGLE_PULSE 0x01    // 单次脉冲
#define PWM_SINGLE_TIMER 0x02    // 单次定时器
#define PWM_CONTINUE_PULSE 0x04 // 连续脉冲
#define PWM_CONTINUE_TIMER 0x08 // 连续定时器
```

（2）打开 PWM 函数 ls1x_pwm_open，其相关说明如表 6.4 所示。

表 6.4 ls1x_pwm_open 函数的相关说明

信息	说明
函数名	ls1x_pwm_open
函数原型	int ls1x_pwm_open (void *dev, void *arg)
功能描述	打开 PWM 设备
输入参数	dev：使用的设备号（devPWM0/devPWM1/devPWM2/devPWM3）；arg：NULL

续表

信息	说明
输出参数	无
返回值	0 表示成功，-1 表示不成功
先决条件	无
被调用函数	无

（3）PWM 关闭函数 ls1x_pwm_close，其相关说明如表 6.5 所示。

表 6.5　ls1x_pwm_close 函数的相关说明

信息	说明
函数名	ls1x_pwm_close
函数原型	int ls1x_pwm_close(void *dev, void *arg)
功能描述	关闭 PWM 设备
输入参数	dev：使用的设备号（devPWM0/devPWM1/devPWM2/devPWM3）； arg：NULL
输出参数	无
返回值	0 表示成功，-1 表示不成功
先决条件	无
被调用函数	无

为了方便使用，库函数还提供了实用函数。将“init”函数与“open”函数整合在一起，打包成“start”函数；同时对相应的启动，提供“stop”函数。下面的例程就使用了这组函数：

```
int ls1x_pwm_pulse_start(void *pwm, pwm_cfg_t *cfg);
int ls1x_pwm_pulse_stop(void *pwm);
int ls1x_pwm_timer_start(void *pwm, pwm_cfg_t *cfg);
int ls1x_pwm_timer_stop(void *pwm);
```

6.2.3 PWM 输出应用设计实例

【任务功能】

在 PWM2、PWM3 引脚输出脉冲。

【硬件电路原理图】

PWM 硬件连接如图 6.3 所示。直接将示波器连接到 PWM2、PWM3 引脚，观察输出波形。

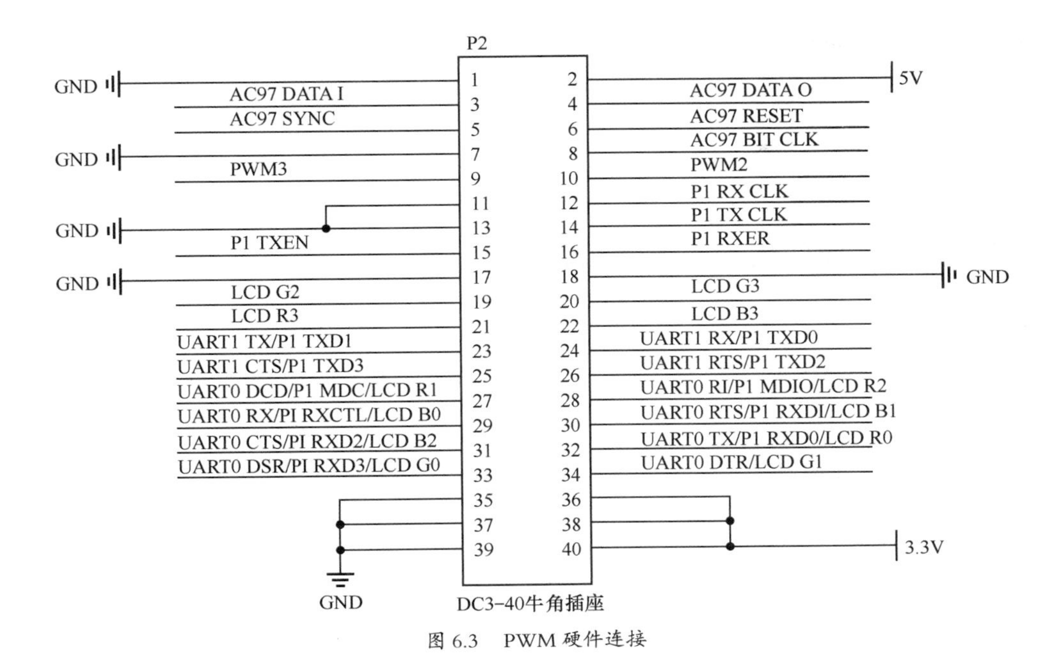

图 6.3 PWM 硬件连接

【程序分析】

在 bsp.h 中配置选择 PWM 设备：

```
#define BSP_USE_PWM2
#define BSP_USE_PWM3
```

配置生成 PWM2、PWM3 脉冲端口：

```
#include "ls1b_gpio.h"
#include "ls1x_pwm.h"
...
int main(void)
{
pwm_cfg_t  pwm_cfg;        // 定义 PWM 的结构体变量

pwm_cfg.mode = PWM_CONTINUE_PULSE; // 配置为连续脉冲模式
pwm_cfg.hi_ns = 1800    ; // 一个时钟周期为 20ns，这里产生 90 个周期的高电平
pwm_cfg.lo_ns = 1000    ; // 一个时钟周期为 20ns，这里产生 50 个周期的低电平
ls1x_pwm_pulse_start(devPWM3, &pwm_cfg);
ls1x_pwm_pulse_start(devPWM2, &pwm_cfg);
...
}
```

【操作步骤与运行结果】

下载程序并运行，将示波器信号线探头分别连接到PWM2、PWM3引脚，可看到该引脚输出1.8μs高电平、1μs低电平的周期脉冲。

6.2.4 PWM定时器应用设计实例

【任务功能】

使用PWM2、PWM3定时器，编写定时中断函数，在中断中实现引脚电平的翻转。

【硬件电路原理图】

PWM2、PWM3的引脚连接到LED上，如图6.4所示，观察输出引脚上LED的亮与灭。

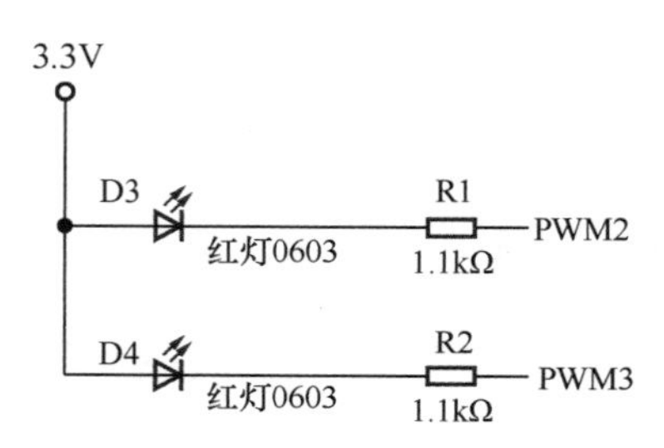

图6.4　PWM定时器应用电路原理图

【程序分析】

在bsp.h中配置PWM启动：

```
#define BSP_USE_PWM2
#define BSP_USE_PWM3
```

配置PWM2、PWM3为定时模式，定时时间为250ms，定义中断回调函数为PWM2_TIM_handler和PWM3_TIM_handler。配置定时时间的源码如下：

```
#include "ls1b_gpio.h"
#include "ls1x_pwm.h"
…
int main(void)
{
pwm_cfg_t  pwm_cfg;       // 定义 PWM 的结构体变量

memset((void *)&pwm_cfg, 0, sizeof(pwm_cfg));
pwm_cfg.mode = PWM_CONTINUE_TIMER;
pwm_cfg.cb = PWM3_TIM_handler;                  //定时器中断回调函数
pwm_cfg.hi_ns = 1000*1000*250 ;                 // 定时器模式仅用 hi_ns 定时 250ms
ls1x_pwm_timer_start(devPWM3, &pwm_cfg);
```

```
delay_ms(200);

pwm_cfg.cb = PWM2_TIM_handler;                  //定时器中断回调函数
ls1x_pwm_timer_start(devPWM2, &pwm_cfg);…
}
```

定义中断回调函数，实现 LED 的亮与灭：

```
static void PWM3_TIM_handler(void *pwm, int *stopit)
{
        gpio_write(D4, ! gpio_read(D4));
}
static void PWM2_TIM_handler(void *pwm, int *stopit)
{
        gpio_write(D3, ! gpio_read(D3));
}
```

【操作步骤与运行结果】

下载程序并运行，可以看到 LED3（D3）和 LED4（D4）每隔 250ms 闪烁一下。

6.3 RTC 定时器

实时时钟（Real-Time Clock，RTC）定时器采用集成电路，通常称为时钟芯片。在一个嵌入式系统中，RTC 通常用来提供可靠的系统时间，包括时、分、秒和年、月、日等，而且要求在系统处于关机状态时也能正常工作（通常采用后备电池供电）。它的外部也不需要太多的辅助电路，典型的情况下只需要高精度的 32.768kHz 晶振以及电阻、电容等。

RTC 可以通过 STRB/LDRB 指令将 8 位 BCD 码[1]数据送至 CPU。这些 BCD 数据包括秒、分、时、日、星期、月和年。RTC 单元通过外部的 32.768kHz 晶振提供时钟。RTC 具有定时报警的功能。

6.3.1 RTC 结构及工作方式

LS1B 的 RTC 单元可以在主板上电后进行配置，当主板断电后，该单元仍然可以运作，即可以仅靠板上的电池供电就正常运行。 RTC 单元运行时功耗为 300μW。

RTC 单元由 32.768kHz 晶振驱动，内部经可配置的分频器分频计数，从而更新年、月、日、时、

[1] BCD 码是用二进制数表示十进制数的码制。

分、秒等信息。同时该时钟也用于产生各种定时和计数中断。

RTC 单元由计数器和多路选择器组成，其架构如图 6.5 所示。

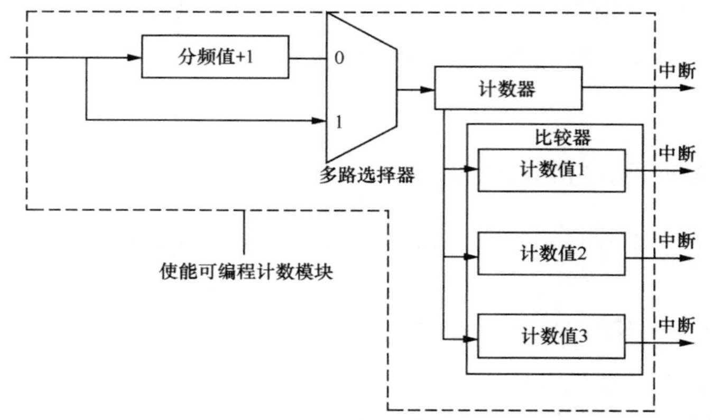

图 6.5　RTC 单元的计数器和定时器架构

6.3.2　LS1B 中 RTC 的常用库函数

在 LS1B 开发套件中使用 RTC 设备，用户必须通过宏定义选择 RTC 设备，即在 bsp.h 中定义：

```
#define BSP_USE_RTC
```

RTC 驱动把 RTC 设备分为 6 个虚拟子设备，即 3 个 RTC 虚拟子设备和 3 个 TOY 虚拟子设备，可以各自独立操作：

```
/* Virtual Sub-Device */
#define DEVICE_RTCMATCH0
#define DEVICE_RTCMATCH1
#define DEVICE_RTCMATCH2
#define DEVICE_TOYMATCH0
#define DEVICE_TOYMATCH1
#define DEVICE_TOYMATCH2
```

RTC 驱动的自定义参数如下：

```
typedef struct rtc_cfg
{
int interval_ms; /* 定时器时间间隔（单位为 ms） */
struct tm *trig_datetime; /* 用于 TOYMATCH 的日期 */
irq_handler_t isr; /* 用户自定义定时器中断处理函数 */
rtctimer_callback_t cb; /* 定时器中断回调函数 */
#if BSP_USE_OS
```

```
void *event; /* 用户定义的 RTOS 事件变量 */
#endif
} rtc_cfg_t;
```

由 RTC 驱动定义的结构体变量 rtc_cfg_t 参数的说明如下。

（1）interval_ms：用于 RTCMATCH；当 trig_datetime==NULL 时，该参数也用于 TOYMATCH。当中断发生后，该值会自动载入以等待下一次中断。

（2）trig_datetime：仅用于 TOYMATCH；当 TOYMATCH 到达该日期时，触发中断。使用该日期触发中断时仅可触发一次。

（3）isr：自定义定时器中断处理函数。当 isr!=NULL 时，调用 ls1x_rtc_open 函数将安装该中断；否则使用默认中断处理函数。

（4）cb：定时器中断回调函数。当 RTC 定时器使用默认中断且发生中断时，将自动调用该回调函数，让用户实现自定义的定时操作。当 cb!=NULL 时，忽略 event 的设置。

（5）event：定时器中断 RTOS 响应事件（调用者创建）。当 RTC 定时器使用默认中断且发生中断时，中断处理函数使用 RTOS event 发出 RTC_TIMER_EVENT 事件，用户代码接收到该事件并进行相关处理。

回调函数 rtctimer_callback_t 的说明如表 6.6 所示。

表 6.6 rtctimer_callback_t 函数的说明

信息	说明
函数名	rtctimer_callback_t
函数原型	void (*rtctimer_callback_t)(int device, unsigned match, int *stop)
功能描述	定时器的回调函数
输入参数	device：RTC 虚拟子设备产生的中断； match：当前 RTCMATCH 或者 TOYMATCH 的寄存器值； stop：如果给 stop 赋非零值，该定时器将停止，不再工作，否则定时器会自动重新载入 interval_ms 值，等待下一次定时器计时阈值产生中断
输出参数	无
返回值	无
先决条件	无
被调用函数	无

RTC 常用库函数介绍如下。

（1）RTC 初始化函数 ls1x_rtc_init，其相关说明如表 6.7 所示。

表 6.7 ls1x_rtc_init 函数的相关说明

信息	说明
函数名	ls1x_rtc_init
函数原型	int ls1x_rtc_init (void *dev, void *arg)
功能描述	RTC 初始化
输入参数	dev：NULL；arg：类型为 struct tm*，用于初始化 RTC 系统时间
输出参数	无
返回值	0 表示成功，-1 表示不成功
先决条件	无
被调用函数	无

（2）RTC 打开函数 ls1x_rtc_open，其相关说明如表 6.8 所示。

表 6.8 ls1x_rtc_open 函数的相关说明

信息	说明
函数名	ls1x_rtc_open
函数原型	int ls1x_rtc_open(void *dev, void *arg)
功能描述	打开 RTC 定时器
输入参数	dev：要打开的 RTC 虚拟子设备 DEVICE_×××；arg：类型为 rtc_cfg_t *
输出参数	无
返回值	0 表示成功；-1 表示不成功
先决条件	无
被调用函数	无

说明：如果使用的是 RTC 虚拟子设备，必须设置参数 rtc_cfg_t 的 interval_ms，当 RTC 计时到达 interval_ms 阈值时，将触发 RTC 定时中断，这时中断响应情况如下。

- 如果传入参数有用户自定义中断 isr（!=NULL），则响应 isr。
- 如果自定义中断 isr==NULL，使用 RTC 默认中断，该中断调用 cb 回调函数让用户做出定时响应。
- 如果自定义中断 isr==NULL 且 cb==NULL，并且有 event 参数，RTC 默认中断将发出 RTC_TIMER_EVENT 事件。

如果使用的是 TOY 虚拟子设备，并且设置 interval_ms 参数（大于 1000），其用法和 RTC 虚拟子设备一样。当 interval_ms==0 且 trig_datetime!=NULL 时，表示 TOY 虚拟子设备将在计时到达这个未来时间点时触发中断，中断处理流程和上面的一致。使用 trig_datetime 触发的中断仅发生一次。interval_ms 用于间隔产生中断并且一直产生；trig_datetime 用于到时产生中断且仅产生一次。

（3）RTC 关闭函数 ls1x_rtc_close，其相关说明如表 6.9 所示。

表 6.9 ls1x_rtc_close 函数的相关说明

信息	说明
函数名	ls1x_rtc_close
函数原型	int ls1x_rtc_close (void *dev, void *arg)
功能描述	关闭 RTC 定时器
输入参数	dev：要关闭的 RTC 虚拟子设备 DEVICE_×××； arg：NULL
输出参数	无
返回值	0 表示成功，-1 表示不成功
先决条件	无
被调用函数	无

（4）RTC 时间读取函数 ls1x_rtc_read，其相关说明如表 6.10 所示。

表 6.10 ls1x_rtc_read 函数的相关说明

信息	说明
函数名	ls1x_rtc_read
函数原型	int ls1x_rtc_read(void *dev, void *buf, int size, void *arg)
功能描述	读取当前 RTC 时钟
输入参数	dev：要读取的 RTC 虚拟子设备 DEVICE_×××； buf：类型为 struct tm *，用于存放读取的时钟值； size：类型为 int，大小为 sizeof(struct tm)； arg：NULL
输出参数	无
返回值	读取的字节数，正常为 sizeof(struct tm)
先决条件	无
被调用函数	无

（5）RTC 时间写入函数 ls1x_rtc_write，其相关说明如表 6.11 所示。

表 6.11 ls1x_rtc_write 函数的相关说明

信息	说明
函数名	ls1x_rtc_write
函数原型	int ls1x_rtc_write(void *dev, void *buf, int size, void *arg)

续表

信息	说明
功能描述	设置 RTC 时钟
输入参数	dev：要设置的 RTC 虚拟子设备 DEVICE_×××； buf：类型为 struct tm *，用于存放待写入的时钟值； size：类型为 int，大小为 sizeof(struct tm)； arg：NULL
输出参数	无
返回值	写入的字节数，正常为 sizeof(struct tm)
先决条件	无
被调用函数	无

设置 RTC 时钟，使用 ls1x_rtc_read 函数，函数定义为：

```
int ls1x_rtc_set_datetime(struct tm *dt)
{
    return LS1x_set_system_datetime(dt);
}
```

获取当前 RTC 时钟，使用 ls1x_rtc_write 函数，函数定义为：

```
int ls1x_rtc_get_datetime(struct tm *dt)
{
    return LS1x_get_system_datetime(dt);
}
```

开启定时器，参见 ls1x_rtc_open 函数：

```
int ls1x_rtc_timer_start(unsigned device, rtc_cfg_t *cfg)
{
    return LS1x_RTC_open((void *)device, (void *)cfg);
}
```

关闭定时器，参见 ls1x_rtc_close 函数：

```
int ls1x_rtc_timer_stop(unsigned device)
{
    return LS1x_RTC_close((void *)device, NULL);
}
```

struct tm日期格式转换为 toymatch：

```
void ls1x_tm_to_toymatch(struct tm *dt, unsigned int *match);
```

toymatch日期格式转换为 struct tm：

```
void ls1x_toymatch_to_tm(struct tm *dt, unsigned int match);
```

秒数转换为toymatch：

```
unsigned int ls1x_seconds_to_toymatch(unsigned int seconds);
```

toymatch 转换为秒数：

```
unsigned int ls1x_toymatch_to_seconds(unsigned int match);
```

struct tm日期标准化：

```
void normalize_tm(struct tm *tm, bool tm_format);
```

6.3.3 RTC 定时器应用设计实例

【任务功能】

基于 RTC 实现定时器。

【硬件电路原理图】

RTC 硬件连接如图 6.6 所示。

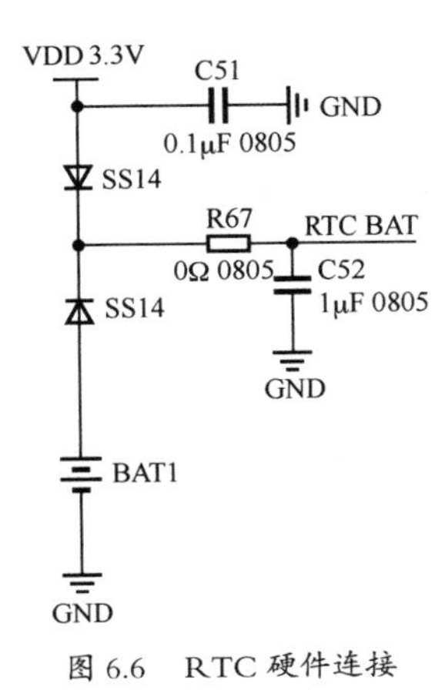

图 6.6 RTC 硬件连接

【程序分析】

测试 RTC 定时器的 main 函数中的源码为 6.3RTC 。

定义 RTC 配置变量：

```
rtc_cfg_t  rtc_cfg;
```

给当前 RTC 配置变量赋值，定义超时回调函数 RTC_TIM_handler，定义超时时间为 500ms：

```
    memset((void *)&rtc_cfg, 0, sizeof(rtc_cfg));
    rtc_cfg.cb = RTC_TIM_handler;
    rtc_cfg.interval_ms = 500 ;
```

启动 RTC 定时器：

```
ls1x_rtc_timer_start(DEVICE_RTCMATCH0, &rtc_cfg);
```

为了看到中断执行的效果，这里在中断回调函数中实现 LED 的亮与灭。读者可以仿照这些代码，在中断回调函数中添加自己需要实现的功能代码。

```
static void RTC_TIM_handler(int device, unsigned match, int *stop)
{
        gpio_write(D4, ! gpio_read(D4));
}
```

【操作步骤与运行结果】

下载程序并运行，则 LED4 每隔 500ms 闪烁一下。

6.3.4 RTC 时钟功能应用设计实例

【任务功能】

基于 RTC 实现定时器。

【程序分析】

测试 RTC 时钟的 main 函数中的源码为 6.4rtc_timer。

定义 RTC 时钟初始化变量：

```
struct tm   timer;
```

给当前 RTC 时钟初始化变量赋值，定义初始时间为 2021 年 2 月 1 日：

```
    timer.tm_year = 2021-1900;
    timer.tm_mon = 2-1;
    timer.tm_mday = 1;
    timer.tm_hour = 1;
    timer.tm_min = 1;
    timer.tm_sec = 1;
    ls1x_rtc_set_datetime(&timer);
```

在主循环中读取当前时间，并输出：

```
ls1x_rtc_get_datetime(&timer);
printk("timer = %i:%i:%i - %i:%i:%i\r\n",timer.tm_year+1900,
      timer.tm_mon+1, timer.tm_mday, timer.tm_hour,
      timer.tm_min, timer.tm_sec );
```

【操作步骤与运行结果】

下载程序并运行，输出当前时间。

6.4 WDT

看门狗定时器（Watch Dog Timer，WDT，一般简称看门狗）是单片机的一个组成部分，实际上是一个计数器。一般给 WDT 一个数字，程序运行后 WDT 开始计数。如果程序运行正常，过一段时间 CPU 应发出指令让 WDT 清零，重新开始计数。如果 WDT 增加到设定值，就认为程序没有正常运行，整个系统强制复位。

它的工作原理是在使用时，WDT 将递增，直到溢出（或称“超时”）。除非处于休眠或空闲模式，WDT 超时会强制器件复位。为避免 WDT 超时复位，用户必须定期用 PWRSAV 或 CLRWDT 指令将 WDT 清零。如果 WDT 在休眠或空闲模式下超时，器件将唤醒并从 PWRSAV 指令执行处继续执行代码。

在使用时，WDT 有一个输入端，在该输入端输入一个信号称为“喂狗”；WDT 还有一个输出端，如果在规定的时间内没有喂狗，则会输出一个系统复位信号让系统复位，重头开始运行程序；如果系统的程序“跑飞”，就不会在规定的时间内喂狗，因此 WDT 的作用就是防止程序跑飞。

6.4.1 WDT 结构及工作方式

WDT 的结构如图 6.7 所示。系统对 WDT 进行配置，WDT 内部有计数器，通过比较器判断计数器值是否为 0，如果为 0 就发出软复位信号让系统重启。系统计数采用的时钟频率是 DDR_CLK 的二分频。

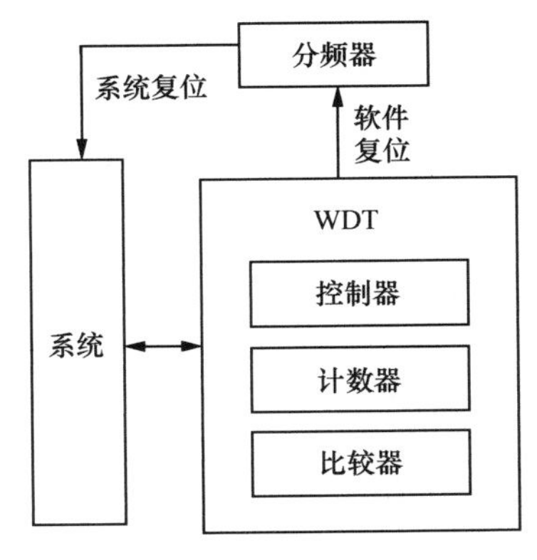

图 6.7　WDT 的结构

6.4.2 LS1B 中 WDT 的常用库函数

在 LS1B 开发套件中使用 WDT 设备，用户必须通过宏定义选择 WDT 设备，即在 bsp.h 中定义：

```
#define BSP_USE_WATCHDOG
```

WDT 的常用库函数介绍如下。

（1）WDT 打开函数 ls1x_dog_open，其相关说明如表 6.12 所示。

表 6.12　ls1x_dog_open 函数的相关说明

信息	说明
函数名	ls1x_dog_open
函数原型	int ls1x_dog_open(void *dev, void *arg)
功能描述	开启 WDT
输入参数	dev： NULL，芯片只有一个 WDT 设备； arg ：类型为 unsigned int*，代表毫秒数，WDT 计数达到这个数值时系统复位
输出参数	无
返回值	0 表示成功，–1 表示不成功
先决条件	无
被调用函数	无

（2）WDT 关闭函数 ls1x_dog_close，其相关说明如表 6.13 所示。

表 6.13　ls1x_dog_close 函数的相关说明

信息	说明
函数名	ls1x_dog_close
函数原型	int ls1x_dog_close(void *dev, void *arg)
功能描述	关闭 WDT
输入参数	dev：NULL，芯片只有一个 WDT 设备； arg: NULL
输出参数	无
返回值	0 表示成功，–1 表示不成功
先决条件	无
被调用函数	无

（3）WDT 写入时间函数 ls1x_dog_write，其相关说明如表 6.14 所示。

表 6.14 ls1x_dog_write 函数的相关说明

信息	说明
函数名	ls1x_dog_write
函数原型	intls1x_dog_write(void *dev, void *buf, int size, void *arg)
功能描述	向 WDT 写毫秒数
输入参数	dev：NULL，芯片只有一个 WDT 设备； buf：毫秒数，WDT 计数达到这个数值时系统复位； size：4； arg：NULL
输出参数	无
返回值	4 表示成功，其他值表示不成功
先决条件	无
被调用函数	无

6.4.3 WDT 应用设计实例

【任务功能】

基于 WDT 实现定时器。

【程序分析】

测试 RTC 定时器的 main 函数中的源码为：

```
/* RTC*/
#define KEY1 10
#define KEY2 12
#define KEY3 16
#define KEY4 18
#define D1 17
#define D2 15
#define D3 11
#define D4 9

extern void ls1b_pins_initialize(void);

static void RTC_TIM_handler(int device, unsigned match, int *stop)
{
        gpio_write(D4, ! gpio_read(D4));
}
```

```
int main(void)
{
    rtc_cfg_t  rtc_cfg;

    printk("\r\nmain() function.\r\n");

    ls1x_drv_init();                      /* Initialize device drivers */

    install_3th_libraries();              /* Install 3th libraries */

    ls1b_pins_initialize();

      gpio_write(D1,1);gpio_write(D2,1);gpio_write(D3,1);
                       gpio_write(D4,1);    delay_ms(200);
      gpio_write(D1,0);gpio_write(D2,0);gpio_write(D3,0);
                       gpio_write(D4,0);    delay_ms(200);
      gpio_write(D1,1);gpio_write(D2,1);gpio_write(D3,1);
                       gpio_write(D4,1);    delay_ms(200);
      gpio_write(D1,0);gpio_write(D2,0);gpio_write(D3,0);
                       gpio_write(D4,0);    delay_ms(200);
    gpio_write(D1,1);gpio_write(D2,1);gpio_write(D3,1);gpio_write(D4,1);
    memset((void *)&rtc_cfg, 0, sizeof(rtc_cfg));
    rtc_cfg.cb = RTC_TIM_handler;
    rtc_cfg.interval_ms = 500 ;
    ls1x_rtc_timer_start(DEVICE_RTCMATCH0, &rtc_cfg);
    delay_ms(200);

    for (;;)
    {
        unsigned int tickcount = get_clock_ticks();
        printk("tick count = %i\r\n", tickcount);

        delay_ms(500);
    }

    return 0;
}
```

启动 WDT：

```
ls1x_watchdog_start(500);
```

在裸机主循环中定时喂狗，喂狗时定义下一次的超时时间：

```
ls1x_watchdog_feed(500);
```

【操作步骤与运行结果】

下载程序并运行，裸机主循环中的超时时间是 100ms。如果定义下一次的超时时间为 500ms，则系统正常运行，即第一次运行时，如果还没有到超时时间 500ms，喂狗系统就不会重启。

如果定义下一次的超时时间为 100ms：

```
ls1x_watchdog_feed(100);
```

则系统裸机主循环运行第一次后，定义 WDT 的超时时间为 100ms，然后延时 100ms；由于主循环还有输出的操作，一次循环的时间一定是超过 100ms 的，所以没有执行喂狗 100ms 就已经到了，系统会重启。

练习题

1. 试说明本章介绍的 3 种定时器的原理和区别。

2. PWM 定时器有两种工作方式，一种是定时，另一种是生成 PWM 波形，试分别编程实现。

3. RTC 定时器工作于 RTC 方式时，一共有 3 个 RTC 虚拟子设备。编写采用 3 个 RTC 定时器实现 3 个 LED 闪烁的程序。

4. RTC 定时器工作于 TOY 方式时，一共有 3 个 TOY 虚拟子设备。编写采用 3 个 RTC 定时器，分别实现当前时间后 5s、10s、15s 这 3 个 LED 轮流点亮的程序。

5. 试说明 WDT 的原理和主要功能。编写程序，实现 50ms 的定时，在主循环中编写代码实现喂狗，实现 LED 每隔 100ms 闪烁。

探索提升

嵌入式系统中的定时器 / 计数器是很重要的，当用作定时功能时，其可实现在规定时间的循环、单次等动作。这些动作可以是传感器检测和定时控制，比如控制和驱动步进电动机。计时和计数的最终功能是通过计数实现的。如果计数的时钟源来自系统内部，则可以实现计时的功能；如果计数的时钟源来自外部引脚的电平变换，则可以实现计数的功能。因此，定时和计数功能可以由一个模块来实现。

我们还经常听说时钟芯片。时钟芯片，顾名思义，就是一种具有时钟特性，能够显示时间的芯片。

时钟芯片属于集成电路的一种，主要由可充电锂电池、充电电路以及晶振电路等组成，目前被广泛应用在各类电子产品和信息通信产品中。

时钟芯片之所以能够记录和存储数据，是因为其内部有一个RAM单元。此RAM单元少部分用于对时钟显示的控制，绝大部分用于单元数据的存储，而且此RAM单元具有着断电保护功能。

时钟芯片的接口较为简单，可以与多种软件连接，还可以通过软件进行功能屏蔽，实现对其性能的测试。

第07章

I^2C 总线

—

本章知识

- LS1B 开发套件 I^2C 总线的简介、结构和功能、库函数、挂载的模块、设计实例

7.1 I²C 总线通信简介

7.1.1 I²C 总线介绍

I²C 总线是由飞利浦公司开发的一种简单、双向二线制同步串行总线。它只需要两根线即可在连接于总线的器件（设备）之间传递信息，具有自动寻址、高低速设备同步和仲裁等功能，能够实现完善的全双工数据传输，是各种总线中使用信号线数量最少的。

I²C 总线支持任何集成电路（NMOS、CMOS、双极型集成电路）生产过程。双向串行数据线（Serial Data Line，SDA）和串行时钟线（Serial Clock Line，SCL）在连接到总线的器件间传递信息。每个器件（无论是微控制器、LCD 驱动器、存储器还是键盘接口）都有唯一的地址识别，而且都可以作为发送器或接收器（由器件的功能决定）。LCD 驱动器只是接收器；而存储器既可以接收数据，又可以发送数据。除了发送器和接收器外，器件在执行数据传输时也可以被看作主机或从机。主机是初始化总线的数据传输并产生允许传输的时钟信号的器件，此时任何被寻址的器件都被认为是从机。

常见的 I²C 总线外设扩展示意如图 7.1 所示。

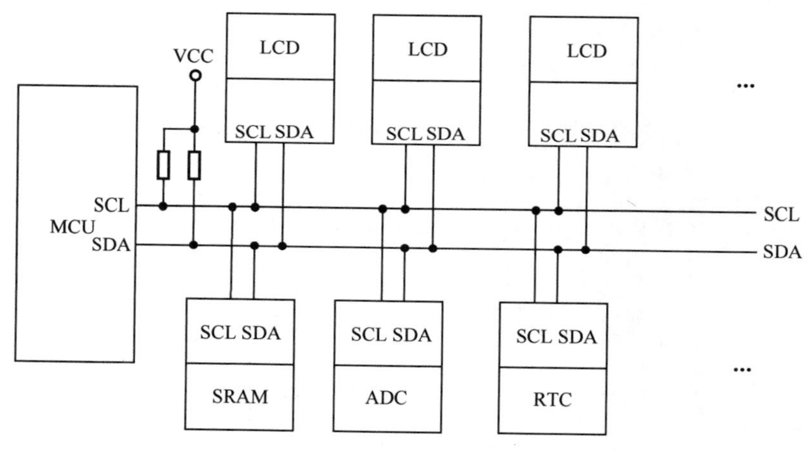

图 7.1　I²C 总线外设扩展示意

I²C 总线有以下几个特点。

（1）I²C 总线是一种支持多设备的总线，即多个设备共用信号线；可连接多个 I²C 通信设备，支持多个通信主机及多个通信从机。

（2）I²C 总线只包括 SDA 以及 SCL。SDA 用来表示数据，SCL 用于数据收发同步。

（3）与 SPI 协议不同，I²C 总线采用纯软件的寻址方法，每个连接到总线的设备都有一个独立的地址，主机可以利用这个地址进行不同设备的访问，无须芯片的片选信号线的连接，这样可减少信号线数量。

（4）I²C 总线通过上拉电阻接到电源。当 I²C 设备空闲时，会输出高阻态；而当所有设备都空闲、都输出高阻态时，由上拉电阻把总线拉成高电平。

（5）I²C 总线支持多主和主从两种工作模式。多主模式，是指当多个主机同时试图控制总线时，总线系统通过仲裁功能决定某一个主节点可以继续占据总线，从而防止数据冲突。但大多数情况下都是主从模式，后文介绍的实例采用的就是主从模式。

（6）具有3种传输模式：标准模式，传输速率为100KB/s；快速模式，传输速率为400KB/s；高速模式，传输速率可达3.4MB/s。但目前大多数I²C设备尚不支持高速模式。

7.1.2 硬件结构

I²C总线由一条SDA和一条SCL构成。I²C总线中一个节点上的每个电路器件都可被认为有一个I²C总线接口电路（见图7.2），用于与I²C总线的SDA和SCL挂接。SDA和SCL都是双向传输线，平时均处于高电平备用状态（或者说总线空闲状态），只有当需要关闭I²C总线时，SCL才会钳位在低电平。

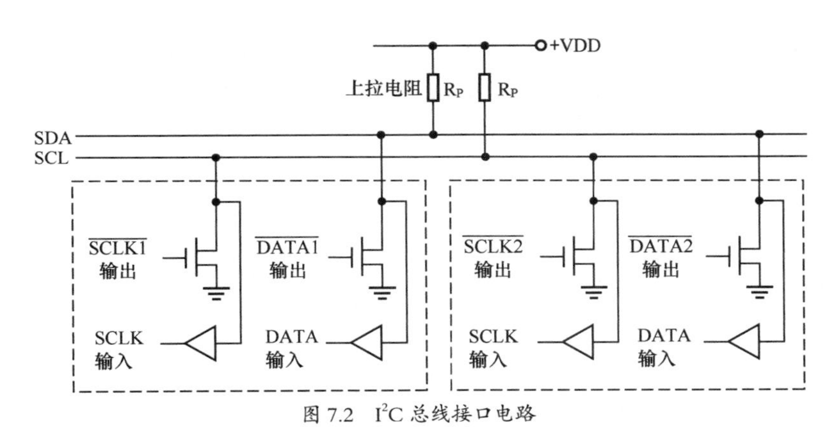

图7.2 I²C总线接口电路

7.1.3 软件协议工作时序

I²C总线在传输数据的过程中有4种类型的信号：起始信号、停止信号、应答信号与非应答信号。

（1）起始信号：在I²C总线工作过程中，当SCL为高电平时，SDA由高电平向低电平跳变，定义为起始信号，起始信号由主机产生，如图7.3所示。

（2）停止信号：当SCL为高电平时，SDA由低电平向高电平跳变，定义为停止信号，此信号只能由主机产生，如图7.4所示。

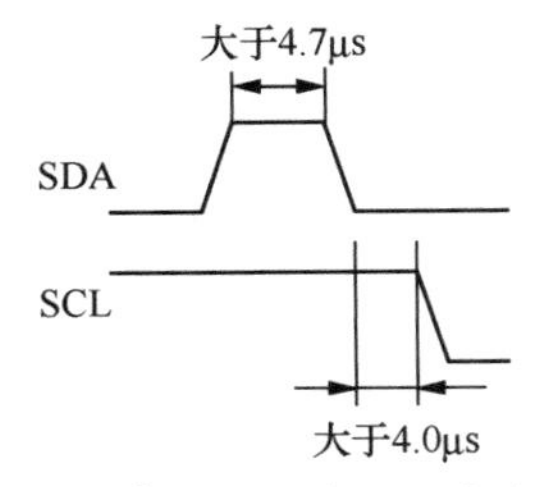

图7.3 I²C总线的起始信号时序

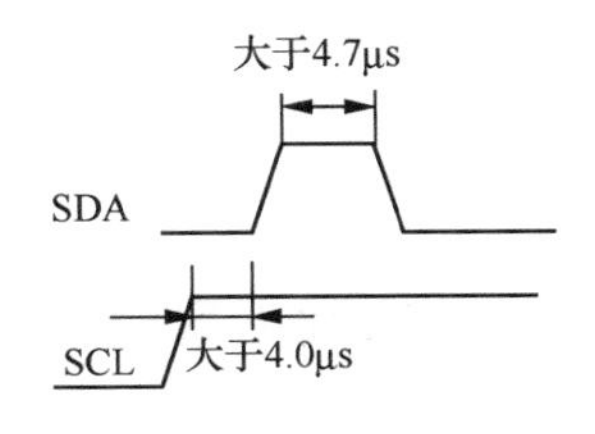

图7.4 I²C总线的停止信号时序

（3）应答信号和非应答信号：I^2C 总线传输的每个字节为 8 位，从机在接收到 8 位数据后，在第 9 个时钟脉冲位必须输出低电平作为应答信号；同时，要求主机在第 9 个时钟脉冲位上释放 SDA，以便从机发出应答信号，将 SDA 拉低，表示接收数据的应答（见图 7.5）。如果在第 9 个时钟脉冲位收到从机的非应答信号（见图 7.6），则表示停止数据的发送或接收。

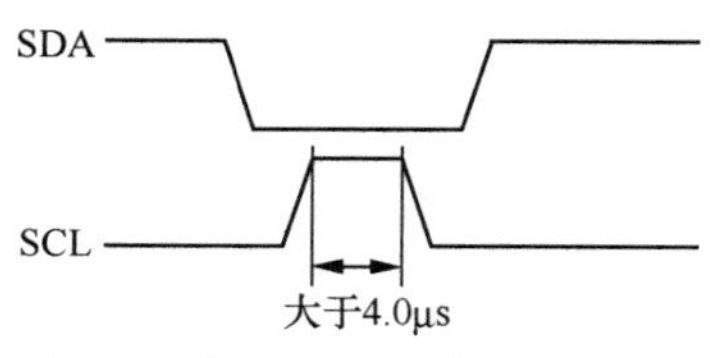

图 7.5　I^2C 总线的应答信号时序

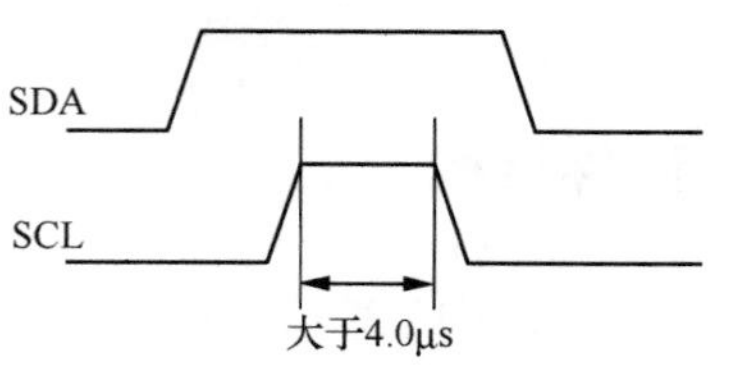

图 7.6　I^2C 总线的非应答信号时序

每启动一次 I^2C 总线，传输的字节数没有限制。主机和从机都可以工作于发送和接收状态。总线必须由主机控制，也就是说必须由主机产生时钟信号、起始信号、停止信号。在时钟信号为高电平期间，SDA 上的数据必须保持稳定，SDA 上的数据状态仅在时钟信号为低电平期间才能被改变（见图 7.7）；而当 SCL 为高电平期间，SDA 状态的改变被用来表示起始信号和停止信号（见图 7.3 和图 7.4）。

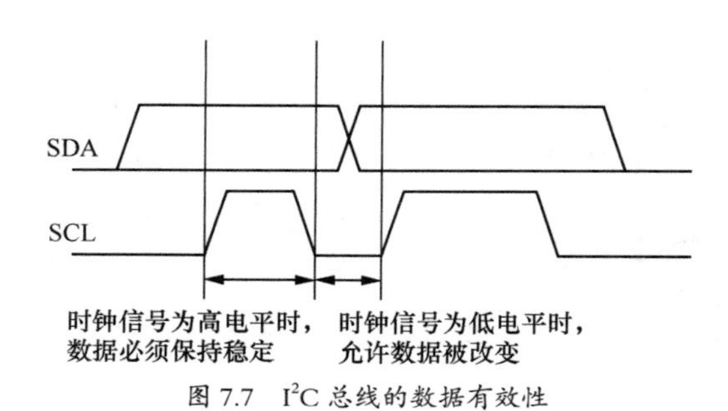

图 7.7　I^2C 总线的数据有效性

图 7.8 所示为 I^2C 总线的完整时序。当主机接收数据时，在最后一个字节，必须发送一个非应答信号，使从机释放 SDA，以便主机产生一个停止信号来终止总线的数据传送。

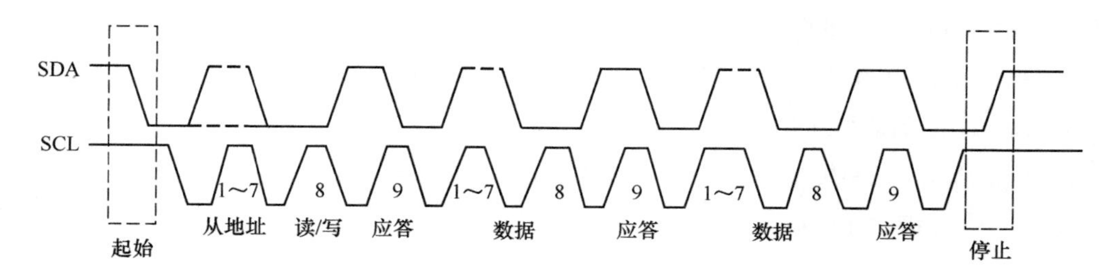

图 7.8　I^2C 总线的完整时序

7.1.4　I^2C 总线的读 / 写操作

当 I^2C 总线空闲时，SDA 和 SCL 上都是高电平。主机用于启动总线传输数据，并产生时钟信号以开放传输的器件，此时任何被寻址的器件均被认为是从机。在总线上主和从、发和收的关系不是恒定的，而取决于此时的数据传输方向，具体如下。

（1）主机要发送数据给从机：主机首先寻址从机，然后主动发送数据至从机，最后由主机终止数据发送。

（2）主机要接收从机的数据：主机首先寻址从机，然后主机接收从机发送的数据，最后由主机终止数据接收。

在主机发送和接收数据时，都由主机负责产生定时时钟信号和终止数据的发送或接收。

下面来看一下关于 I²C 总线的读操作与写操作。

写操作就是主机向从机发送数据，I²C 总线的写格式如图 7.9 所示。主机会给总线发送起始信号，紧跟的应该是第 1 个字节的 8 位数据，但是从机地址只有 7 位，而第 8 位是约定的数据方向位，“0”为写。从图 7.9 中可以清楚地看到发送完一个 8 位数据之后是一个从机的应答信号。应答信号过后就是第 2 个字节的 8 位数据，这个数据多半是从机的寄存器地址，寄存器地址之后就是要发送的数据，当数据发送完后就是一个应答信号。每启动一次总线，传输的字节数没有限制。一个字节地址或数据之后的第 9 个时钟脉冲是从机的应答信号，当数据发送完之后由主机发出停止信号来停止总线。

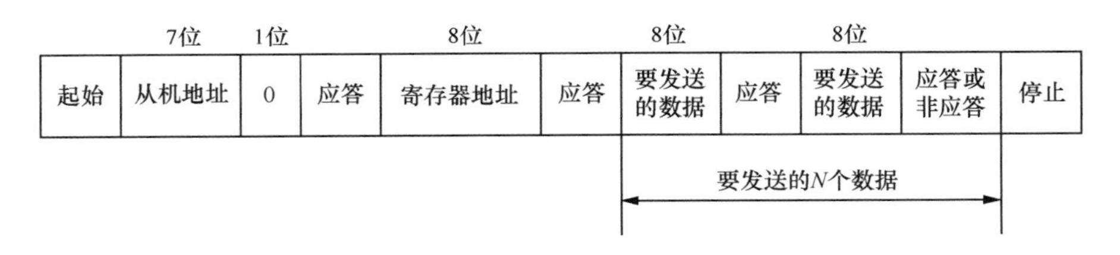

图 7.9　I²C 总线的写格式

读操作指从机向主机发送数据，I²C 总线的读格式如图 7.10 所示 。由主机发出起始信号，前两个传送的字节与写操作的相同；但是到了第 2 个字节之后，就要重新启动总线，改变传输数据的方向，前两个字节数据方向为写，即“0”；第 2 次启动总线后数据方向为读，即“1”；之后就是要接收的数据。从图 7.10 的读格式中可以看到有两种应答信号，一种是从机的应答信号，另一种是主机的应答信号。前面 3 个字节的数据均指向从机，所以应答信号由从机发出。但是后面要接收的 N 个数据指向主机，所以应答信号应由主机发出，当 N 个数据接收完成之后，主机应发出一个非应答信号，告知从机数据接收完成，不用再发送。最后的停止信号也由主机发出。

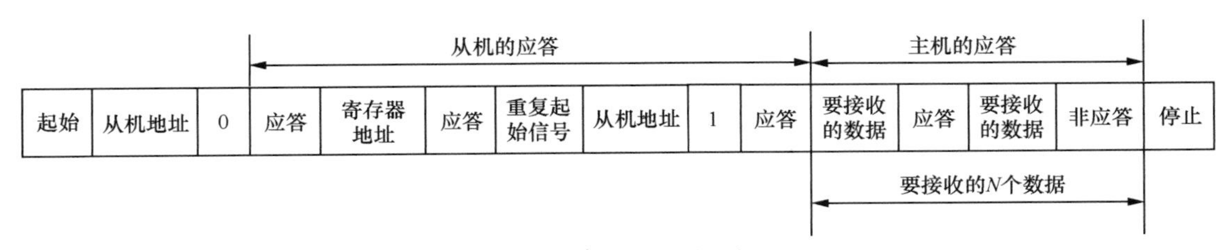

图 7.10　I²C 总线的读格式

7.2 I²C 总线的结构和功能

LS1B 芯片集成了 I²C 接口，主要用于实现两个器件的数据传输。I²C 总线是由 SDA 和 SCL 构成的串行总线，可发送和接收数据。器件与器件进行双向数据传输，最高传输速率为 400kbit/s。LS1B 芯片共集成 3 路 I²C 接口，其中第二路和第三路分别通过 CAN0 和 CAN1 复用实现。

I²C 总线的控制器结构如图 7.11 所示，主要模块有时钟发生器、字节命令控制器、位命令控制器、数据移位寄存器。

- 时钟发生器：产生分频时钟信号，同步位命令。
- 字节命令控制器：将一个命令解释为按字节操作的时序，即把字节操作分解为位操作。
- 位命令控制器：进行实际数据的传输，以及位命令信号的产生。
- 数据移位寄存器：串行数据移位。

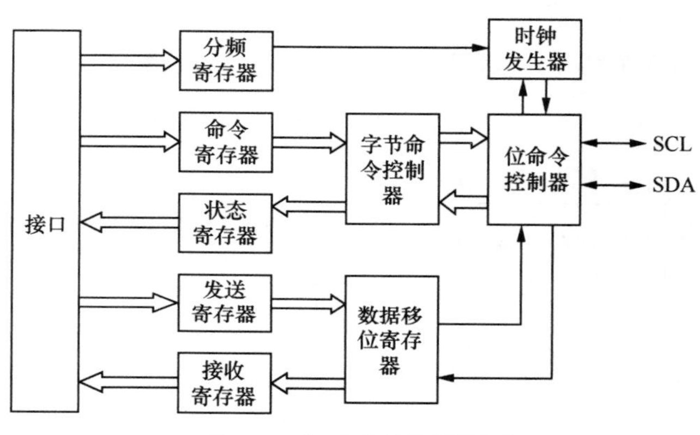

图 7.11　I²C 总线的控制器结构

7.3 I²C 总线的常用库函数

在 LSIB 开发套件中使用 I²C 设备，用户必须通过宏定义选择 I²C 设备，即在 bsp.h 中定义：

```
#define BSP_USE_I2C0
#define BSP_USE_I2C1
#define BSP_USE_I2C2
```

I²C 设备的参数在 ls1x_i2c_bus.c 中定义：

```
#ifdef BSP_USE_I2C0
static LS1x_I2C_bus_t ls1x_I2C0 =
{
.hwI2C = (struct LS1x_I2C_regs *)LS1x_I2C0_BASE, /* 设备基地址 */
```

```
.base_frq = 0,                                  /* 总线频率 */
.baudrate = 100000,                             /* 通信速率 */
.dummy_char = 0,
.i2c_mutex = 0,                                 /* 设备锁 */
.initialized = 0,                               /* 是否初始化 */
.dev_name = "i2c0",                             /* 设备名称 */
};
LS1x_I2C_bus_t *busI2C0 = &ls1x_I2C0;
#endif
```

I²C 总线的常用库函数介绍如下。

（1）I²C 初始化函数 ls1x_i2c_initialize，其相关说明如表 7.1 所示。

表 7.1 ls1x_i2c_initialize 函数的相关说明

信息	说明
函数名	ls1x_i2c_initialize
函数原型	int ls1x_i2c_initialize(void *bus)
功能描述	初始化 I²C 总线
输入参数	bus：总线名称（busI2C0/busI2C1/busI2C2）
输出参数	无
返回值	0 表示成功，-1 表示不成功
先决条件	无
被调用函数	无

（2）I²C 发送起始信号函数 ls1x_i2c_send_start，其相关说明如表 7.2 所示。

表 7.2 ls1x_i2c_send_start 函数的相关说明

信息	说明
函数名	ls1x_i2c_send_start
函数原型	int ls1x_i2c_send_start(void *bus, unsigned int Addr)
功能描述	开始 I²C 总线操作，本函数获取 I²C 总线的控制权
输入参数	bus：总线名称（busI2C0/busI2C1/busI2C2）； Addr：总线上挂接的某个 I²C 从机的 7 位地址
输出参数	无
返回值	0 表示成功，-1 表示不成功
先决条件	无
被调用函数	无

（3）I²C 发送停止信号函数 ls1x_i2c_send_stop，其相关说明如表 7.3 所示。

表 7.3　ls1x_i2c_send_stop 函数的相关说明

信息	说明
函数名	ls1x_i2c_send_stop
函数原型	int ls1x_i2c_send_stop(void *bus, unsigned int Addr)
功能描述	结束 I²C 总线操作，本函数释放 I²C 总线的控制权
输入参数	bus：总线名称（busI2C0/busI2C1/busI2C2）； Addr：总线上挂接的某个 I²C 从机的 7 位地址
输出参数	无
返回值	0 表示成功，–1 表示不成功
先决条件	无
被调用函数	无

（4）I²C 发送地址函数 ls1x_i2c_send_addr，其相关说明如表 7.4 所示。

表 7.4　ls1x_i2c_send_addr 函数的相关说明

信息	说明
函数名	ls1x_i2c_send_addr
函数原型	int ls1x_i2c_send_addr(void *bus, unsigned int Addr, int rw)
功能描述	读 / 写 I²C 总线前发送读 / 写请求命令
输入参数	bus：总线名称（busI2C0/busI2C1/busI2C2）； Addr：总线上挂接的某个 I²C 从机的 7 位地址； rw：1 表示读操作，0 表示写操作
输出参数	无
返回值	0 表示成功，–1 表示不成功
先决条件	无
被调用函数	无

（5）I²C 读取字节函数 ls1x_i2c_read_bytes，其相关说明如表 7.5 所示。

表 7.5　ls1x_i2c_read_bytes 函数的相关说明

信息	说明
函数名	ls1x_i2c_read_bytes
函数原型	int ls1x_i2c_read_bytes(void *bus, unsigned char *rxbuf, int len)
功能描述	从 I²C 从机读取数据

续表

信息	说明
输入参数	bus：总线名称（ busI2C0/busI2C1/busI2C2 ）； rxbuf：类型为 unstgned char *，用于存放读取数据的缓冲区； len：类型为 int，待读取的字节数，长度不能超过 rxbuf 的容量
输出参数	无
返回值	本次读操作的字节数
先决条件	无
被调用函数	无

（6）I²C 写入字节函数 ls1x_i2c_write_bytes，其相关说明如表 7.6 所示。

表 7.6　ls1x_i2c_write_bytes 函数的相关说明

信息	说明
函数名	ls1x_i2c_write_bytes
函数原型	int ls1x_i2c_write_bytes(void *bus, unsigned char *txbuf, int len)
功能描述	向 I²C 从机写入数据
输入参数	bus：总线名称（ busI2C0/busI2C1/busI2C2 ）； txbuf：类型为 unstgned char *，用于存放写入数据的缓冲区； len：类型为 int，待写入的字节数，长度不能超过 txbuf 的容量
输出参数	无
返回值	本次写操作的字节数
先决条件	无
被调用函数	无

芯片驱动调用 I²C 总线驱动的一般顺序如表 7.7 所示。

表 7.7　芯片驱动调用 I²C 总线驱动的一般顺序

次序	总线驱动函数	芯片驱动实现的功能
1	ls1x_i2c_send_start	获取 I²C 总线的控制权
2	ls1x_i2c_initialize	配置 I²C 设备的参数以匹配芯片
3	ls1x_i2c_send_addr	发送芯片的 I²C 地址
4	ls1x_i2c_write_bytes 或者 ls1x_i2c_read_bytes	执行读 / 写操作，循环完成操作
5	ls1x_i2c_send_stop	释放 I²C 总线的控制权

7.4 I²C 总线上挂载的模块

I²C 总线允许在一条总线上挂载多个设备，通过设备地址进行区分。LS1B 开发套件使用 I2C0 连接了 5 个设备，每个设备的地址如表 7.8 所示。

表 7.8 I2C0 连接的 5 个设备的地址

设备名称	功能	7 位地址	相关模块驱动代码
GP7101	LCD 亮度控制芯片（PWM 输出芯片）	0x58	gp7101.h、gp7101.c
PCA9557	GPIO 扩展芯片	0x1C	pca9557.h、pca9557.c
ADS1015	四路 12 位 ADC 芯片	0x48	ads1015.h、ads1015.c
MCP4725	一路 12 位 DAC 芯片	0x60	mcp4725.h、mcp4725.c
RX8010	RTC 芯片	0x32	rx8010.h、rx8010.c

表 7.8 还列出了相关模块驱动代码。在创建工程时，这些模块驱动代码会自动生成，读者可以基于表 7.8 中的例程代码（如 gp7101.c、ads1015.c、mcp4725.c、rx8010.c）来开发自己的项目。下面介绍 3 种常用的 I²C 模块及其使用方法。

7.5 I²C 模块 AT24C02 应用设计实例

【任务功能】

基于 I2C0 实现基于 I²C 模块 AT24C02 的数据的收发。

【硬件电路原理图】

AT24C02 与 CPU 的连接如图 7.12 所示。

电可擦编程只读存储器 AT24C×× 的容量范围为 128 位到 512 千位。该系列器件支持双线串行接口，以 8 位存储器块进行组合；功能性地址线允许连接到同一条总线上的器件最多为 8 个；兼容 100kHz（1.8V）和 400kHz（大于或等于 2.5V）两种速率模式；通常使用的封装是 DIP8 和 SOP8。本节的 AT24C02 芯片容量为 2048 位，每字节 8 位，则共有 256 字节；每页 8 字节，一共 32 页。在操作时，AT24C02 作为从机，主机 CPU 对 AT24C02 进行读和写。

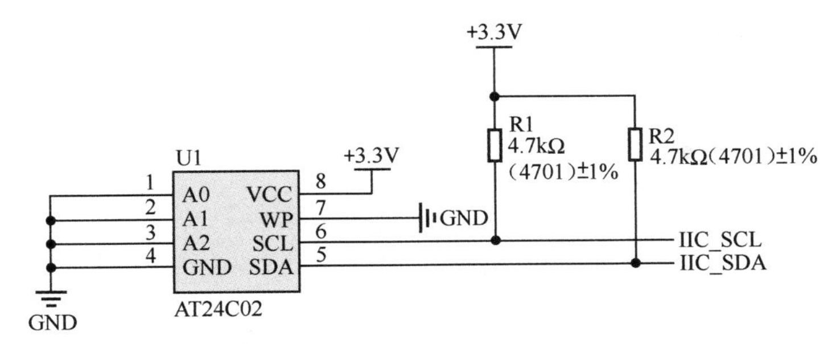

图 7.12 AT24C02 与 CPU 的连接

写的时候需注意，AT24C02 每接收 1 字节，内部地址计数器加 1。如果在停止条件产生前，主机有超出 1 页的数据发送，地址计数器会翻转，先前定义的数据将被覆盖，即写入数据最多只能写 1 页（8 字节）。

AT24C02 芯片在 A0、A1、A2 这 3 个引脚悬空时的 7 位地址为 0x50。

【程序分析】

在 main.c 文件中，在主函数上方插入以下代码：

```
#define AT24C02_ADDR 0x50
#define AT24C02_BAUDRATE        1000000
#define pIIC busI2C0

#define CHECK_DONE(rt) \
        do {                    \
         if (0 != rt)    \
             goto lbl_done; \
    } while (0);

//----------------------------------------------------------------
// AT24C02_read_regs()
// reads a specified number of AT24C02 registers (see Register defines)
//----------------------------------------------------------------
static int AT24C02_read_regs(LS1x_I2C_bus_t *pIIC, int regNum,
                             unsigned char length, unsigned char *regValues)
{
    int rt, rw_cnt;
       unsigned char regAddr;

       /* start transfer */
       rt = ls1x_i2c_send_start(pIIC, AT24C02_ADDR);
       CHECK_DONE(rt);
```

```
        /* set transfer mode */
        rt = ls1x_i2c_ioctl(pIIC, IOCTL_SPI_I2C_SET_TFRMODE, (void *)
             AT24C02_BAUDRATE);
        CHECK_DONE(rt);

        /* address device, FALSE = WRITE */
        rt = ls1x_i2c_send_addr(pIIC, AT24C02_ADDR, false);
        CHECK_DONE(rt);

        /*
         * first, 1st byte is REGISTER to be accessed.
         */
        regAddr = (unsigned char)regNum;
        rw_cnt = ls1x_i2c_write_bytes(pIIC, &regAddr, 1);
        if (rw_cnt < 0)
               rt = rw_cnt;
        CHECK_DONE(rt);

        /* restart - address device address device, TRUE = READ */
        rt = ls1x_i2c_send_addr(pIIC, AT24C02_ADDR, true);
        CHECK_DONE(rt);

        /*
         * fetch register data
         */
        rw_cnt = ls1x_i2c_read_bytes(pIIC, regValues, length);
        if (rw_cnt < 0)
                rt = rw_cnt;

lbl_done:
        /* terminate transfer */
        ls1x_i2c_send_stop(pIIC, AT24C02_ADDR);

        return rt;
}

//-----------------------------------------------------------------------------
// AT24C02_write_regs()
```

```
// writes a specified number of AT24C02 registers (see Register defines)
//---------------------------------------------------------------------------

static int AT24C02_write_regs(LS1x_I2C_bus_t *pIIC, int regNum,
                              unsigned char length, unsigned char *regVals)
{
    int rt, rw_cnt;
       unsigned char regAddr;

       /* start transfer */
       rt = ls1x_i2c_send_start(pIIC, AT24C02_ADDR);
       CHECK_DONE(rt);

       /* set transfer mode */
      rt = ls1x_i2c_ioctl(pIIC, IOCTL_SPI_I2C_SET_TFRMODE, (void *)
          AT24C02_BAUDRATE);
       CHECK_DONE(rt);

       /* address device, FALSE = WRITE */
       rt = ls1x_i2c_send_addr(pIIC, AT24C02_ADDR, false);
       CHECK_DONE(rt);

       /*
        * first, 1st byte is REGISTER to be accessed.
        */
       regAddr = (unsigned char)regNum;
       rw_cnt = ls1x_i2c_write_bytes(pIIC, &regAddr, 1);
       if (rw_cnt < 0)
              rt = rw_cnt;
       CHECK_DONE(rt);

       rw_cnt = ls1x_i2c_write_bytes(pIIC, regVals, length);
       if (rw_cnt < 0)
              rt = rw_cnt;

lbl_done:
       /* terminate transfer */
       ls1x_i2c_send_stop(pIIC, AT24C02_ADDR);
```

```
    return rt;
}

void test_at24c02(void)
{
    unsigned char send_buff[8] = {0};
    unsigned char recv_buff[8] = {0};
    unsigned char regAddr = 0x00;
    int rt, i;

    rt = AT24C02_read_regs(pIIC, regAddr, 8, recv_buff);
    printf ("read buf rt= %i :   \r\n", rt);
    for(i = 0; i < 8; i++)
    {
        printf ("0x%x ", recv_buff[i]);
        send_buff[i] = recv_buff[i] + 2;
    }

    rt = AT24C02_write_regs(pIIC, regAddr, 8, send_buff);
    delay_ms(100);

    rt = AT24C02_read_regs(pIIC, regAddr, 8, recv_buff);
    printf ("\r\nafter write + 2, read buf rt= %i :  \r\n", rt);
    for(i = 0; i < 8; i++)
    {
        printf ("0x%x ", recv_buff[i]);
    }
}
```

【操作步骤与运行结果】

最后在主程序的循环代码前调用函数 test_at24c02 进行测试，首先读取首地址为 0x00 的 8 个连续地址里的数据，然后将这 8 个数据加上 2，再存入首地址为 0x00 的连续 8 个地址，最后读出这 8 个数据并输出。串口输出以下内容，AT24C02 测试结果如图 7.13 所示。

```
main() function.
I2C0 controller initialized.
read buf rt= 0 :
0x4e 0x50 0x52 0x54 0x56 0x58 0x5a 0x5c
```

```
after write + 2, read buf rt= 0 :
0x50 0x52 0x54 0x56 0x58 0x5a 0x5c 0x5e tick count = 1725
```

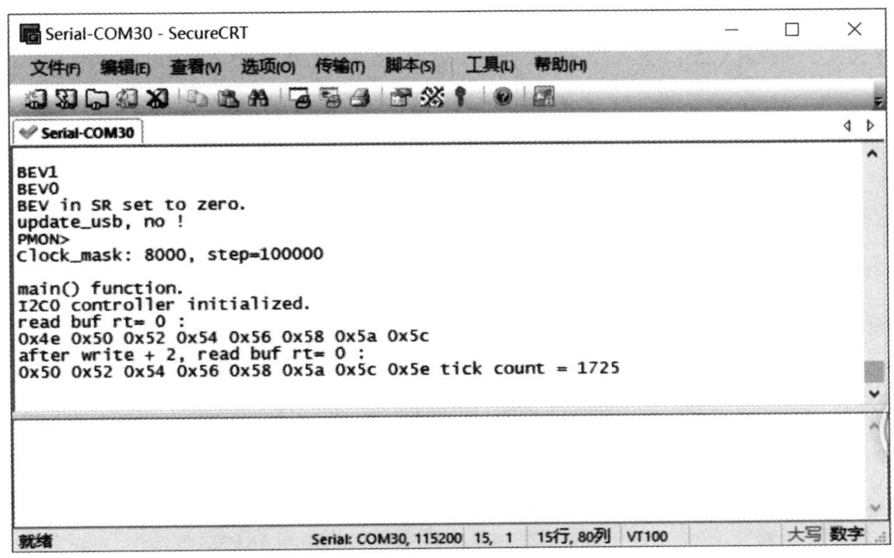

图 7.13　AT24C02 测试结果

7.6 I²C 模块 DS3231 应用设计实例

【任务功能】

基于 I2C0 实现基于 I²C 模块 DS3231 时钟芯片的读 / 写。

DS3231 是低成本、高精度 I²C 实时时钟，包含电池输入端，断开主电源仍可保持精确计时。微机电系统（Microelectromechanical System，MEMS）可提高器件的长期精度，并减少生产线的元器件数量。

RTC 保存秒、分、时、星期、日、月和年的信息。对于少于 31 天的月份，RTC 将自动调整月末的日期，包括闰年修正。时钟格式可以是 24 小时格式或带 AM/PM 指示的 12 小时格式。RTC 提供两个可设置的日历闹钟和一个 1Hz 输出。地址与数据通过 I²C 双向总线串行传输。精密的、经过温度补偿的电压基准和比较器电路用来监视 VCC 状态，检测电源故障，提供复位输出，并在必要时自动切换到备份电源。

DS3231 的 7 位地址是 0x68，该器件内部计时寄存器地址如表 7.9 所示。在多字节访问过程中当地址指针到达寄存器空间的末尾（12h）时，会返回到地址 00h。在 I²C 的 START 条件下或者地址指针递增至地址 00h 时，当前的时间会传输至辅助寄存器中，在时钟继续运行的同时，可从辅助寄存器中读取时间信息。这样在读操作期间发生主寄存器更新时，可以避免重新读取寄存器。

表 7.9　DS3231 内部计时寄存器地址

地址	BIT7	BIT6	BIT5	BIT4	BIT3	BIT2	BIT1	BIT0	功能	范围
00h	0	10Seconds			Seconds				秒	00 ~ 59
01h	0	10Minutes			Minutes				分	00 ~ 59
02h	0	12/$\overline{24}$	$\overline{\text{AM}}$/PM 20 Hours	10Hours	Hour				时	1 ~ 12+ AM/PM 00 ~ 23
03h	0	0	0	0	0	Day			星期	1 ~ 7
04h	0	0	10Date		Data				日	1 ~ 31
05h	Century	0	0	10Month	Month				月	1 ~ 12+Century
06h	10Year				Year				年	0 ~ 99

注意

1. 02h，小时寄存器的第 6 位定义为 12 小时或 24 小时模式选择位。

（1）该位为高时，选择 12 小时模式。在 12 小时模式下，第 5 位为 $\overline{\text{AM}}$/PM 指示位，逻辑高时为 PM。

（2）在 24 小时模式下，第 5 位为 20 小时位（20 ~ 23 小时）。

2. 05h，月寄存器由 99 溢出至 00 时，会转换世纪位（第 7 位）。

表 7.9 中，比较重要的寄存器是以 0x00 起始的 3 个寄存器，存放了秒、分、时的数据；0x03 起始的 4 个寄存器存放了星期、日、月、年的数据。这些寄存器都是可读 / 写的。该芯片的功能还有很多（如报警等），这里不赘述。

【硬件电路原理图】

DS3231 与 CPU 的连接如图 7.14 所示，将模块的 SCL 和 SDA 接到开发套件的 SCL 和 SDA 上。

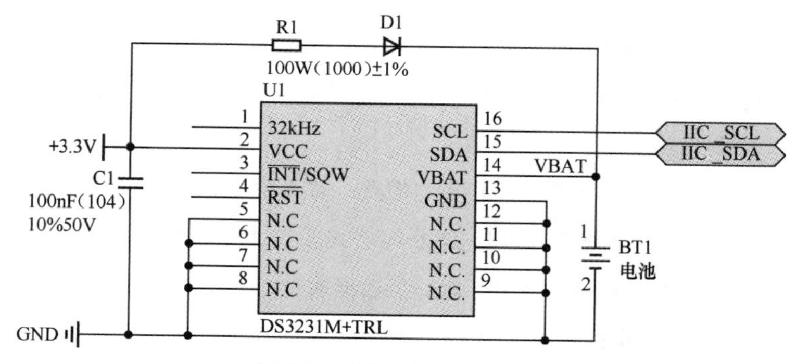

图 7.14　DS3231 与 CPU 的连接

【程序分析】

现在给大家介绍 LoongIDE 提供的一种非常有效的代码生成工具。从菜单中选择“编辑→插入代码向导→插入 LS1B200 驱动框架代码”，在 main.c 中，将光标放到待插入代码的位置，选择插入框架代码，如图 7.15 所示。

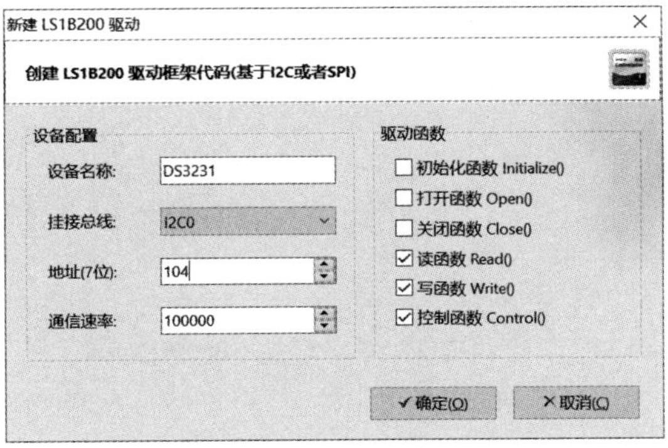

图 7.15 插入 DS3231 基于 I2C0 驱动的框架代码

将 DS3231 挂接在 I2C0 总线上，7 位的地址为 0x68，换算成十进制则为 104，所以框架代码中的地址填写为十进制格式。生成的代码为：

```
/*
 * Driver for DS3231 on I2C0, Auto Generated by Wizard
 * Created: 2021/8/26 8:19:23
 */

#include <stdio.h>
#include <stdlib.h>
#include <string.h>

#include "bsp.h"

#include "ls1x_io.h"
#include "ls1x_i2c_bus.h"

/* DS3231 Address, 7 bits without MSB */
#define DS3231_ADDRESS      0x68

/* DS3231 baudrate */
#define DS3231_BAUDRATE     100000
#define DS3231_REG_TIME 0x00
#define DS3231_REG_DATA 0x03
#define pIIC busI2C0

/******************************************************************
 * Add some DS3231 hardware implement here.
 */
```

```
// ···
/****************************************************************************
 * DS3231 driver implement
 */

/*
 * Purpose: read from DS3231, THIS JUST A FRAMEWORK
 */
STATIC_DRV int DS3231_read(void *bus, void *buf, int size, void *arg)
{
    int rd_cnt;
    LS1x_I2C_bus_t *pI2C = (LS1x_I2C_bus_t *)bus;

    if ((pI2C == NULL) || (buf == NULL))
        return -1;

    /* start transfer */
    ls1x_i2c_send_start(pI2C, DS3231_ADDRESS);

    /* set transfer mode */
    ls1x_i2c_ioctl(pI2C, IOCTL_SPI_I2C_SET_TFRMODE,
                   (void *)DS3231_BAUDRATE);

    /* set device address, 0 for WRTIE */

    // ···

    /* set device address, 1 for READ */
    ls1x_i2c_send_addr(pI2C, DS3231_ADDRESS, 1);

    /* read data from DS3231 */
    rd_cnt = ls1x_i2c_read_bytes(pI2C, buf, size);

    /* terminate transfer */
    ls1x_i2c_send_stop(pI2C, DS3231_ADDRESS);

    return rd_cnt;
}
```

```
/*
 * Purpose: write to DS3231, THIS JUST A FRAMEWORK
 */
STATIC_DRV int DS3231_write(void *bus, void *buf, int size, void *arg)
{
    int wr_cnt;
    LS1x_I2C_bus_t *pI2C = (LS1x_I2C_bus_t *)bus;

    if ((pI2C == NULL) || (buf == NULL))
        return -1;

    /* start transfer */
    ls1x_i2c_send_start(pI2C, DS3231_ADDRESS);

    /* set transfer mode */
    ls1x_i2c_ioctl(pI2C, IOCTL_SPI_I2C_SET_TFRMODE, (void *)DS3231_BAUDRATE);

    // ...

    /* set device address, 0 for WRTIE */
    ls1x_i2c_send_addr(pI2C, DS3231_ADDRESS, 0);

    /* write data to DS3231 */
    wr_cnt = ls1x_i2c_write_bytes(pI2C, buf, size);

    /* terminate transfer */
    ls1x_i2c_send_stop(pI2C, DS3231_ADDRESS);
    return wr_cnt;
}
```

自动生成的代码完成了最基本的读和写，如果要进行组合（如配置和读取特定地址数据），还需要自行编写代码。下面编写应用层代码，实现时间的设置和读取。

定义当前时间数组：21 年 9 月 1 日，周 1，12 时 13 分 14 秒，这里的 21 表示 2021。

```
unsigned char time_data[8] = {0, 14, 13, 12, 1, 1, 9, 21};
```

采用自动生成的代码，将当前的时间写入 DS3231：

```
DS3231_write(pIIC, time_data, 8, NULL);
```

time_data[8] 数组中第一个值为 0，表示要写入数据的地址 0，从地址 0 开始写 7 个字节。每个字节的含义如表 7.9 所示。

下面在主循环中，采用自动生成的代码，读取当前时间并输出：

```
rt = DS3231_write(pIIC, data, 1, NULL);
delay_ms(100);
rt = DS3231_read(pIIC, time_data, 7,  NULL);
printf("\ndata : 20%02d-%02d-%02d week%02d\n",
       time_data[6],time_data[5],time_data[4],time_data[3]);
printf("\ntime: %02d:%02d:%02d\n",time_data[2],time_data[1],time_data[0]);
```

【操作步骤与运行结果】

最后在主程序的循环代码中读取当前时间并输出，如图 7.16 所示。

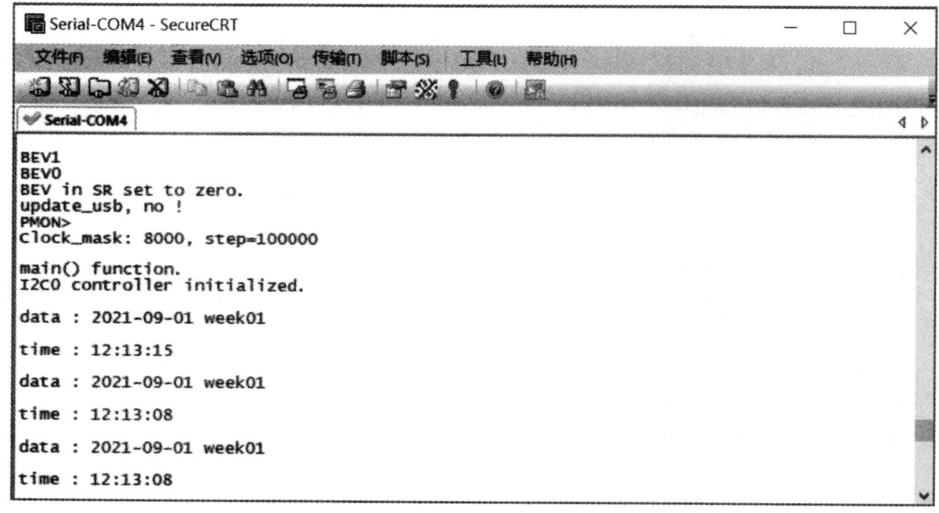

图 7.16　LS1B 读取 DS3231 的当前时间并输出

7.7 I²C 模块 OLED 应用设计实例

【任务功能】

基于 I2C0 实现基于 I²C 模块 OLED（Organic Light-Emitting Diode，有机发光二极管）的显示。这里选用中景园的 0.96 in（英寸，1in=2.54cm）基于 I²C 总线的 OLED，分辨率为 128px × 64px。

【硬件电路原理图】

I2C0 硬件连接与图 7.12 类似，连接到了 I2C0 接口。

【程序分析】

这里操作 OLED 比较复杂，在主程序中写代码不方便，采用驱动程序的方式单独编写 oled.c 和 oled.h 并进行调用。在主界面中右击项目，选择快捷菜单中的“添加文件到项目”，如图 7.17 所示，将 OLED 的文件添加进来。

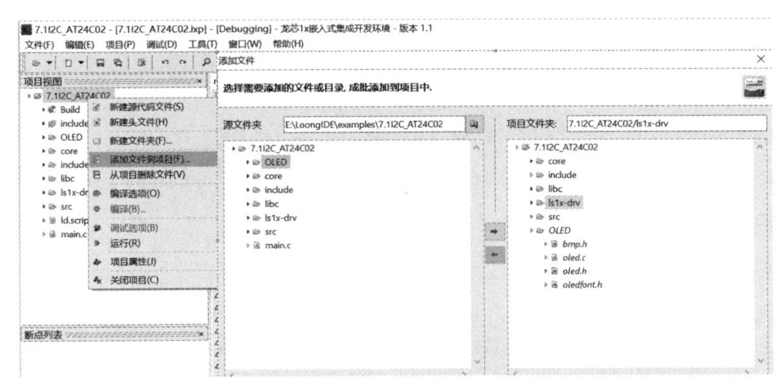

图 7.17　添加 OLED 驱动代码

下面添加头文件路径，选择菜单栏中的“项目→编译选项”，或者按 F2 键，如图 7.18 所示。

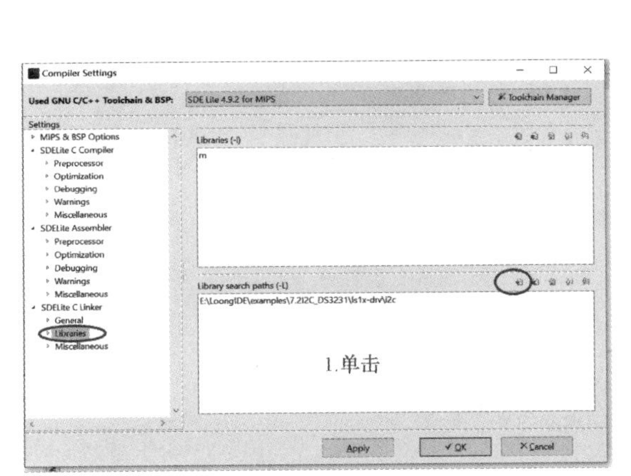

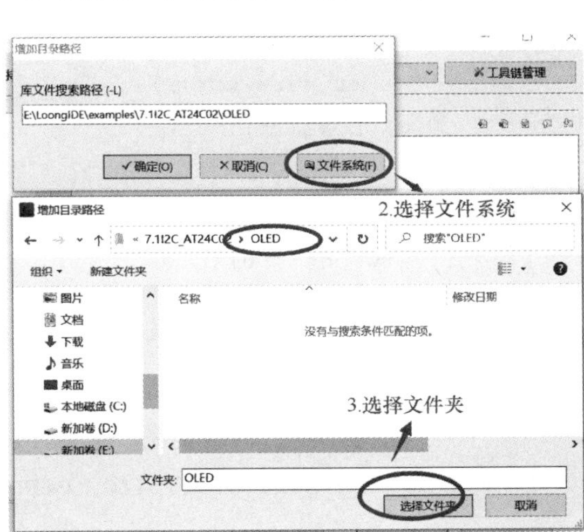

图 7.18　在编译选项中添加头文件路径

OLED 的 7 位地址是 0x3C，基于对前面 I²C 设备的操作，重写向 OLED 寄存器写数据的函数：

```
static int oled_write_regs(LS1x_I2C_bus_t *pIIC, int regNum,
                           unsigned int length, unsigned char *regVals)
{
    int rt, rw_cnt;
        unsigned char regAddr;

        /* start transfer */
        rt = ls1x_i2c_send_start(pIIC, OLED_ADDRESS);
```

```
        CHECK_DONE(rt);

        /* set transfer mode */
        rt = ls1x_i2c_ioctl(pIIC, IOCTL_SPI_I2C_SET_TFRMODE,
                            (void *)OLED_ BAUDRATE);
        CHECK_DONE(rt);

        /* address device, FALSE = WRITE */
        rt = ls1x_i2c_send_addr(pIIC, OLED_ADDRESS, false);
        CHECK_DONE(rt);

        /*
         * first, 1st byte is REGISTER to be accessed.
         */
        regAddr = (unsigned char)regNum;
        rw_cnt = ls1x_i2c_write_bytes(pIIC, &regAddr, 1);
        if (rw_cnt < 0)
              rt = rw_cnt;
        CHECK_DONE(rt);

        rw_cnt = ls1x_i2c_write_bytes(pIIC, regVals, length);
        if (rw_cnt < 0)
              rt = rw_cnt;

lbl_done:
        /* terminate transfer */
        ls1x_i2c_send_stop(pIIC, OLED_ADDRESS);

        return rt;
}
```

【操作步骤与运行结果】

最后在主程序中进行OLED初始化后，在OLED显示字符串“hello LS1B!”。测试结果如图7.19所示。

```
    /*测试OLED*/
    OLED_Init();
    OLED_Clear(0xFF);
    delay_ms(100);
```

```
OLED_Clear(0x00);
delay_ms(100);
OLED_ShowString(0,0,"hello LS1B!",16,0);
OLED_ShowString(0,32,"hello LS1B!",16,1);
OLED_Refresh();// 更新显示
```

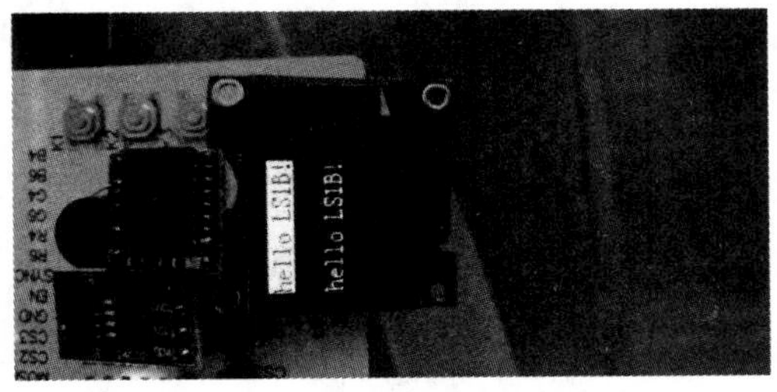

图 7.19　测试 OLED 显示字符串

练习题

1. 在 I²C 总线上，主机和从机分别是什么？

2. 在 I²C 总线上什么是起始信号、停止信号？

3. 每个接到 I²C 总线上的器件都有唯一的地址。试说明其 7 位地址和 8 位地址的区别。

4. 本章基于 I²C 实现了 3 个器件的单独例程。请通过编程实现将 DS3231 的时钟数据显示到 OLED 上。

探索提升

基于 I²C 总线的芯片模组有很多：3 轴加速度计，如陀螺仪 MPU6050、ICM20602、LSM6DS3；光照度传感器，如 PCF1750、OPT3001。使用 I²C 总线的芯片模组的好处是能够以最少的外接引脚实现相应的功能。因为总线上可挂载多个设备，而不需要再添加引脚。读者可以像在学习串口时一样，进行基于 I²C 总线的相关模块的操控练习，提升外设操作的技巧和能力。

第08章

串行外设接口（SPI）

本章知识

- LS1B 开发套件串行外设接口（SPI）的概述、结构和功能、库函数、设计实例

8.1 SPI 总线概述

SPI 是由摩托罗拉（Motorola）公司开发的全双工同步串行总线，是 MCU 和外设进行通信的同步串口，主要应用于 EEPROM（Electrically-Erasable Programmable Read-Only Memory，电可擦编程只读存储器）、Flash 存储器、RTC、ADC、网络控制器、MCU、DSP 以及数字信号解码器。SPI 系统可直接与各个厂家生产的多种标准外设连接，一般使用 4 条线：时钟信号线（SCK）、主机输入 / 从机输出数据线（Master Input，Slave Output，简写为 MISO）、主机输出 / 从机输入数据线（Master Output，Slave Input，简写为 MOSI）、低电平有效的从机选择线（SSEL）。

在讨论 SPI 数据传输时，必须明确以下两个控制位的特点及功能。

（1）CPOL：时钟极性控制位。该位决定了 SPI 总线空闲时 SCK 的电平状态。CPOL=0，当 SPI 总线空闲时，SCK 为低电平；CPOL=1，当 SPI 总线空闲时，SCK 为高电平。

（2）CPHA：时钟相位控制位。该位决定了 SPI 总线上数据的采样位置。CPHA=0，SPI 总线在时钟线的第一个跳变边沿采样；CPHA=1，SPI 总线在时钟线的第二个跳变边沿采样。

8.1.1 SPI 定义

SPI 总线通信的最大特点是由主机完全控制时钟信号，并决定主、从机的通信。通常，负责产生时钟信号的设备为主机，另一方则作为从机。主机为 SoC 中的 SPI 控制器，每个控制器连接多个 SPI 从机，每个从机根据 CS 引脚来确定自身是否有效。从机之间、从机与主机之间共用 3 条信号线，即 SCK、MISO、MOSI。CS 为片选信号线（也称为 NSS、SS），任何时刻，如果某个 CS 引脚为低电平，与该 CS 引脚连接的从机能与主机（SPI 控制器）通信，其他从机数据引脚为高阻态，与主机断开。

其中，CS、SCK、MOSI 信号都由主机控制产生，而 MISO 信号由从机产生，主机通过该信号线读取从机的数据。它们的具体功能如下。

（1）SCK：时钟信号线，用于通信数据同步。它只由主机控制，从机不能控制，它决定通信速率，不同设备支持的最高时钟频率不一样，两个设备通信时，通信速率受限于低速设备。

（2）CS：从机选择信号线。当有多个 SPI 从机与 SPI 主机相连时，设备的其他信号线 SCK、MOSI 及 MISO 同时并联到相同的 SPI 总线上，即无论有多少个从机，都共用这 3 条信号线；而每个从机都有独立的 CS 信号线，该信号线独占主机的一个引脚，即有多少个从机，就有多少条 CS 信号线。

SPI 协议中没有设备地址，它使用 CS 信号线来寻址。当主机要选择某从机时，把该从机的 CS 信号线设置为低电平，该从机即被选中，即片选有效，接着主机开始与被选中的从机进行 SPI 通信。所以 SPI 通信以 CS 信号线被拉低作为起始信号，以 CS 信号线被拉高作为停止信号。

（3）MOSI：主机输出 / 从机输入数据线。主机的数据从这条信号线输出，从机由这条信号线读入主机发送的数据，即这条信号线上数据传输的方向为主机到从机。

（4）MISO：主机输入 / 从机输出数据线。主机从这条信号线读入数据，从机的数据由这条信号线输出到主机，即在这条信号线上数据传输的方向为从机到主机。

四线 SPI 的主机和从机之间的连接如图 8.1 所示。

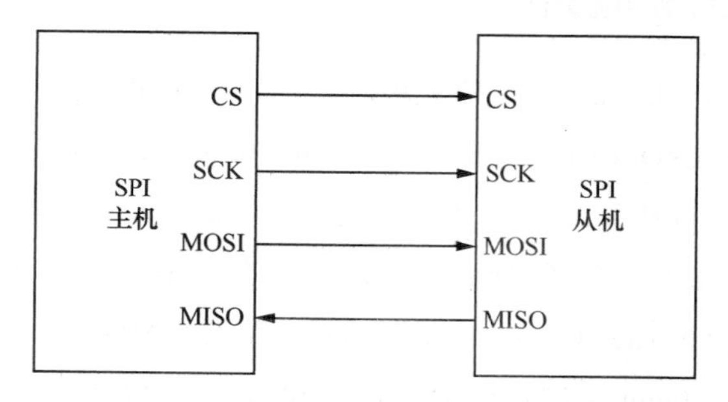

图 8.1 四线 SPI 的主机和从机之间的连接

8.1.2 SPI 多从机配置

SPI 作为总线，多个 SPI 从机可与单个 SPI 主机一起使用。从机可以采用常规模式连接，或采用菊花链模式连接。多从机 SPI 常规模式连线方式如图 8.2 所示。

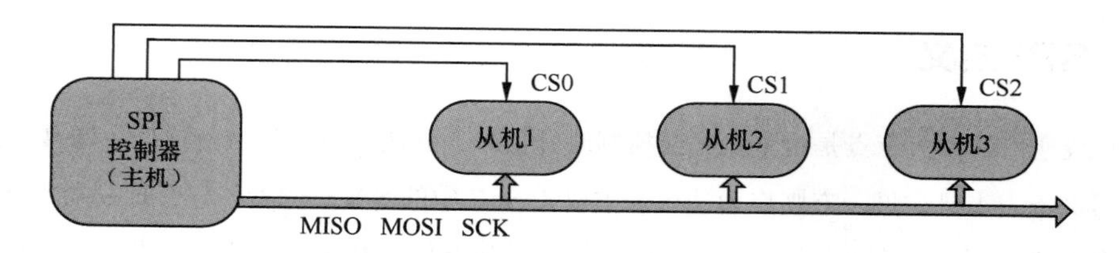

图 8.2 多从机 SPI 常规模式连线方式

在常规模式下，主机需要为每个从机提供单独的片选信号。一旦主机使能（拉低）片选信号，MOSI/MISO 上的时钟和数据便可用于所选的从机。如果使能多个片选信号，则 MISO 上的数据会被破坏，因为主机无法识别哪个从机正在传输数据。

随着从机数量的增加，来自主机的片选信号线的数量也增加。这会快速增加主机需要提供的输入和输出数量，并限制可以使用的从机数量。这种情况下可以使用其他技术来增加常规模式下的从机数量，例如使用多路复用器产生片选信号。

8.1.3 SPI 工作时序模式

从内部硬件来看，SPI 实际上是两个简单的移位寄存器，传输的数据为 8 位，在主机产生的从机使能信号和移位脉冲下，按位传输，高位在前、低位在后。

要进行 SPI 通信，主机必须发送时钟信号，并通过使能片选信号选择从机。片选信号通常是低电平有效信号。因此，主机必须在该信号上发送逻辑 0 以选择从机。SPI 是全双工接口，主机和从机可以分别通过 MOSI 和 MISO 同时发送数据。在 SPI 通信期间，数据的发送（串行移出到 MOSI/

SDO 总线上）和接收（采样或读入 MISO/SDI 总线上的数据）同时进行。SPI 允许用户灵活选择时钟信号的上升沿或下降沿来采样和移位数据。

从机可能在出厂时就已配置为某种模式，这是不能改变的；但通信双方必须工作在同一模式下，所以可对主机的 SPI 模式进行配置，来控制主机的通信模式。

按照时钟和数据信号的相位关系，SPI 有 4 种工作时序模式，如图 8.3 所示。CPOL 表示 SCK 初始电平，为 0 则初始电平为 0，为 1 则初始电平为 1。CPHA 表示在 SCK 信号的第几个边沿输出数据有效，为 0 则 SCK 信号的第一个跳变边沿输出数据有效，为 1 则 SCK 信号的第二个跳变边沿输出数据有效。

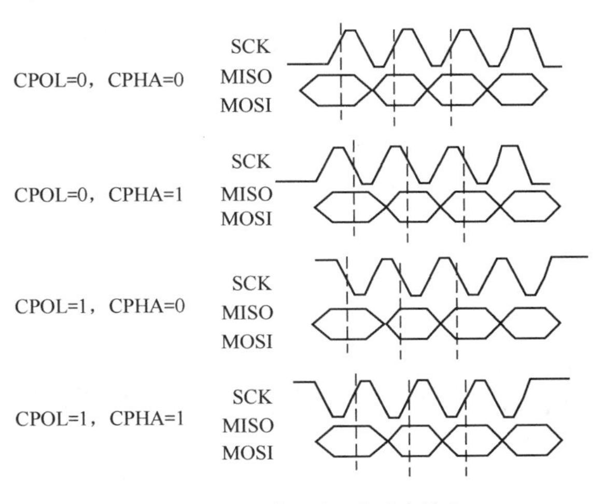

图 8.3 SPI 的 4 种工作时序模式

SPI 的 4 种工作时序模式说明如表 8.1 所示。

表 8.1 SPI 的 4 种工作时序模式说明

模式	CPOL 与 CPHA 设定	数据输出时间	SCK 初始电平
0	CPOL=0，CPHA=0	SCK 上升沿（第一个跳变边沿）	0
1	CPOL=0，CPHA=1	SCK 下降沿（第二个跳变边沿）	0
2	CPOL=1，CPHA=0	SCK 下降沿（第一个跳变边沿）	1
3	CPOL=1，CPHA=1	SCK 上升沿（第二个跳变边沿）	1

8.1.4 常见串行通信协议对比

前面已经介绍了 UART 协议、I^2C 协议，本章介绍了 SPI 协议，至此本书中用到的几种串行通信协议已经介绍完毕。下面我们回顾一下 UART 协议的和 I^2C 协议的知识并与 SPI 协议做对比，进一步了解它们的区别和联系，如表 8.2 所示。

表 8.2 常见的串行通信协议对比

通信协议	引脚说明	通信方式	通信方向	通信距离
SPI	CS：片选信号； SCK：同步时钟； MISO：主机输入，从机输出； MOSI：主机输出，从机输入	同步通信	全双工	近

续表

通信协议	引脚说明	通信方式	通信方向	通信距离
I^2C	SCL：同步时钟； SDA：数据输入输出	同步通信	半双工	近
UART	TXD：发送端； RXD：接收端	异步通信	全双工	中

8.2 SPI 模块的结构和功能

LS1B 集成的 SPI 控制器仅可作为主控端，所连接的是从机，其结构如图 8.4 所示，由一个 SPI 主控制器和 SPI Flash 存储器读引擎组成。对软件而言，SPI 控制器除了有若干 I/O 寄存器外，还有一段映射到 SPI Flash 存储器的只读内存空间。如果将这段内存空间分配在 0xbfc00000，复位后不需要软件干预就可以直接访问，从而支持处理器从 SPI Flash 存储器启动。

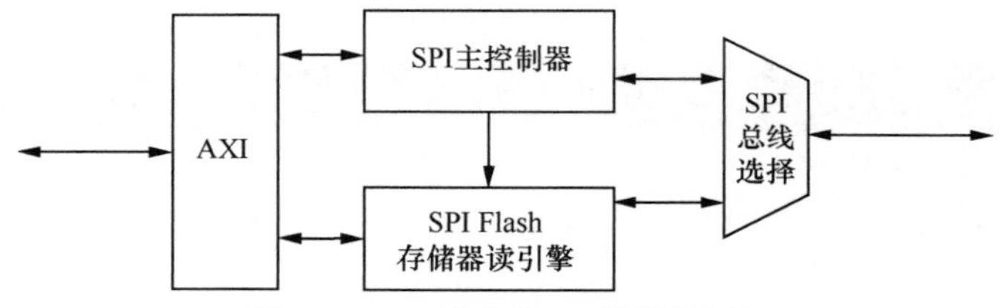

图 8.4　LS1B 集成的 SPI 控制器结构

LSIB 有两个 SPI 控制器，即 SPI0 和 SPI1。SPI0 和 I/O 寄存器的基地址是 0xbfe80000，外部存储地址空间是 0xbf000000 ~ 0xbf7fffff，共 8MB。

SPI 的主控制器结构如图 8.5 所示。系统寄存器包括控制寄存器、状态寄存器和外部寄存器，分频器生成 SPI 总线工作的时钟信号，由于读缓冲器（读 FIFO）、写缓冲器（写 FIFO）的存在，因此允许 SPI 总线同时进行串行数据的发送和接收。

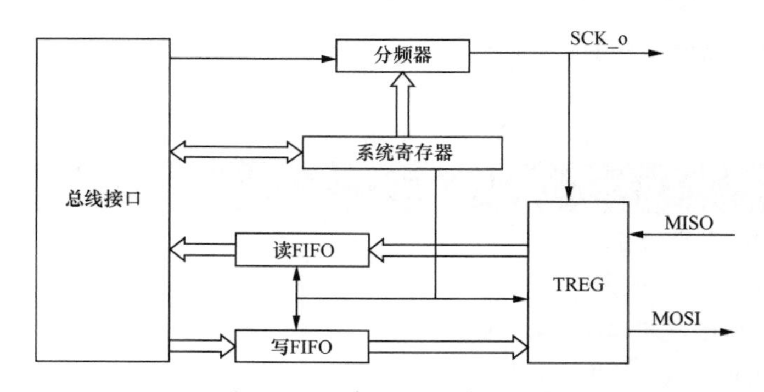

图 8.5 LS1B 中 SPI 的主控制器结构

8.3 SPI 模块的常用库函数

如果使用 SPI 设备，则需要在 bsp.h 中配置宏定义：

```
#define BSP_USE_SPI0
#define BSP_USE_SPI1
```

SPI 设备的参数在 ls1x_spi_bus.c 中定义：

```
#ifdef BSP_USE_SPI0
static LS1x_SPI_bus_t ls1x_SPI0 =
{
.hwSPI = (struct LS1x_SPI_regs *)LS1x_SPI0_BASE,/* 设备基地址 */
.base_frq = 0,                                  /* 总线频率 */
.chipsel_nums = 4,                              /* 片选总数 */
.chipsel_high = 0,                              /* 片选低电平有效 */
.dummy_char = 0,
.irqNum = LS1x_SPI0_IRQ,                        /* 中断号 */
.int_ctrlr = LS1x_INTC0_BASE,                   /* 中断控制寄存器 */
.int_mask = INTC0_SPI0_BIT,                     /* 中断屏蔽位 */
.spi_mutex = 0,                                 /* 设备锁 */
.initialized = 0,                               /* 是否初始化 */
.dev_name = "spi0",                             /* 设备名称 */
};
LS1x_SPI_bus_t *busSPI0 = &ls1x_SPI0;
#endif
```

SPI 模块的常用库函数介绍如下。

（1）SPI 初始化函数 ls1x_spi_initialize，其相关说明如表 8.3 所示。

表 8.3　ls1x_spi_initialize 函数的相关说明

信息	说明
函数名	ls1x_spi_initialize
函数原型	int ls1x_spi_initialize(void *bus)
功能描述	初始化 SPI
输入参数	bus：busSPI0 或者 busSPI1
输出参数	无
返回值	0 表示成功，-1 表示不成功
先决条件	无
被调用函数	无

（2）SPI 开始函数 ls1x_spi_send_start，其相关说明如表 8.4 所示。

表 8.4　ls1x_spi_send_start 函数的相关说明

信息	说明
函数名	ls1x_spi_send_start
函数原型	int ls1x_spi_send_start(void *bus, unsigned int Addr)
功能描述	开始 SPI 操作，本函数获取 SPI 的控制权
输入参数	bus：busSPI0 或者 busSPI1； Addr：SPI 地址选择，取值范围为 0~3，表示将操作 SPI 上挂接的某个从机
输出参数	无
返回值	0 表示 成功，-1 表示不成功
先决条件	无
被调用函数	无

（3）SPI 结束函数 ls1x_spi_send_stop，其相关说明如表 8.5 所示。

表 8.5　ls1x_spi_send_stop 函数的相关说明

信息	说明
函数名	ls1x_spi_send_stop
函数原型	int ls1x_spi_send_stop (void *bus, unsigned int Addr)
功能描述	结束 SPI 操作，本函数释放 SPI 的控制权
输入参数	bus：busSPI0 或者 busSPI1； Addr：SPI 地址选择，取值范围为 0~3，表示将操作 SPI 上挂接的某个从机
输出参数	无
返回值	0 表示成功，-1 表示不成功
先决条件	无
被调用函数	无

（4）SPI 发送片选信号函数 ls1x_spi_send_addr，其相关说明如表 8.6 所示。

表 8.6　ls1x_spi_send_addr 函数的相关说明

信息	说明
函数名	ls1x_spi_send_addr
函数原型	int ls1x_spi_send_addr(void *bus, unsigned int Addr, int rw)
功能描述	读 / 写 SPI 前发送片选信号
输入参数	bus：busSPI0 或者 busSPI1； Addr: SPI 地址选择，取值范围为 0~3，表示将操作 SPI 上挂接的某个从机； rw：未使用

续表

信息	说明
输出参数	无
返回值	0 表示成功，-1 表示不成功
先决条件	无
被调用函数	无

（5）SPI 从机读取函数 ls1x_spi_read_bytes，其相关说明如表 8.7 所示。

表 8.7　ls1x_spi_read_bytes 函数的相关说明

信息	说明
函数名	ls1x_spi_read_bytes
函数原型	int ls1x_spi_read_bytes(void *bus, unsigned char *rxbuf, int len);
功能描述	从 SPI 从机读取数据
输入参数	bus: busSPI0 或者 busSPI1； rxbuf: 用于存放读取数据的缓冲区； len: 待读取的字节数， 长度不能超过 rxbuf 的容量
输出参数	无
返回值	本次读操作的字节数
先决条件	无
被调用函数	无

（6）SPI 从机写入函数 ls1x_spi_write_bytes，其相关说明如表 8.8 所示。

表 8.8　ls1x_spi_write_bytes 函数的相关说明

信息	说明
函数名	ls1x_spi_write_bytes
函数原型	int ls1x_spi_write_bytes(void *bus, unsigned char *txbuf, int len)
功能描述	向 SPI 从机写入数据
输入参数	bus: busSPI0 或者 busSPI1； txbuf: 用于存放写入数据的缓冲区； len: 待写入的字节数， 长度不能超过 txbuf 的容量
输出参数	无
返回值	本次写操作的字节数
先决条件	无
被调用函数	无

8.4 SPI 模块应用设计实例

实例 1：SPI 串口数据的发送

【任务功能】

基于 SPI0_CS1 实现 SPI 串口数据的发送。

【硬件电路原理图】

SPI 连接到 LS1B 开发套件中的 DC3_40 插座上，如图 8.6 所示。

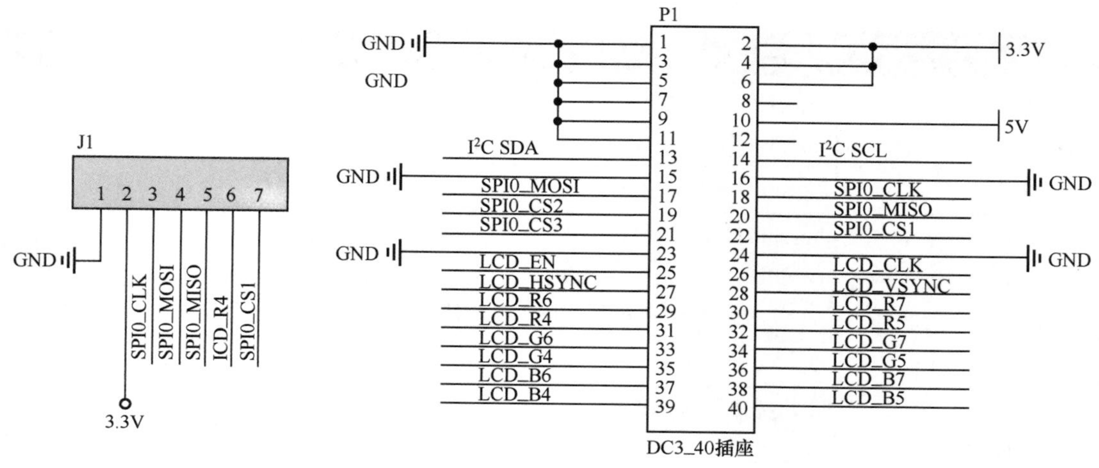

图 8.6　SPI 连接到 LS1B 开发套件的 DC3_40 上

【程序分析】

在 bsp.h 中定义：

```
#define BSP_USE_SPI0
```

在 main.c 中添加头文件定义：

```
#include "ls1x_spi_bus.h"
```

在 main.c 中添加 SPI 初始化代码函数：

```
#define SPI_DEVICE_CS       1    // SPI_DEVICE 片选
void my_spi_init(void)
{
    ls1x_spi_send_start(busSPI0, SPI_DEVICE_CS);
        LS1x_SPI_mode_t tfr_mode =
        {
            baudrate:       1000000,
            bits_per_char: 8,
```

```
            lsb_first:       false,
            clock_pha:       true,
            clock_pol:       true,
            clock_inv:       true,
            clock_phs:       false,
        };
        ls1x_spi_ioctl(busSPI0, IOCTL_SPI_I2C_SET_TFRMODE, &tfr_mode);
        ls1x_spi_send_addr(busSPI0, SPI_DEVICE_CS, true);
}
```

在 main 函数中调用：

```
int main(void)
{
    ...
    install_3th_libraries();                    /* Install 3th libraries */
    my_spi_init();
    /*
     * 裸机主循环
     */
}
```

【操作步骤与运行结果】

最后在主程序的循环代码中实现数据的收发，每隔 100ms 向 SPI0_CS1 发送提示字符串：

```
unsigned char txbuf[10]={0x1,0x2,0x4,0x8,0x10,0x20,0x40,0x80};
ls1x_spi_write_bytes(busSPI0, txbuf, 8);
```

将开发套件的 SPI 连接逻辑分析仪，可查看接收的数据，如图 8.7 所示。

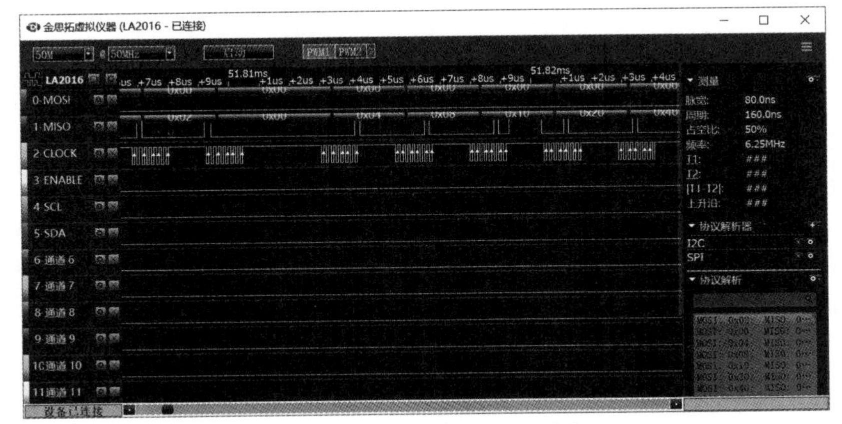

图 8.7　LS1B 开发套件的 SPI 时序

实例 2：SPI 串口数据实现 W25Q32 读 / 写

【任务功能】

基于 SPI0_CS1 实现 W25Q32 读 / 写。

【硬件电路原理图】

SPI 硬件连接如图 8.8 所示，其中 SPI 的接口引脚连接形式与图 8.6 相同。

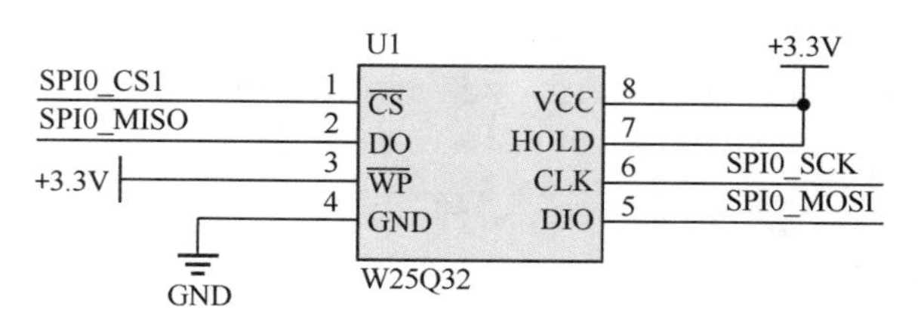

图 8.8　SPI 硬件连接

【程序分析】

首先新建工程 8.2spi_w25qxx，在工程中新建文件夹即可，如图 8.9 所示。

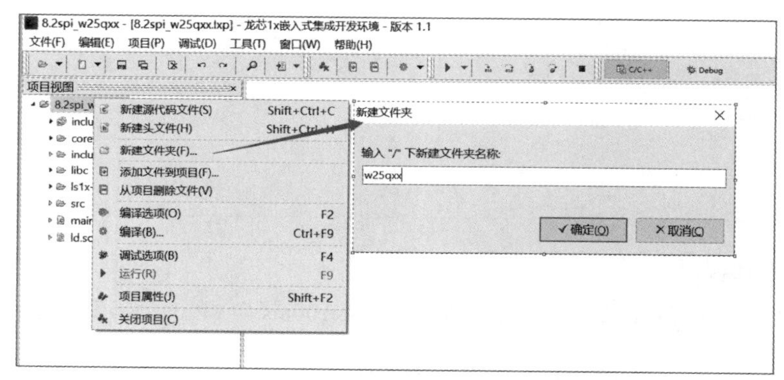

图 8.9　新建工程文件夹

将文件 w25qxx.c 和 w25qxx.h 复制到 w25qxx 文件夹下。下面添加文件到项目，右击项目空白处，选择快捷菜单中的“添加文件到项目”，选择好文件夹和文件后，单击“应用”按钮，如图 8.10 所示。

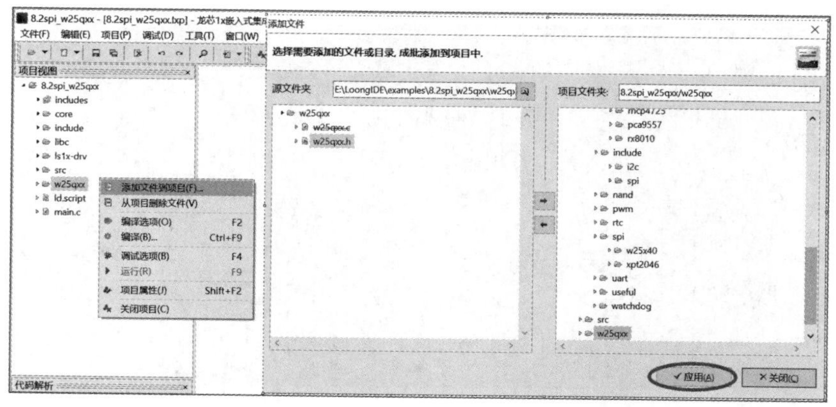

图 8.10　在工程文件夹中添加文件

在 main.c 中添加头文件定义：

```
#include "w25qxx/w25qxx.h"
```

SPI 初始化代码：

```
void my_spi_init(void)
```

【操作步骤与运行结果】

将开发套件的 SPI 连接 W25Q32。最后在主程序的初始化代码中调用函数 W25QXX_Init，实现 w25qxx Flash 存储器的 ID 读取，如图 8.11 所示。

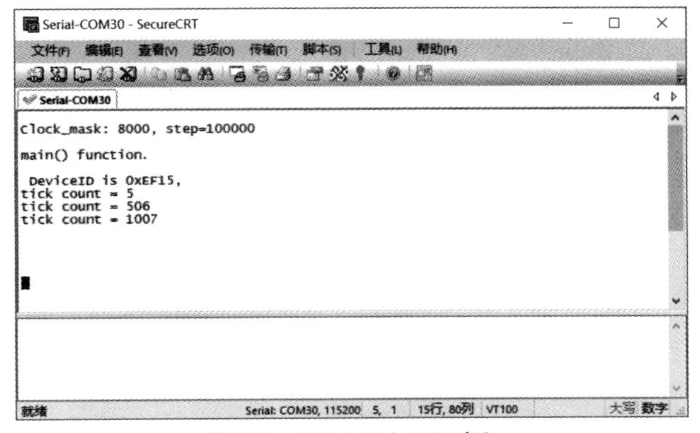

图 8.11 W25Q32 初始化读取

下面编写代码实现 Flash 存储器数据的读 / 写：

```
#include <stdint.h>
// 要写入 W25Q32 的字符串数组
uint8_t TEXT_Buffer[]={"W25QXX SPI test!"};
void W25QXX_test(void)
{
    uint8_t count;
    uint8_t datatemp[16];
    uint32_t FLASH_SIZE;
    FLASH_SIZE=4*1024*1024;        //Flash 存储器大小为 4MB
       printk("\r\nStart Read W25Q32...\r\n");
       // 从倒数第 100 个地址处开始，读出 16B 的数据
       W25QXX_Read(datatemp,FLASH_SIZE-0x100,16);
       printk("The Data Readed Is:  \r\n");// 提示传送完成
       printk("%s\r\n",datatemp);// 显示读到的字符串


       printk("\r\nStart Write W25Q32...\r\n");
```

```
        // 从倒数第 100 个地址处开始，写入 16B 的数据
        W25QXX_Write((uint8_t*)TEXT_Buffer,FLASH_SIZE-0x100,16);
        printk("W25Q32 Write Finished!\r\n");// 提示传送完成
}
```

最后在 main 函数中调用该函数，下载到开发板后其执行结果如图 8.12 所示。

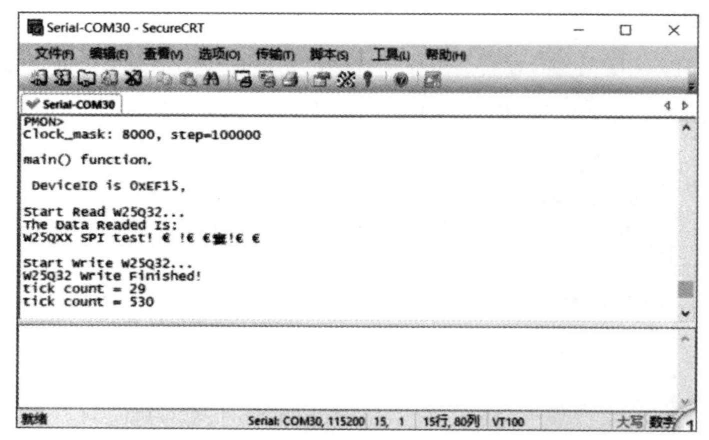

图 8.12　从 Flash 存储器中读出 / 写入的字符串

练习题

1．SPI 总线在一次数据传输过程中，能否有多个主机和从机一起工作？如果能，简述其过程。

2．SPI 的缺点是什么？ SPI 总线传输数据时，收发数据是同时进行的还是分开进行的？

3．SPI 中没有设备地址，主机是通过什么方式来选择从机的？

4．编程完成基于 SPI0_CS1、SPI0_CS2 和 SPI0_CS3 实现 3 个 W25Q32 芯片的读 / 写。

探索提升

很多传感器和 LCD 可选择使用 I^2C 或者 SPI 总线进行通信。相对于 I^2C 总线，由于 SPI 总线不需要校验、通信速度快，它在显示器件上只需进行 MCU 向显示器件的写操作，在传感器件上只需进行传感器件的读操作，因此在这两种器件上使用更加广泛，如彩屏驱动 ST7735、ST7789 以及 3 轴加速度计 ICM20602 等。

第09章

CAN 总线

本章知识

- LS1B 开发套件 CAN 总线的编码方式、协议、结构和功能、库函数、设计实例

9.1 CAN 总线简介

9.1.1 硬件协议及编码方式

CAN（Controller Area Network，控制器局域网）总线采用差分信号传输，使用双绞线作为总线传输介质。在 1Mbit/s 的情况下，总线长度一般小于 40m。CAN 总线的传输速率与传输距离在一定程度上成反比，而在实际应用当中，曾经达到过在 5kbit/s 的情况下传输距离为 7~8km，而且还是一种多分叉多分支结构。

CAN 总线采用 NRZ（Non Return to Zero）和位填充的位编码方式。NRZ 也称为不归零编码，是一种常见的编码，即高电平表示逻辑 1，低电平表示逻辑 0。它不用归零，也就是说，一个周期可以全部用来传输数据，这样传输的带宽就可以完全利用。一般常见的带有时钟线的传输协议都使用 NRZ 或者差分的 NRZ。因此，使用 NRZ 若想传输高速同步数据，基本上都要带时钟线，因为 NRZ 本身无法传递时钟信号。在低速异步传输下可以不存在时钟线，但在通信前，通信双方要约定好通信波特率，例如 UART。

CAN 总线中高电平表示逻辑 0，低电平表示逻辑 1。CAN 总线的起始场是一位的逻辑 0（高电平），帧结束由 7 位的逻辑 1（低电平）组成。CAN 总线的位编码方式定义为：在发生的时候，每连续 5 位的逻辑 0 后补充一位的逻辑 1，每连续 5 位的逻辑 1 后补充一位的逻辑 0。例如，编码发送时出现 000001，1 就是发送的时候根据 CAN 协议填充进去的，所以解码的时候 1 要去掉，即 00000；同理，11111001 表示的数据应该是 1111101。

9.1.2 CAN 总线协议

1. CAN 总线协议与 modbus 总线协议

CAN 总线是多主站的结构，在总线上挂载的所有节点的地位是平等的，即所有节点都可以主动地向总线发送数据，不需要等待其他节点允许。这一点与 modbus 总线有区别。modbus 总线是一主多从的，总线上只有一个主机，其他节点都是从机，从机只能被动地根据主机的命令做出相应的回复或者动作，当然这些节点往总线上发送数据的时候会有一个优先级的问题。

CAN 总线数值为两种互补的逻辑数值：“显性”和“隐性”。其中显性表示逻辑 0，而隐性表示逻辑 1。当显性位和隐性位同时发送时，总线数值将为显性。CAN 总线有总线仲裁的机制，主要通过报文 ID 来实现。这样进行线与后 ID 越小，在总线竞争当中优先级也就越高。

报文 ID 或者标识符与节点的 ID 是不同的概念。在报文的标识符中，可以包含发送节点的序号类型、接收节点的序号类型甚至安装位置等一系列信息，所以标识符在一定程度上可以描述数据的含义。这样在某些特定应用当中可以对标识符进行过滤，需要的才接受，不需要的可以过滤掉。CPU 可以不需要编程参与操作，直接由硬件 CAN 控制器完成过滤接收。

modbus 总线协议栈也可以对报文进行过滤，但是需要 CPU 编程参与操作，这样就会占用 CPU，也就是说，当 modbus 总线上有数据的时候，所有节点都是要参与操作的。一旦 modbus 总线上有数据，所有的节点当前正在执行的任务都会被打断，这也是 CAN 总线与 modbus 总线的区别。

2. CAN 总线协议帧格式

CAN 技术规范（Version 2.0）包括 2.0A 和 2.0B。2.0A 的报文标识符为 11 位；2.0B 有标准和扩展两种报文格式，其报文标识符为 29 位。

报文传送主要有 4 种类型的帧：数据帧、远程帧、错误帧以及超载帧。

（1）数据帧。

数据帧格式如图 9.1 所示，由 7 个不同的位场组成，分别是帧起始、仲裁场、控制场、数据场、循环冗余校验（Cyclic Redundancy Check，CRC）场、应答场以及帧结束。在具体编程中只要正确地运用仲裁场、控制场中的数据长度码、数据场即可。

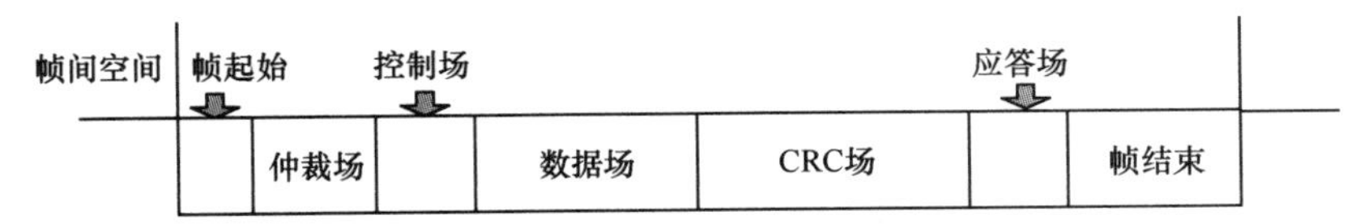

图 9.1 CAN 总线协议中的数据帧格式

- 帧起始：标志一个数据帧或远程帧的开始，它是一个显性位。
- 仲裁场：由报文标识符和远程发送请求（Remote Transmission Request，RTR）位组成。RTR 位在数据帧中为显性，在远程帧中为隐性。RTR 位加上 11 位报文标识符（CAN 2.0A 标准），共同组成报文优先级信息（共 12 位）。数据帧的优先权比同一标识符的远程帧的优先级高。
- 控制场：由 6 位组成，包括 2 位作为控制总线发送电平的备用位（留作 CAN 通信协议扩展功能）与 4 位数据长度码（Data Length Code，DLC）。数据长度码（DLC0 ~ DLC3）指出了数据场中的字节数目，如表 9.1 所示。

表 9.1 数据长度码

数据字节的数目	DLC3	DLC2	DLC1	DLC0
0	d	d	d	d
1	d	d	d	r
2	d	d	r	d
3	d	d	r	r
4	d	r	d	d
5	d	r	d	r
6	d	r	r	d
7	d	r	r	r
8	r	d	d	d

表 9.1 中，d 代表显性，r 代表隐性，数据帧允许的数据字节数目为 0 ~ 8。

- 数据场：存储在发送缓冲器数据区或接收缓冲器数据区中以待发送或接收的数据。按字节存储的数据可由微控制器发送到网络中，也可由其他节点接收。其中第 1 个字节的最高位首先被发送或接收。
- CRC 场：包括 CRC 序列（15 位）和 CRC 界定符（1 个隐性位）。CRC 场通过一种多项式的运算来检查报文传输过程中的错误，并自动纠正错误。这一步由控制器自身来完成。
- 应答场：包括应答间隙和应答界定符两位。在应答场（ACK 场）里，发送节点发送两个隐性位。当接收器正确地接收到有效的报文时，接收器就会在应答间隙（ACK slot）向发送器发送显性位以示应答。
- 帧结束：每一个数据帧和远程帧均结束于帧结束序列，它由 7 个隐性位组成。

（2）远程帧。

远程帧用来申请数据。当一个节点需要接收数据时，可以发送一个远程帧，通过标识符与置 RTR 位为高电平来寻址数据源，网络上具有与该远程帧相同标识符的节点则发送相应的数据帧。

远程帧格式如图 9.2 所示。远程帧由帧起始、仲裁场、控制场、CRC 场、应答场和帧结束组成。这几个部分与数据帧中的相同，只是其 RTR 位为低电平。

图 9.2　CAN 总线协议中的远程帧格式

远程帧的数据长度码为其对应的将要接收的数据帧中数据长度码的数值。

CAN 总线的报错是通过发送错误帧完成的。在介绍错误帧前，先介绍主动错误（error active）节点和被动错误（error passive）节点。每一个节点都有两个计数器，分别用来计算接收数据错误数（REC）和发送数据错误数（TEC），计数器如何进行增减在 CAN 总线协议里有详细的规定。

当一个节点的 TEC 和 REC 都小于 128 时，该节点为主动错误节点；当一个节点的 TEC 或者 REC 大于或等于 128 时，该节点为被动错误节点；当计数器的值变化时，主动错误节点和被动错误节点会相互转化；当一个节点的 TEC 大于或等于 256 时，该节点进入总线关闭（Bus Off）状态，它将不能再与其他节点通信。

（3）错误帧。

错误帧由两个不同的场组成，即错误叠加标志和错误界定符，错误帧格式如图 9.3 所示。主动错误标志为 6 个显性位，被动错误标志为 6 个隐性位。

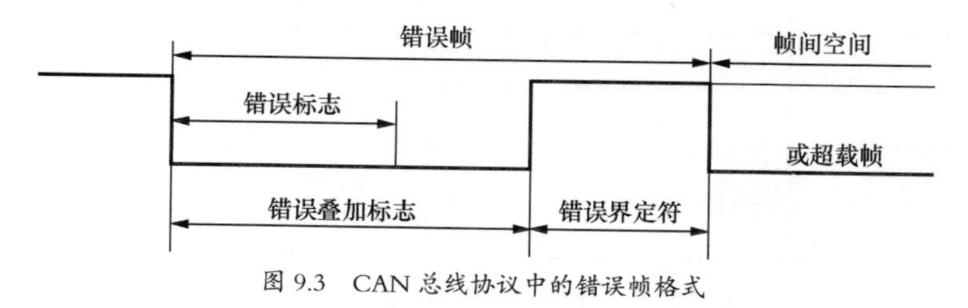

图 9.3　CAN 总线协议中的错误帧格式

（4）超载帧。

超载帧由超载叠加标志和超载界定符组成，超载帧格式如图 9.4 所示。

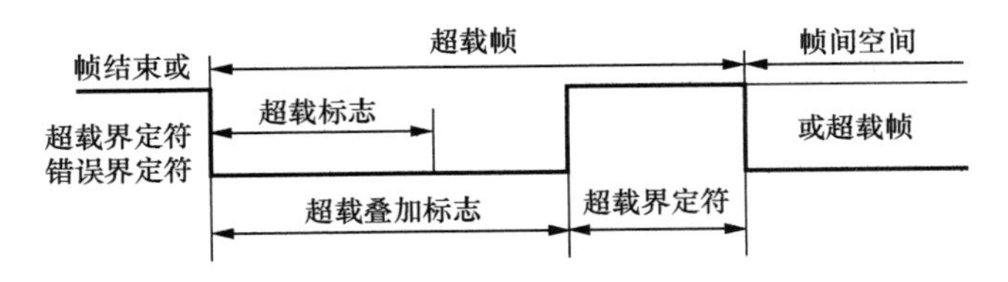

图 9.4　CAN 总线协议中超载帧格式

在 CAN 总线中，存在两个条件导致发送超载帧，一个是接收器未准备就绪，另一个是在间歇场检测到显性位。

（5）帧间空间。

无论先行帧的类型（如数据帧、远程帧、错误帧、超载帧）是什么，数据帧（或远程帧）与先行帧的隔离都是通过帧间空间实现的，帧间空间格式如图 9.5 所示。超载帧与错误帧之前没有帧间空间，多个超载帧之间也不是由帧间空间隔离的。间歇场由 3 个隐性位组成，间歇场期间不允许启动发送数据帧或远程帧。总线空闲周期可为任意值，此时总线是开放的，任何站可随时发送。

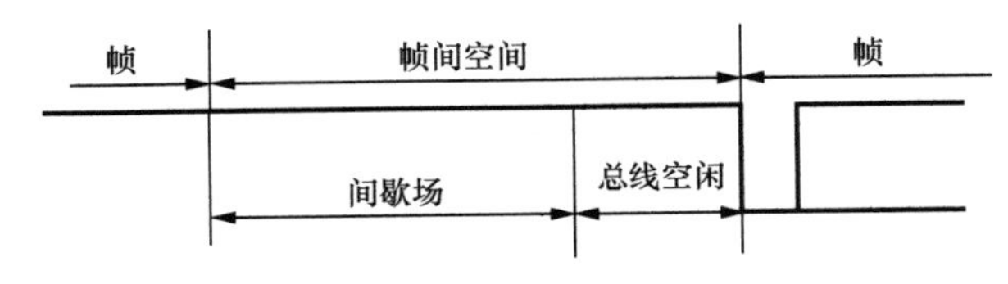

图 9.5　CAN 总线协议中的帧间空间格式

9.2 CAN 总线模块结构和功能

CAN 总线由发送数据线（TXD）和接收数据线（RXD）构成串行总线，可发送和接收数据。器件与器件进行双向传输，最高传输速率为 1Mbit/s。LS1B 芯片集成两个 CAN 总线控制器，引脚复用 GPIO[41:38]，对应关系如表 9.2 所示。

表 9.2　LS1B 的 CAN 总线控制器引脚复用关系

CAN 引脚	引脚复用
CAN0_RX	GPIO38
CAN0_TX	GPIO39
CAN1_RX	GPIO40
CAN1_TX	GPIO41

两个 CAN 总线控制器的中断连接到中断控制的第一组寄存器中。CAN0 总线控制器的寄存器基地址为 0xbfe50000 开始的 16KB，CAN1 总线控制器的寄存器基地址为 0xbfe54000 开始的 16KB。

CAN 总线主控制器结构如图 9.6 所示，主要模块有 APB 接口、位流处理、位逻辑处理、错误管理、接收过滤器和消息缓冲。

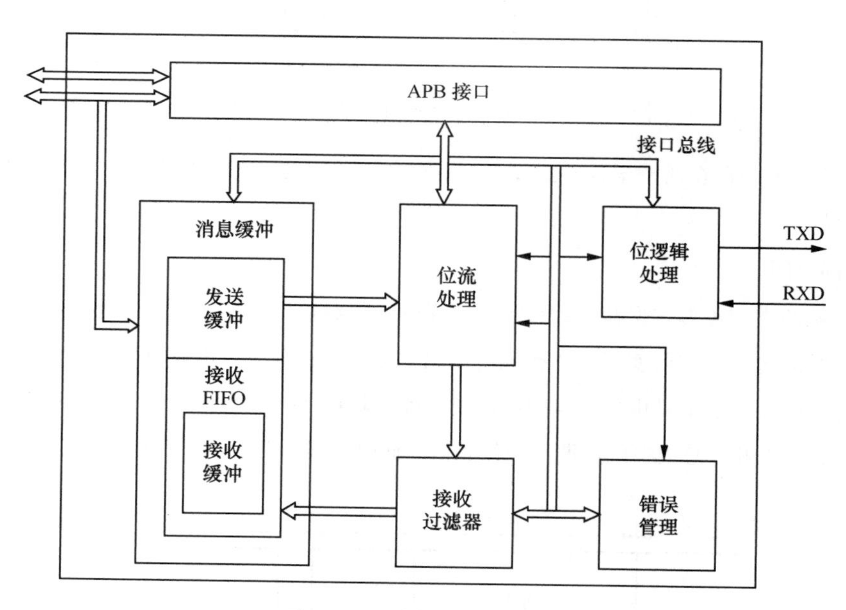

图 9.6　CAN 总线主控制器结构

- APB 接口：接收 APB 总线的指令和返回数据。
- 位流处理：实现对发送缓冲、接收缓冲和 CAN 总线之间数据流的控制，同时实现错误检测、总线仲裁、数据填充和错误处理等功能。
- 位逻辑处理：监视串口的 CAN 总线，处理与总线有关的位时序，还提供可编程的时间段来补偿传播延迟时间、相位转换（例如由于振荡漂移）、定义采样点和一段时间内的采样次数。
- 错误管理：判断传输的 CRC 错误并对错误计数。
- 接收过滤器：对接收的识别码的内容进行比较，以决定是否接收信息。
- 接收缓冲：接收缓冲是验收滤波器和 CPU 的接口，用来存储从 CAN 总线上发送和接收的信息。接收缓冲（13 B）作为接收 FIFO（ 64 B）的一个窗口，可被 CPU 访问。

CAN 总线模块包括两个功能完全相同、能够同时工作的 CAN 模块。它们的寄存器完全一样，不同的是物理基地址。CAN0 的物理基地址为 0xbf004400；CAN1 的物理基地址为 0xbf004300。

该控制器支持两种工作模式，即标准模式和扩展模式，通过命令寄存器中的 CAN 模式位来选择。复位默认是标准模式。

9.3 CAN 总线模块常用库函数

如果使用 CAN 设备，则需要在 bsp.h 中配置宏定义：

```
#define BSP_USE_CAN0
#define BSP_USE_CAN1
```

CAN 设备参数在 ls1x_can.c 中定义：

```
#ifdef BSP_USE_CAN0
static CAN_t ls1x_CAN0 =
{
.hwCAN = (LS1x_CAN_regs_t *)LS1x_CAN0_BASE, /* 寄存器基址          */
.irqNum = LS1x_CAN0_IRQ,                    /* 中断号              */
.int_ctrlr = LS1x_INTC0_BASE,               /* 中断控制寄存器      */
.int_mask = INTC0_CAN0_BIT,                 /* 中断屏蔽位          */
.rxfifo = NULL,                             /* 接收 FIFO           */
.txfifo = NULL,                             /* 发送 FIFO           */
.initialized = 0,                           /* 是否初始化          */
.dev_name = "can0",                         /* 设备名称            */
};
void *devCAN0 = (void *)&ls1x_CAN0;
#endif
```

CAN 设备模块常用库函数介绍如下。

（1）CAN 设备初始化函数 ls1x_can_init，其相关说明如表 9.3 所示。

表 9.3　ls1x_can_init 函数的相关说明

信息	说明
函数名	ls1x_can_init
函数原型	int ls1x_can_init(void *dev, void *arg)
功能描述	初始化 CAN 设备
输入参数	dev：devCAN0/devCAN1； arg：NULL
输出参数	无
返回值	0 表示成功，-1 表示不成功
先决条件	无
被调用函数	无

（2）CAN 设备打开函数 ls1x_can_open，其相关说明如表 9.4 所示。

表 9.4 ls1x_can_open 函数的相关说明

信息	说明
函数名	ls1x_can_open
函数原型	int ls1x_can_open(void *dev, void *arg)
功能描述	打开 CAN 设备
输入参数	dev： devCAN0/devCAN1； arg：NULL
输出参数	无
返回值	0 表示成功，−1 表示不成功
先决条件	无
被调用函数	无

（3）CAN 设备关闭函数 ls1x_can_close，其相关说明如表 9.5 所示。

表 9.5 ls1x_can_close 函数的相关说明

信息	说明
函数名	ls1x_can_close
函数原型	int ls1x_can_close(void *dev, void *arg)
功能描述	关闭 CAN 设备
输入参数	dev： devCAN0/devCAN1； arg： NULL
输出参数	无
返回值	0 表示成功，−1 表示不成功
先决条件	无
被调用函数	无

（4）CAN 设备读数据函数 ls1x_can_read，其相关说明如表 9.6 所示。

表 9.6 ls1x_can_read 函数的相关说明

信息	说明
函数名	ls1x_can_read
函数原型	int ls1x_can_read(void *dev, void *buf, int size, void *arg)
功能描述	从 CAN 设备读数据（接收）

续表

信息	说明
输入参数	dev：devCAN0/devCAN1； buf：类型为 CANMsg_t*，数组，用于存放读取数据的缓冲区； size：类型为 int，待读取的字节数，长度不能超过 buf 的容量； arg: NULL
输出参数	无
返回值	读取的字节数
先决条件	无
被调用函数	无

说明：CAN 设备使用中断接收，接收到的数据存放在驱动内部缓冲区，读操作总是从缓冲区读取，必须注意接收数据缓冲区溢出问题。

（5）CAN 设备写数据函数 ls1x_can_write，其相关说明如表 9.7 所示。

表 9.7 ls1x_can_write 函数的相关说明

信息	说明
函数名	ls1x_can_write
函数原型	int ls1x_can_write (void *dev, void *buf, int size, void *arg)
功能描述	向 CAN 设备写数据（发送）
输入参数	dev：devCAN0/devCAN1； buf：类型为 CANMsg_t*，数组，用于存放待写数据的缓冲区； size：类型为 int, 待写入的字节数，长度不能超过 buf 的容量； arg：NULL
输出参数	无
返回值	写入的字节数
先决条件	无
被调用函数	无

说明：CAN 设备使用中断发送，待发送的数据直接发送，或者存放在驱动内部缓冲区，待中断发生时继续发送，必须注意发送数据缓冲区溢出问题。

（6）向 CAN 设备发送控制命令函数 ls1x_can_ioctl，其相关说明如表 9.8 所示。

表 9.8 ls1x_can_ioctl 函数的相关说明

信息	说明
函数名	ls1x_can_ioctl

续表

信息	说明
函数原型	int ls1x_can_ioctl(void *dev, unsigned cmd, void *arg)
功能描述	向 CAN 设备发送控制命令
输入参数	dev： devCAN0/devCAN1； cmd/arg： · IOCTL_CAN_START 表示启动 CAN 设备进入工作状态 · IOCTL_CAN_STOP 表示停止 CAN 设备的工作状态 · IOCTL_CAN_GET_STATS 表示读取 CAN 设备的统计信息 · IOCTL_CAN_GET_STATUS 表示读取 CAN 设备的当前状态 · IOCTL_CAN_SET_SPEED 表示设置 CAN 设备的通信速率 · IOCTL_CAN_SET_FILTER 表示设置 CAN 设备的硬件过滤器 · IOCTL_CAN_SET_BUFLEN 表示更改 CAN 设备的内部缓存大小 · IOCTL_CAN_SET_CORE 表示设置 CAN 设备的内核模式 · IOCTL_CAN_SET_WORKMODE 表示设置 CAN 设备 2.0B 的工作模式 · IOCTL_CAN_SET_TIMEOUT 表示设置 CAN 设备接收 / 发送的超时等待毫秒数
输出参数	无
返回值	写入的字节数
先决条件	无
被调用函数	无

9.4 CAN 总线模块应用设计实例

【任务功能】

基于 CAN0 和 CAN1 实现数据的收发。

【硬件电路原理图】

CAN 总线硬件连接如图 9.7 所示。

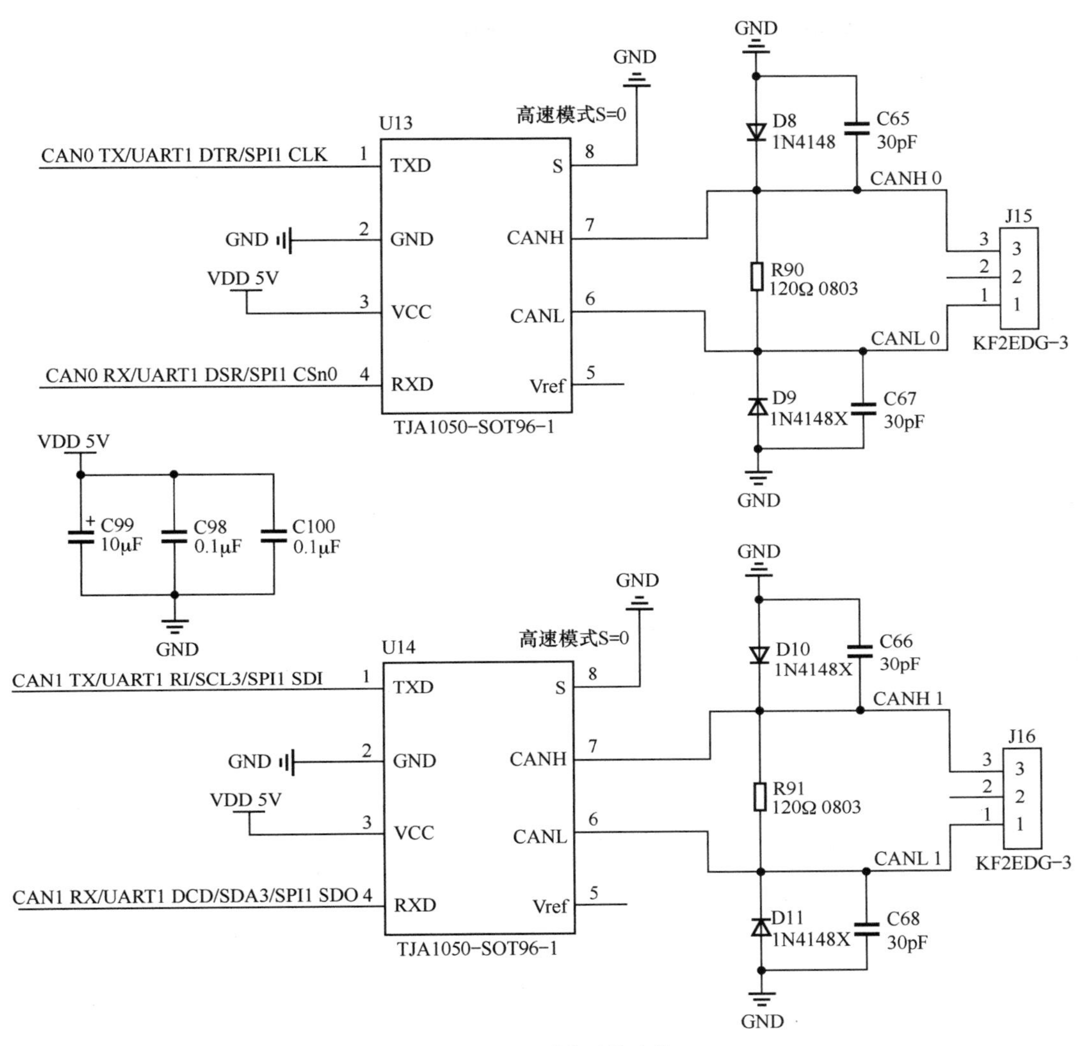

图 9.7 CAN 总线硬件连接

【程序分析】

第 07 章采用了自动生成代码的方式，生成了 I^2C 总线的设备驱动代码，可直接使用，简单、直接；第 08 章采用了读 / 写总线的方式编写设备驱动代码。本章测试 CAN 总线采用基于套件自动生成的测试框架代码。

首先新建项目，如图 9.8 所示。

选择 MCU 型号、工具链后，进入“Bare Program 组件”界面选择时，勾选所有的组件，如图 9.9 所示。

单击“下一页”按钮，进入“新建项目汇总”界面，勾选“为新建项目加入演示代码”复选框，如图 9.10 所示。

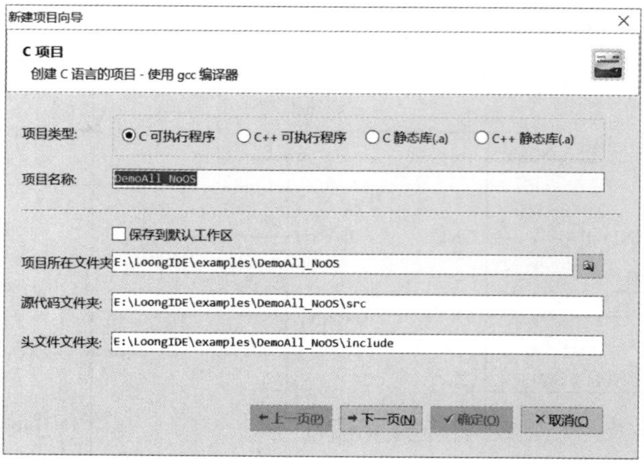

图 9.8 新建项目

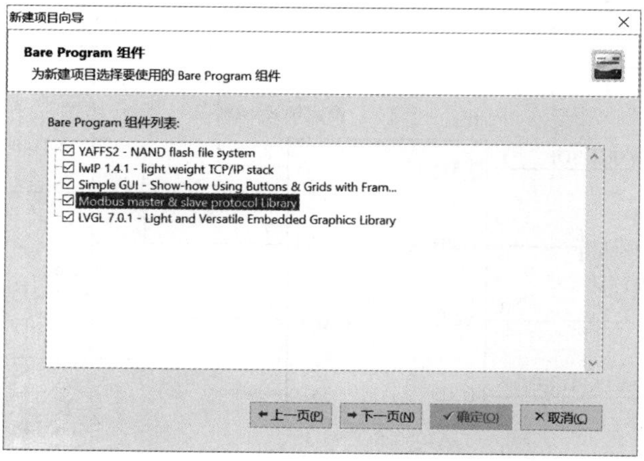

图 9.9 生成项目时选择所有的组件

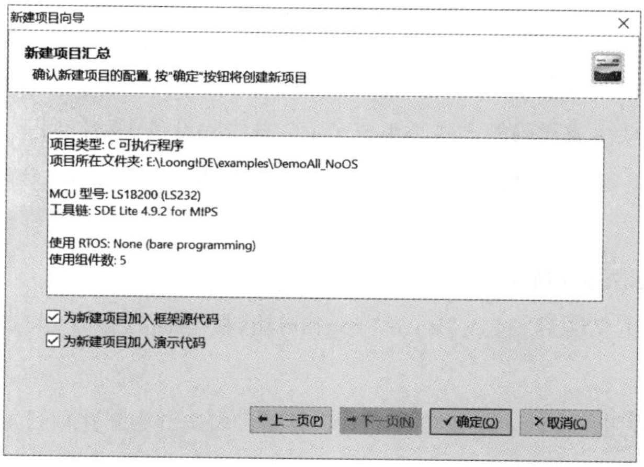

图 9.10 为新建项目加入演示代码

在新建项目的根目录下，有 2 个文件 can0_tx_test.c 和 can1_tx_test.c，也就是进行数据发送和接收的源码。下面分析 can0_tx_test.c。首先定义待发送的消息变量并填充数据：

```
int wr_cnt;
  CANMsg_t msg;

     /*
     * 每隔 0.1s 发送一次数据
     */
     msg.id = 2; // MSG_ID;
     msg.extended = 1;
     msg.rtr = 0;

  tx_count++;
      msg.data[0] = (unsigned char)(tx_count >> 24);
      msg.data[1] = (unsigned char)(tx_count >> 16);
      msg.data[2] = (unsigned char)(tx_count >> 8);
      msg.data[3] = (unsigned char)(tx_count >> 0);

  tx_count++;
       msg.data[4] = (unsigned char)(tx_count >> 24);
       msg.data[5] = (unsigned char)(tx_count >> 16);
       msg.data[6] = (unsigned char)(tx_count >> 8);
       msg.data[7] = (unsigned char)(tx_count >> 0);

  msg.len = 8;
```

其次发送数据：

```
     /*
      * Send Message
      */
  wr_cnt = WRITE_CAN0(can, msg);
      SPRINTF(info_buf, "%02x %02x %02x %02x %02x %02x %02x %02x",
              msg.data[0], msg.data[1], msg.data[2], msg.data[3],
              msg.data[4], msg.data[5], msg.data[6], msg.data[7]);

     gui_drawtext_in_grid(0, DATA_COL, info_buf);
```

下面分析 can1_tx_test.c。这里的代码用于从 CAN1 接口接收数据。首先定义接收数据的消息变量，其次接收数据，最后将接收的数据输出：

```
        CANMsg_t msg;

        /*
         * 接收数据
         */
         rd_cnt = READ_CAN1(can, msg);

         SPRINTF(info_buf, " %02x %02x %02x %02x %02x %02x %02x %02x",
                 msg.data[0], msg.data[1], msg.data[2], msg.data[3],
                 msg.data[4], msg.data[5], msg.data[6], msg.data[7]);
gui_drawtext_in_grid(1, DATA_COL, info_buf);
```

【操作步骤与运行结果】

在主程序的循环代码中实现数据的收发，每次循环 count 自加 1 后，通过 CAN0 接口发出，由 CAN1 接收并输出。将 CAN0 和 CAN1 通过外部导线连接，运行代码，则可看到 CAN0 不断发出数据，CAN1 则不断接收数据并输出到显示器上，如图 9.11 所示。

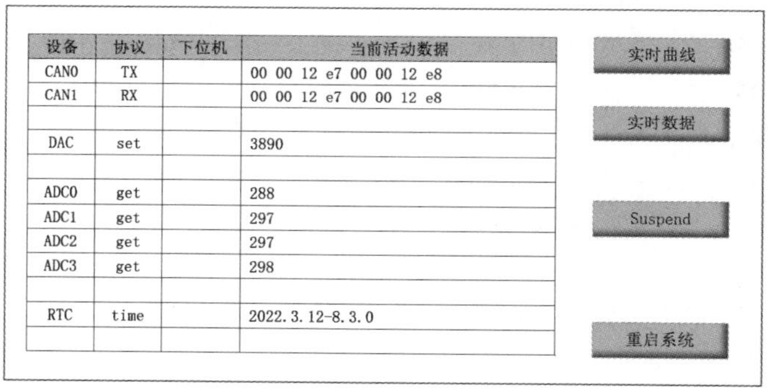

设备	协议	下位机	当前活动数据
CAN0	TX		00 00 12 e7 00 00 12 e8
CAN1	RX		00 00 12 e7 00 00 12 e8
DAC	set		3890
ADC0	get		288
ADC1	get		297
ADC2	get		297
ADC3	get		298
RTC	time		2022.3.12-8.3.0

实时曲线

实时数据

Suspend

重启系统

图 9.11　CAN 总线数据收发测试

练习题

1. 什么是 CAN 总线的仲裁？CAN 总线是如何仲裁的?
2. 解释 CAN 总线的数据帧、远程帧、错误帧、超载帧的含义。

探索提升

随着汽车内部信息交换量的急剧增加，汽车有必要使用一种可实现多路传输方式的车载网络系统。这种网络系统采用串行总线结构，通过总线信道共享，减少线束的数量。车载网络除了要求采用总线拓扑结构方式外，必须具有极好的抗干扰能力、极强的差错检测和处理能力，满足信息传输实时要求，同时具备故障的诊断和处理能力等。另外，考虑到成本因素，要求其控制接口结构简单、易于配置。CAN 总线正满足这些要求。

CAN 总线是一种串行数据通信协议，其通信接口集成了 CAN 协议的物理层和数据链路层功能，可完成对通信数据的成帧处理，包括位填充、数据块编码、CRC、优先级判别等工作。

CAN 总线具有如下特点。

（1）可以多主方式工作，网络上的任意一个节点均可以在任意时刻主动地向网络上的其他节点发送信息，而不分主从，通信方式灵活。

（2）网络上的节点（信息）可分成不同的优先级，可以满足不同的实时要求。

（3）采用非破坏性位仲裁总线结构机制，当两个节点同时向网络发送信息时，优先级低的节点主动停止数据发送，而优先级高的节点可不受影响地继续传输数据。

（4）通过报文滤波，可采用点对点、一点对多点（成组）及全局广播几种方式发送 / 接收数据。

（5）直接通信距离最长可达 10km（通信速率为 5Kbit/s 以下）。

（6）通信速率最高可达 1Mbit/s（此时通信距离最长为 40m）。

（7）节点数实际可达 110。

（8）采用短帧结构，每一帧的有效字节数为 8。

（9）每帧信息都有 CRC 及其他检错措施，数据出错率极低。

（10）通信介质可采用双绞线、同轴电缆和光导纤维，一般采用廉价的双绞线即可，无特殊要求。

（11）节点在错误严重的情况下，具有自动关闭总线的功能，切断它与总线的联系，以使总线上的其他操作不受影响。

如今，CAN 总线协议已经成为汽车计算机控制系统和嵌入式工业控制局域网的标准总线协议，并且拥有以 CAN 为底层协议、专为大型货车和重工机械车辆设计的 J1939 协议。

第10章

RT-Thread 内核及其实现

本章知识

- 嵌入式实时操作系统
- RT-Thread 操作系统在 LS1B 上的实现
- RT-Thread 的内核基础

10.1 嵌入式实时操作系统

嵌入式操作系统是应用于嵌入式系统的软件，用来对接嵌入式底层硬件与上层应用程序，操作系统将底层驱动封装起来为开发者提供功能接口，可极大地提高应用程序的开发效率。操作系统从实时性方面可以划分为实时操作系统（RTOS）与分时操作系统，实时指的是正确性、及时性，分时指的是按照时间片轮询的方式共享资源。

RT-Thread 是基于优先级抢占的嵌入式实时操作系统，优先级高的线程抢先获得 CPU 使用权，优先级相同的线程采用时间片轮询的方式执行。

10.1.1 实时操作系统

实时操作系统更看重时间和功能的管理，要求系统能在规定的时间内完成任务。有一些操作系统，在大部分的情况下能够严格地在规定的时间内完成任务，但偶尔会超出规定时间才能完成任务，这一类系统称为软实时操作系统。因此依照任务对完成时间要求的严格性不同，实时操作系统可以分为硬实时操作系统和软实时操作系统。

硬实时操作系统要求系统必须在规定的时间内完成任务，否则可能会发生灾难性的结果，例如武器系统、大型交通工具的发动机系统等。

软实时操作系统允许偶尔出现一定的时间偏差，随着时间的推移，这种偏差逐步累积，当达到一定的程度时，系统会出现整体偏差。例如，一个 DVD 播放系统可以被看成一个软实时操作系统，可以允许它的画面或声音偶尔延迟。

非实时操作系统、软实时操作系统和硬实时操作系统的时效关系如图 10.1 所示。

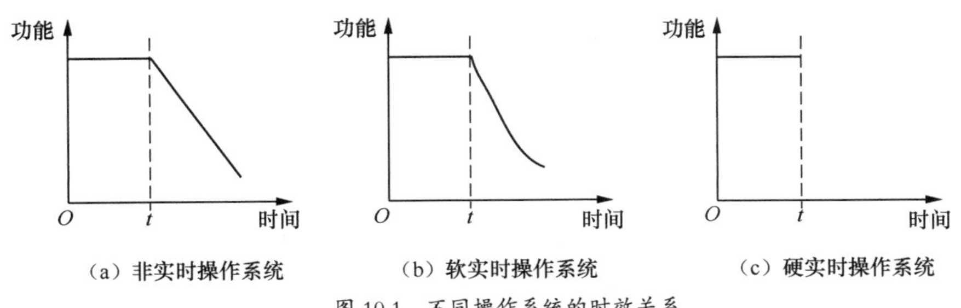

图 10.1 不同操作系统的时效关系

从图 10.1 中可以看出，当事件触发，如果在时间 t 内完成，则这 3 种操作系统的效用是相同的；但是当完成时间超出时间 t 时，则效用会发生变化。

- 非实时操作系统：超过规定的时间 t 后，其效用缓慢地下降。
- 软实时操作系统：超过规定的时间 t 后，其效用迅速地下降。
- 硬实时操作系统：超过规定的时间 t 后，其效用立即归零。

10.1.2 主流嵌入式实时操作系统

μC/OS是由美国嵌入式系统专家开发的一款实时操作系统，发布于1992年。2001年，北京航空航天大学的邵贝贝教授将与它相关的图书翻译成了中文，该书[1]出版后获得了大量读者的好评，许多高校学生开始学习嵌入式系统，将该书作为学习嵌入式操作系统的入门图书，并将学习的内容带入各类项目和产品，它才渐渐崭露头角。在2010年以前，μC/OS一直是国内大多数企业实时操作系统的首选。可它虽开源，但并不免费，因此很多企业转而选择免费的操作系统，比如FreeRTOS。

FreeRTOS诞生于2003年，其按照开源、免费的策略发布，可用于任何商业和非商业场合。2004年，ARM公司推出第一款基于ARMv7M架构的Cortex-M3 IP核，主打高性价比的MCU市场。2006年，美国德州仪器（TI）公司推出了首款基于Cortex-M3的MCU，随后意法半导体、恩智浦、飞思卡尔、爱特梅尔等欧美厂商相继推出了基于Cortex-M3的MCU。出于性价比的考虑，这些厂商都选择了FreeRTOS作为芯片默认搭载的嵌入式操作系统，于是FreeRTOS迅速在国内外流行开来。

RT-Thread是一款来自中国的开源嵌入式实时操作系统，由国内一些专业开发人员从2006年开始开发、维护，除了类似μC/OS和FreeRTOS的实时操作系统内核外，还包括一系列应用组件和驱动框架，如TCP/IP栈、虚拟文件系统、POSIX接口、图形用户界面、FreeModbus主从协议栈、CAN框架、动态模块等。经过短暂的过渡期，RT-Thread于2009年开始支持Cortex-M3的MCU，获得了大量开发者的认可和支持。2011年后，由于成熟、稳定、组件丰富的特点，RT-Thread被广泛应用于工业控制、电力、新能源、高铁、医疗设备、水利、消费电子等行业。

在传统“嵌入式操作系统时代”，设备之间相互独立，系统和应用都较为简单，操作系统的价值也相对较低。各个厂商采用开源的实时操作系统内核，根据垂直应用领域的不同，构建、开发各自的上层软件，工作量可控，也基本能满足自身、客户和行业的需求。

迈入“物联网时代”之后，原有的格局和模式被完全打破，联网设备的开发难度也呈几何级数增加，可靠性、长待机、低成本、通信方式和传输协议、手机兼容性、二次开发、云端对接等都成为必须考虑和解决的问题。

对企业来说，带有丰富中间层组件和标准API的操作系统平台无疑能大大降低联网设备的开发难度，也能简化对多种云平台的对接，为未来各种物联网服务应用的部署和更新铺平道路。

国产物联网芯片逐渐崛起，持续增强的产业链为国产物联网操作系统的成功提供了良好的机遇和土壤。

10.1.3 小而美的物联网操作系统RT-Thread

RT-Thread全称是Real Time-Thread，顾名思义，它是一个嵌入式实时多线程操作系统，基本

[1] 《嵌入式实时操作μC/OS-Ⅱ》，北京航空航天大学出版社。

属性是支持多任务。允许多个任务同时运行并不意味着处理器在同一时刻真地执行了多个任务。事实上，一个处理器在某一时刻只能执行一个任务，由于每次对一个任务的执行时间很短、任务与任务通过任务调度器进行非常快速的切换（任务调度器根据优先级决定此刻该执行的任务），给人造成多个任务在一个时刻同时执行的错觉。在 RT-Thread 系统中，任务通过线程实现，RT-Thread 中的线程调度器也就是任务调度器。

RT-Thread 采用 C 语言编写，浅显易懂、方便移植。它把面向对象的设计方法应用到实时操作系统设计中，使得代码风格优雅、架构清晰、系统模块化并且可裁剪性非常好。针对资源受限的 MCU 系统，可通过方便、易用的工具，裁剪出仅需要 3KB Flash 存储器、1.2KB RAM 内存资源的 Nano 版本（这是 RT-Thread 官方于 2017 年 7 月发布的一个极简版内核）；而对于资源丰富的物联网设备，RT-Thread 能使用在线的软件包管理工具，配合系统配置工具实现直观、快速的模块化裁剪，无缝地导入丰富的软件功能包，实现类似 Android 的图形界面及触摸滑动效果、智能语音交互效果等复杂功能。

相较于 Linux 操作系统，RT-Thread 体积小、成本低、功耗低、启动快速，还具有实时性高、占用资源小等特点，非常适用于各种资源受限（如成本、功耗限制等）的场合。虽然 32 位 MCU 是它的主要运行平台，但实际上很多带有 MMU（Memory Management Unit，存储管理部件）以及基于 ARM9、ARM11 甚至 Cortex-A 系列 CPU 的应用处理器在特定应用场合也适合使用 RT-Thread。

RT-Thread 完全开源，3.1.0 及以前的版本遵循 GPL V2+ 开源许可协议；3.1.0 以后的版本遵循 Apache License 2.0 开源许可协议，可以免费在商业产品中使用，并且不需要公开私有代码。

RT-Thread 与其他很多实时操作系统（如 FreeRTOS、μC/OS）的主要区别之一是，它不仅仅是一个实时内核，还具备丰富的中间层组件。RT-Thread 的系统架构如图 10.2 所示。

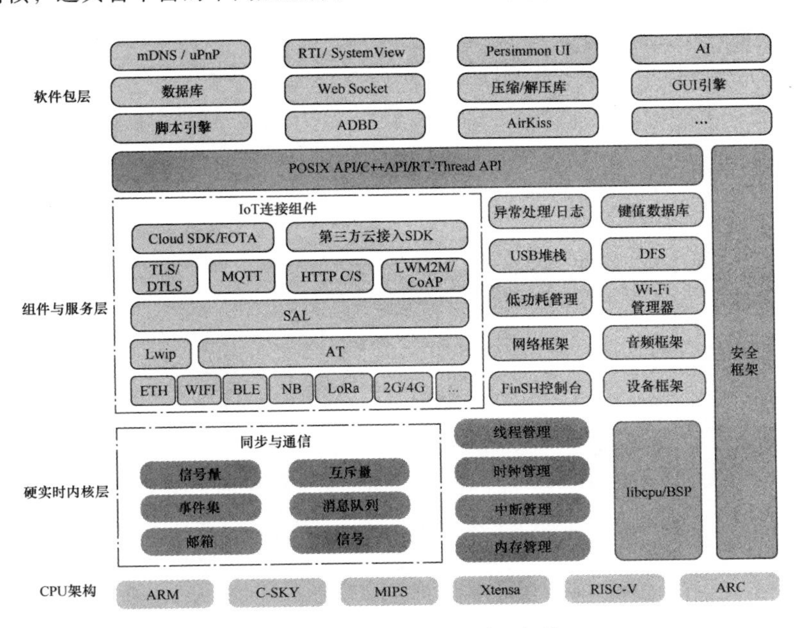

图 10.2 RT-Thread 的系统架构

它具体包括以下部分。

（1）硬实时内核层：RT-Thread 内核是 RT-Thread 的核心部分，包括内核系统中对象的实现，例如多线程及其调度、信号量、邮箱、消息队列、内存管理、时钟管理等；libcpu/BSP（芯片移植相关文件 / 板级支持包）与硬件密切相关，由外设驱动和 CPU 移植构成。

（2）组件与服务层：组件是基于 RT-Thread 内核之上的上层软件，例如 FinSH 控制台、网络框架、设备框架等。该层采用模块化设计，做到组件内部高内聚，组件之间低耦合。

（3）软件包层：运行于 RT-Thread 操作系统平台，面向不同应用领域的通用软件组件，由描述信息、源码或库文件组成。RT-Thread 提供了开放的软件包平台，这里存放了官方提供或开发者提供的软件包。该平台为开发者提供了众多可重用软件包的选择，这也是 RT-Thread 生态的重要组成部分。软件包生态对于一个操作系统的选择至关重要，因为这些软件包具有很强的可重用性、模块化程度很高，可极大地方便应用开发者在最短时间内打造出自己想要的系统。RT-Thread 支持的软件包数量已经超过 60，列举如下。

- 物联网相关的软件包：Paho MQTT、WebClient、mongoose、WebTerminal 等。
- 脚本语言相关的软件包：目前支持 JerryScript、MicroPython。
- 多媒体相关的软件包：OpenMV、MuPDF。
- 工具类软件包：CmBacktrace、EasyFlash、EasyLogger、SystemView。
- 系统相关的软件包：RTGUI、Persimmon UI（柿饼用户界面）、lwext4、partition、SQLite 等。
- 外设库与驱动类软件包：RealTek RTL8710BN SDK。

10.2 RT-Thread 在 LS1B 上的实现

在 LoongIDE 中新建项目，通过新建项目向导实现。使用菜单“文件→新建→新建项目向导”创建新项目。在选择操作系统时（使用 RTOS），选择 RT-Thread，如图 10.3 所示。

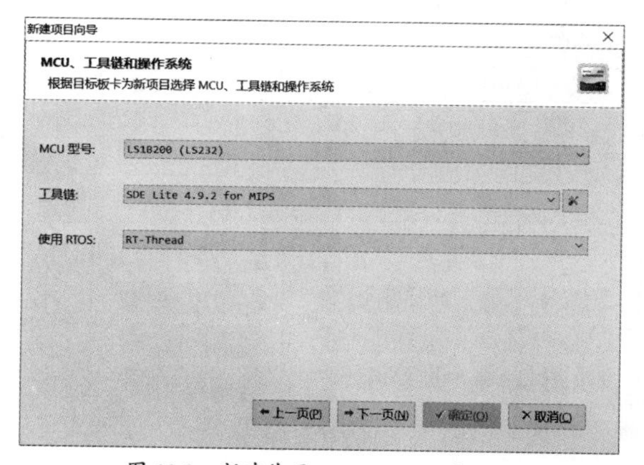

图 10.3　新建基于 RT-Thread 的项目

新建项目时，已经自动生成了 main 线程的代码，每隔 500ms 输出当前的心跳（tick）。将项目下载到开发板，连接串口，开机后串口输出当前的 tick。

10.3 RT-Thread 内核及在 FinSH Shell 中运行调试

10.3.1 LS1B 目录结构及内核启动过程

新建的工程目录（文件夹）结构为：

```
工程文件夹
├── Build
├── include
├── ls1x-drv
├── lwIP-1.4.1
├── RTT4
├── src
└── yaffs2
  1.txt
  ld.script
  main.c
  RTT-Kernel.layout
  RTT-Kernel.lxp
```

RT-Thread 内核中 RTT4 的目录结构为：

```
bsp-ls1x //LS1x 分支的板级支持包
components // 组件
include // 包含的头文件
port //MIPS 架构 CPU 的启动文件
src //  内核源码
```

bsp-ls1x 目录下存放着 LS1x 分支的驱动，其中 /bsp-ls1x 为 LS1B 的驱动文件和库文件：

```
RTT4 | bsp-ls1x |
              |  drv_can.c
              |  drv_can.h
              |  drv_fb.c
              |  drv_fb.h
```

```
        │   drv_nand.c
        │   drv_nand.h
        │   drv_pwm.c
        │   drv_pwm.h
        │   drv_uart.c
        │   drv_uart.h
        │   rt_ls1x_drv_init.c
        │
        ├── i2c │
        │       drv_ads1015.c
        │       drv_ads1015.h
        │       drv_mcp4725.c
        │       drv_mcp4725.h
        │       drv_pca9557.c
        │       drv_pca9557.h
        │       drv_rx8010.c
        │       drv_rx8010.h
        │
        └── spi │
              drv_w25x40.c
              drv_w25x40.h
              drv_xpt2046.c
              drv_xpt2046.h
```

目录 /ls1x-drv/ 下的文件即裸机库文件。目录 RTT4/bsp-ls1x/ 下的文件为连接裸机与内核的接口文件，即基于裸机库开发的实现 RT-Thread 各组件、模块功能的驱动文件。

启动一般都是从 main 函数开始执行的，但是项目的 main.c 的 main 函数内容为空。实际上是 RT-Thread 屏蔽了一些启动细节，仅留下给用户操作的 main 函数。系统的 main 函数是从启动文件中跳转过来的，在文件 /src/components.c 中：

```
int $Sub$$main(void)
{
    rt_hw_interrupt_disable();
    rtthread_startup();
    return 0;
}
```

系统的 main 函数中第一句为关闭系统总中断，第二句为启动内核。下面进入 rtthread_startup 函数，该函数也在文件 /src/components.c 中：

```
int rtthread_startup(void)
{
    rt_hw_interrupt_disable();

    /* board level initalization
     * NOTE: please initialize heap inside board initialization
     */
    rt_hw_board_init();

    /* show RT-Thread version */
    rt_show_version();

    /* timer system initialization */
    rt_system_timer_init();

    /* scheduler system initialization */
    rt_system_scheduler_init();

#ifdef RT_USING_SIGNALS
    /* signal system initialization */
    rt_system_signal_init();
#endif

    /* create init_thread */
    rt_application_init();

    /* timer thread initialization */
    rt_system_timer_thread_init();

    /* idle thread initialization */
    rt_thread_idle_init();

    /* start scheduler */
    rt_system_scheduler_start();

    /* never reach here */
    return 0;
}
```

rtthread_startup 函数中依次进行的工作有：关闭系统总中断，初始化板级硬件、动态内存分配等，输出 RT-Thread 的版本号，初始化系统定时器，初始化系统调度器，初始化应用，启动系统定时器线程，启动空闲线程，启动系统调度器。

可以看到系统在调用 rt_application_init 函数时启动了 main 线程，在该线程的入口函数 main_thread_entry 中运行了 main 函数，这就是在 main.c 中用户使用的 main 函数：

```
/* the system main thread */
void main_thread_entry(void *parameter)
{
    extern int main(void);
    extern int $Super$$main(void);

    /* RT-Thread components initialization */
    rt_components_init();

    /* invoke system main function */
#if defined (__CC_ARM)
    $Super$$main(); /* for ARMCC */
#elif defined(__ICCARM__) || defined(__GNUC__)
    main();
#endif
}
```

下面介绍常用的两个函数：

```
rt_thread_delay(RT_TICK_PER_SECOND);          //延时 1s
rt_kprintf("Hello world!");                    //输出字符串 "Hello world!"
```

宏定义 RT_TICK_PER_SECOND 在文件 rtconfig.h 中进行，当前值为 1000，表示每秒产生 1000 个时钟节拍，时钟节拍是运行实时操作系统的基础。延时函数 rt_thread_delay 可实现毫秒级别的延时。输出函数 rt_kprintf 类似于 C 语言中的 printf 函数，可用于调试和运行中控制台输出。

10.3.2 在 FinSH Shell 中运行和调试程序

1. 什么是 Shell

在计算机发展的早期，图形系统出现之前，没有鼠标甚至没有键盘。那时候人们如何与计算机交互呢？早期人们使用打孔的纸条向计算机输入命令，编写程序。后来计算机不断发展，显示器、键盘成为计算机的标准配置，但此时的操作系统还不支持图形界面。计算机先驱开发了一种软件，它接受用户输入的命令，解释之后传递给操作系统，并将操作系统执行的结果返回给用户。它像一层外壳包裹在操作系统的外面，所以被称为 Shell。

在大部分嵌入式系统中，一般开发调试都使用硬件调试器和 printf 日志输出，在有些情况下，这两种方式并不好用。比如对于 RT-Thread 这个多线程系统，如果想知道某个时刻系统中的线程运行状态并手动控制系统状态，可以在 Shell 中输入命令，直接执行相应的函数获得需要的信息，或者控制程序的行为。

2. 初识 FinSH

FinSH 是 RT-Thread 的命令行 Shell，提供一套供用户在命令行使用的操作接口，主要用于调试、查看系统信息。

FinSH 支持两种模式：C 语言解释器模式，为行文方便称为 c-style；传统命令行模式，又称为 msh（module Shell）。

在 c-style 模式下，FinSH 能够解析执行大部分 C 语言的表达式，并使用类似 C 语言的函数调用方式访问系统中的函数及全局变量，此外它也能够通过命令行方式创建变量。

在 msh 模式下，FinSH 运行方式类似于 DOS、bash 等传统 Shell。msh 的工作模式为：用户由设备端口输入命令行，FinSH 读取设备输入，解析输入内容，然后自动扫描内部段（内部函数表），寻找对应函数名，执行函数后输出回应，如图 10.4 所示。

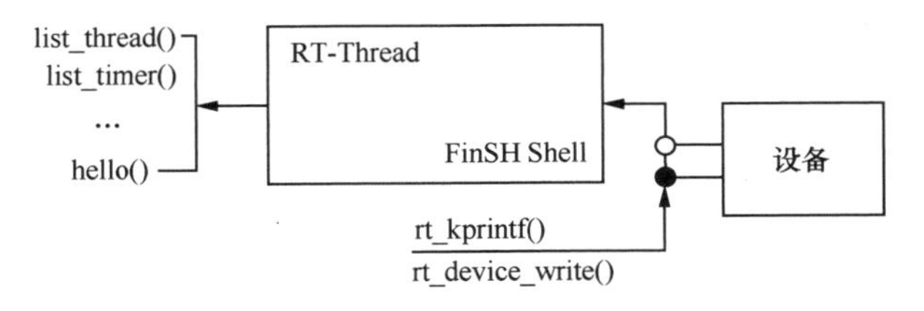

图 10.4 msh 的工作模式

3. FinSH 的特性

FinSH 支持基本的 C 语言数据类型，如表 10.1 所示。

表 10.1 FinSH 支持基本的 C 语言数据类型

数据类型	描述
void	空数据格式，只用于创建指针变量
char、unsigned char	字符型变量
int、unsigned int	整型变量
short、unsigned short	短整型变量
long、unsigned long	长整型变量
char、short、long、void	指针型变量

在 FinSH 的命令行上，输入上述数据类型的 C 表达式可以被识别。浮点类型以及复合数据类型（union 与 struct 等）暂不支持。

FinSH 支持 Tab 键自动补全，当没有输入任何字符时按 Tab 键将会输出当前所有的符号，包括当前导出的所有命令和变量。若在已经输入部分字符时按 Tab 键，将会查找匹配的命令并自动补全，且可以继续输入，多次补全。如果是 msh 模式，输入一个字符后，不仅会按系统导出函数命令方式自动补全，也会按文件系统的当前目录下的文件名进行补全。

使用上下键可以回溯最近输入的历史命令，使用左右键可移动光标，使用退格键可删除命令。

目前 FinSH 的按键处理还比较“薄弱”，不支持 Ctrl+C 等控制键中断命令，也不支持 Delete 键删除命令。

4. 基于 FinSH 运行和调试程序

系统根目录下存放在 main.c 文件中的 main 函数是用户 main 函数，也是内核启动、硬件配置完成后正常运行的第一个程序。可以编写函数，在 FinSH 中进行测试，并观察运行结果。等到调试完成后，再将编写好的函数添加到 main 函数中。

本章后面的例子均采用这种方法，即将写好的函数导出到 FinSH 中，在控制台中输入函数命令后才运行。读者也可以将导出到 FinSH 中的函数放置到 main 函数中，即启动后立即运行。

RT-Thread 软件包是运行在 RT-Thread 操作系统平台之上的通用代码库，提供了各类最新、最流行的软件包，其中有一个示例软件包，包含内核、网络、文件系统和外设接口的相关示例程序，这些示例可全部使用 FinSH 方式导出至 Shell，方便用户调试使用。后面的内核相关例程都是基于这些示例程序进行修订的。

5. FinSH c-style 模式操作

测试代码为 10.1hello_cstyle.c，存放在 src 目录下。

```
/*10.1hello_cstyle.c*/
#include <finsh.h>
int var;
int hello_rtt(int a)
{
    rt_kprintf("Hello, world! I am %d, this is c-tyle OK \n", a++);
    var  = a;
    return a;
}
/* 使用 FinSH 的函数导出宏，导出成 c-style 的命令 */
FINSH_FUNCTION_EXPORT(hello_rtt, say hello to rtt)
FINSH_VAR_EXPORT(var, finsh_type_int, just a var for test)
/* 使用 FinSH 的函数导出宏。函数重新命名为 hr*/
FINSH_FUNCTION_EXPORT_ALIAS(hello_rtt, hr, say hello to rtt)
/* 使用 FinSH 的函数导出宏，导出成 msh 的命令 */
FINSH_FUNCTION_EXPORT_ALIAS(hello_rtt, __cmd_hello_rtt, say hello to
                              rtt- List information about the FILEs)
```

首先定义一个函数 hello_rtt 和变量 var。

要使用 FinSH 必须包含头文件：

```
#include <finsh.h>
```

支持向 FinSH 中输出符号（函数或变量），需要在 rtconfig.h 中定义宏 FINSH_USING_SYMTAB，一般配置 FinSH 后，这一选项基本已经选中。

```
#define FINSH_USING_SYMTAB
```

采用在 FinSH 中运行调试程序的方法有两种。

（1）宏定义方式。采用宏定义方式将函数和变量导出到 FinSH，这里函数名和变量名都用原来的名字：

```
FINSH_FUNCTION_EXPORT(hello_rtt, say hello to rtt)
FINSH_VAR_EXPORT(var, finsh_type_int, just a var for test)
```

可以将函数重新命名为 hr：

```
FINSH_FUNCTION_EXPORT_ALIAS(hello_rtt, hr, say hello to rtt)
```

使用 FinSH 的函数导出宏也可以导出成 msh 的命令，区别是函数命令在实际存放时，msh 的命令名字会多出 __cmd_ 的前缀。例如在文件 test_hello_cstyle.c 最后一行添加：

```
FINSH_FUNCTION_EXPORT_ALIAS(hello_rtt, __cmd_hello_rtt, say hello to
                             rtt- List information about the FILEs)
```

这里就是把 hello_rtt 函数重命名成 __cmd_ hello_rtt，并导出到 Shell 中。当执行这个命令时，它会被特殊对待，只能当成 msh 命令使用。实际上，纯粹的 FinSH Shell 在显示命令时，对 __ 开头的函数名并不显示，而是将其当成一类特殊的命令对待（例如提供给 msh 的函数命令）。

（2）函数调用方式。以函数的方式增加变量和函数的示例代码如下：

```
void finsh_syscall_append(const char* name, syscall_func func)
void finsh_sysvar_append(const char* name, u_char type, void* addr)
```

FinSH c-style 模式运行结果如图 10.5 所示。首先进入 c-style 模式，运行 hello_rtt(2)，输入参数为 2，返回值为 3；运行别名函数 hr(4)，运行完成后，变量 var 当前值为 5；最后返回 msh 模式，运行命令 hello_rtt 9，但是此时输入参数无法传递。

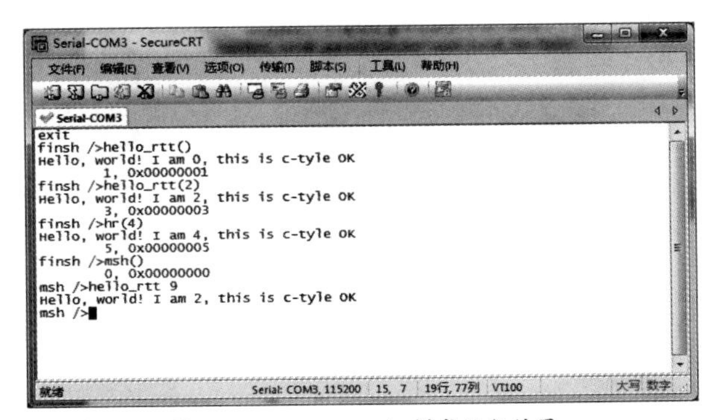

图 10.5 FinSH c-style 模式运行结果

6. FinSH msh 模式操作

测试代码为 10.2hello_msh.c，存放在 src 目录下。

```
/*10.2hello_msh.c*/
#include <finsh.h>
int hello_rtt_msh(void)
{
    rt_kprintf("Hello, world!  this is msh\n");
    return 0;
}
MSH_CMD_EXPORT(hello_rtt_msh, my command test);
```

使用宏导出命令的形式为：

```
MSH_CMD_EXPORT(hello_rtt_msh, my command test);
```

使用带参数的 msh 模式，编写代码如下：

```
int mycmdarg(int argc, char** argv)
{
    rt_kprintf("argv[0]: %s\n", argv[0]);
    if (argc > 1)
        rt_kprintf("argv[1]: %s\n", argv[1]);
    return 0;
}
MSH_CMD_EXPORT(mycmdarg, my command with args);
```

函数定义中的变量 argc 表示总计有多少个命令行参数（包含命令行自身）；argv 表示命令行参数组，以字符形式存储。最初的 msh 设计是按照 main 函数方式进行的，所以其命令行参数传递风格也和 main 函数的完全一致，当对命令行参数进行完整的校验时，可以确保参数的合法性，并可对非法的参数提供相应的错误信息。

FinSH msh 模式运行结果如图 10.6 所示。

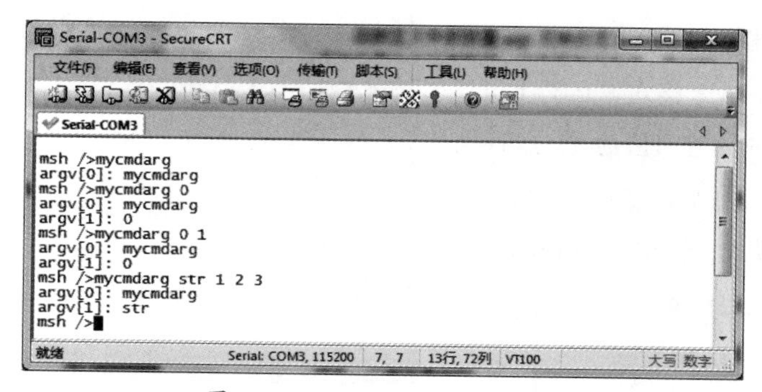

图 10.6 FinSH msh 模式运行结果

7. RT-Thread 内置命令

除了自己定义并导出到 FinSH 中的函数，RT-Thread 还提供了基本、常用的内置命令。

（1）FinSH c-style 模式的内置命令。在 FinSH c-style 模式下按 Tab 键可以输出当前系统支持的所有符号，也可以输入 list() 并按 Enter 键，二者效果相同。

在 FinSH c-style 模式下使用命令（即 C 语言中的函数），必须类似 C 语言中的函数调用方式，即必须携带“( )”符号。FinSH 的输出为此函数的返回值，对于那些不存在返回值的函数，这种输出没有意义。要查看命令行信息必须定义相应的宏。

显示当前系统中存在的命令及变量：

```
Finsh/>list()
--Function List:
list_mem          -- list memory usage information
hello             -- say hello world
version           -- show RT-Thread version information
list_thread       -- list thread
list_sem          -- list semaphone in system
list_event        -- list event in system
list_mutex        -- list mutex in system
list_mailbox      -- list mail box in system
list_magqueue     -- list messgae queue in system
list_mempool      -- list memory pool in system
list_timer        -- list timer in system
list_device       -- list device in system
list              -- list all symbol in system
--Variable List:
dummy             -- dummy variable for finsh
    0, 0x00000000
```

显示当前系统线程状态：

```
Finsh/>list_thread()
thread  pri  status     sp          stack  size   max used     left tick   error
------ ----- ------ ----------- ------------ ------------ ----------------
tidle   0x1f  ready  0x00000058  0x00000100  0x00000058  0x0000000b  000
shell   0x14  ready  0x00000080  0x00000800  0x000001b0  0x00000006  000
```

显示系统中信号量状态：

```
Finsh/>list_sem()
semaphore  v   suspend thread
--------- --- ----------------
```

显示系统中事件状态：

```
finsh />list_event()
event       set      suspend thread
-----  ---------- --------------
```

显示系统中互斥量状态：

```
finsh />list_mutex()
mutex         owner   hold suspend thread
---------- -------- ---- --------------
fslock     (NULL)   0000 0
i2c_bus_lo (NULL)   0000 0
i2c_bus_lo (NULL)   0000 0
spi1       (NULL)   0000 0
spi0       (NULL)   0000 0
can        (NULL)   0000 0
can        (NULL)   0000 0
```

显示系统中定时器状态：

```
finsh />list_timer()
timer        periodic   timeout        flag
---------- ---------- ---------- -----------
tshell     0x00000000 0x00000000 deactivated
link_timer 0x000003e8 0x0026931c activated
tcpip      0x00000064 0x002691e5 activated
etx        0x00000000 0x00000000 deactivated
erx        0x00000000 0x00000000 deactivated
tidle      0x00000000 0x00000000 deactivated
bxcan1     0x00000032 0x00000000 deactivated
```

显示系统中设备状态：

```
finsh />list_device()
device          type          ref count
------ -------------------- ----------
e0     Network Interface    0
```

```
i2c2    I2C Bus            0
i2c1    I2C Bus            0
spi10   SPI Device         0
sd0     Block Device       0
```

（2）FinSH msh 模式的内置命令。msh 模式下，内置命令的风格与 bash 的类似，按 Tab 键后可以列出当前支持的所有命令。

```
RT-Thread shell commands:
list_timer        - list timer in system
list_device       - list device in system
version           - show RT-Thread version information
list_thread       - list thread
list_sem          - list semaphore in system
list_event        - list event in system
list_mutex        - list mutex in system
list_mailbox      - list mail box in system
list_msgqueue     - list message queue in system
ls                - List information about the FILEs
cp                - Copy SOURCE to DEST
mv                - Rename SOURCE to DEST
cat               - Concatenate FILE(s)
rm                - Remove (unlink) the FILE(s)
cd                - Change the shell working directory
pwd               - Print the name of the current working directory
mkdir             - Create the DIRECTORY
ps                - List threads in the system
time              - Execute command with time
free              - Show the memory usage in the system
exit              - return to RT-Thread shell mode
help              - RT-Thread shell help
```

FinSH 的执行方式与传统 Shell 的相同，此处不再赘述，以 cat 为例简单介绍。如果打开 DFS（Distributed File System，分布式文件系统），并正确挂载了文件系统，则可以执行 ls 命令查看列出的当前目录。

当前目录下存在名为 a.txt 的文件，则可执行命令 cat a.txt 输出 a.txt 的内容，如图 10.7 所示。

Serial-COM3 - SecureCRT
文件(F) 编辑(E) 查看(V) 选项(O) 传输(T) 脚本(S) 工具(L) 帮助(H)
Serial-COM3
msh />ls
Directory /:
MMC_SD <DIR>
BSPLS1C.BIN 3619164
QT_RAM~1.CPI 73933312
ROOTFS~1.CPI 74739200
MTD1 <DIR>
MTD2 <DIR>
MTD3 <DIR>
NFS <DIR>
USB0 <DIR>
USB1 <DIR>
A.TXT 26
msh />cat a.txt
Hello, this is SmartLoong!msh />
就绪 Serial: COM3, 115200 15, 33 15行, 73列 VT100 大写 数字

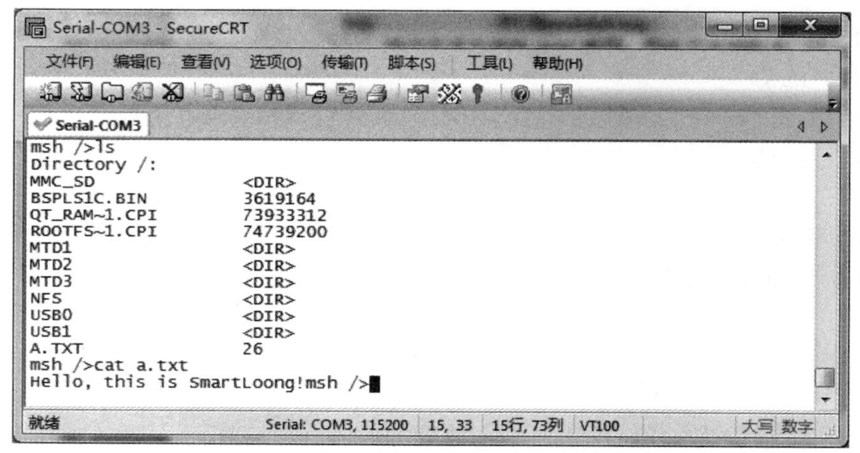

图 10.7 msh 模式下执行 cat 命令

10.4 RT-Thread 的内核基础

内核是操作系统最基础、最重要的部分。RT-Thread 内核及底层架构如图 10.8 所示，内核核心部分包括实时内核、对象管理、实时调度器、线程管理、线程间通信及时钟管理、设备驱动等模块，内核最小的资源占用情况是 2.5KB ROM、1.5KB RAM。

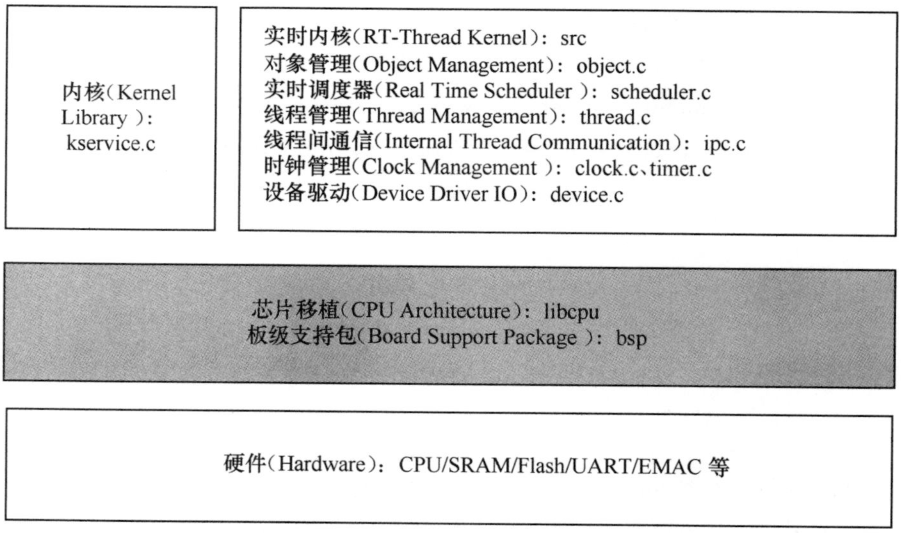

内核(Kernel Library): kservice.c
实时内核(RT-Thread Kernel): src
对象管理(Object Management): object.c
实时调度器(Real Time Scheduler): scheduler.c
线程管理(Thread Management): thread.c
线程间通信(Internal Thread Communication): ipc.c
时钟管理(Clock Management): clock.c、timer.c
设备驱动(Device Driver IO): device.c
芯片移植(CPU Architecture): libcpu
板级支持包(Board Support Package): bsp
硬件(Hardware): CPU/SRAM/Flash/UART/EMAC 等

图 10.8 RT-Thread 内核及底层架构

内核库是为了保证内核能够独立运行的一套小型的类似 C 库的函数实现子集。它根据编译器自带 C 库的情况会有些不同，当使用 GNU GCC 编译器时，会携带更多的标准 C 库实现。

CPU 支持包及板级支持包包含 RT-Thread 支持的各个平台移植代码，通常包含两个汇编文件，

一个是系统启动初始化文件，另一个是线程进行上下文切换的文件，其他都是 C 源文件。

内核对象模型是 RT-Thread 核心的设计思想，它是一种非常有趣的面向对象实现方式。由于 C 语言面向的对象更接近系统底层，因此操作系统核心通常采用 C 语言和汇编语言混合编写而成。C 语言作为一门高级语言，一般被认为是一种面向过程的程序设计语言，程序员需要按照特定的方式把处理事件的过程一级级地分解成一个个子过程。

面向对象的实现方法（即面向对象的思想、面向对象设计）是 RT-Thread 内核对象模型的来源。RT-Thread 中包含一个小型的、非常紧凑的对象系统，这个对象系统完全采用 C 语言实现。

rtconfig.h 文件位于 bsp 目录下，主要用来对系统进行配置或用于查看系统当前的配置情况。RT-Thread 的可裁剪性可以从 rtconfig.h 中体现，该文件里面是一些宏定义，用户可以通过对宏的打开 / 关闭来对代码进行条件编译，最终达到裁剪或添加内核与组件的相关功能的目的。

练习题

1. 依照任务对完成时间要求的严格性不同，嵌入式实时操作系统可以分为哪两类？
2. 什么是物联网操作系统？它有哪些特点？
3. 当前主流实时操作系统有哪几种？

探索提升[1]

RT-Thread 诞生于 2006 年，源于创始人对当时小型实时操作系统现状的诸多不满，想要将 RT-Thread 打造成一个精致而优雅的操作系统。2006 年，RT-Thread V0.0.1 发布，采用面向对象方式的 RT-Thread 实时内核（但依然保留了 C 语言的优雅、小巧的风格）和 FinSH Shell，小型、实时、可裁剪。

2009 年，RT-Thread V0.2.4 发布，新增 Slab 内存和小型内存的动态内存管理器，新增设备框架，引入 LwIP TCP/IP 栈组件，采用 GNU Make 作为构建系统，主要支持 ARM7、ARM9 芯片。

2010 年，RT-Thread V0.3.0 发布，内核调度器完全支持嵌套中断，实现线程间同步与通信完善；新增虚拟文件系统组件，新增 RTGUI 组件，完善设备框架；新增 ARM Cortex-M3 芯片支持，包括 STM32、LPC17XX、 LM3S 等。

2011 年，RT-Thread V1.0.0 发布，内核更稳定，增加更多的错误检查；新增动态模块加载功能，新增 POSIX 支持，新增全套 C 标准库，完善 RTGUI 组件，引入 SCons 构建系统；支持 ARM7、ARM9、ARM Cortex-M3/M4、MIPS、AVR32、V850E、M16C 等 MCU 芯片。

2012 年，RT-Thread V1.1.0 发布，内核强化应用模块；新增驱动框架，包括 USB device/host stack、SDIO、SPI BUS、I^{2}C device、WDT、RTC、MTD NOR、NAND 等设备框架；新增 JFFS2、UFFS 、YAFFS2 文件系统支持，新增 LUA 脚本支持；新增 PPC405、NXPLPC4330、

[1] 资料来源：RT-Thread 官网。

WIN32 模拟器等芯片。

2014 年，RT-Thread V1.2.0 发布，完成《RT-Thread 编程手册》；新增 msh 组件、新增 freemodbus 组件、新增 SQLite 数据库移植、新增 Ymodem 协议，默认使用 LwIP 1.4.1，新增 cortext-A8（beaglebone）、cortext-R4（rm48x50）、UNITY-2（SEP6200）、IPC408x 的芯片支持。

2015 年，RT-Thread V2.0.0 发布，新增轻量级 JavaScript 引擎，新增支持 RT-Thread + Linux 双系统的 VMM 组件，新增 RAMFS、ROMFS、NFS，新增 SPI Wi-Fi 网卡支持，新增 NAT、DHCP 组件，新增 GDB Stub 组件，新增 TM4C129x、frdm-k64、LPC4300、Zynq7000、MB9BF618S、NuMicro M051、LPC54102 的芯片支持。

2016 年，RT-Thread V2.1.0 发布，新增 paho-mqtt 组件、新增 log_trace 组件、新增 CAN 驱动框架、新增定时器驱动框架、新增 EMMC 支持，新增京微雅格 M7、dm365、龙芯 1C 的芯片支持。

2017 年，RT-Thread V3.0.0 发布，新增更多的 IoT 组件，如 MQTT、CoAP、HTTP、TLS 等；新增 ENV 工具、使能包管理机制；启用针对内核、组件、在线软件包的 menuconfig 和 Kconfig 配置机制；更完善的 POSIX 接口支持；更多的 MCU 移植。

2018 年，RT-Thread V4.0.0 发布，新增多核、小程序等。

第11章

RT-Thread 的线程管理

本章知识

- RT-Thread 的线程管理及接口使用方法
- 常用线程操作示例
- 空闲线程和钩子的使用

11.1 进程与线程

由于多种不同类型事件的存在，实时操作系统常采用多任务方式来进行编程。实时操作系统的内存管理通常采用线性地址空间的模式，即任务间的地址空间是共享的，这种方式非常类似于桌面系统的多线程。所以实时操作系统的任务就是线程（thread），这也是 RT-Thread 操作系统名称的由来。

线程编程模式和传统的进程编程模式大不相同。在进程编程模式下，进程中的任务独享处理器，处于一个完整的地址空间中，更多地侧重于完成一个（独立的）任务。线程编程模式侧重于请求、管理、服务等形式，从并发的角度考虑问题。当需要执行一个任务时，先由一个线程传递一个请求给服务线程，当工作完成后再由服务线程给出相应的响应或传递回计算结果。

11.2 线程及其功能特点

在 RT-Thread 中，任务采用线程来实现。线程是 RT-Thread 中基本的调度单位，它描述了一个任务执行的上下文关系，也描述了这个任务所处的优先级。重要的任务可设置相对较高的优先级，非重要的任务可设置相对较低的优先级；优先级相同的线程还类似 Linux 具备分时的效果，此时是线程的时间片参数起作用。线程除了具有优先级这个特性外，还有自己独立的栈，当线程进行切换的时候，将上下文信息保存在栈中。

线程的代码形式有以下两种。

（1）无限循环模式：线程中执行 while(1)。循环中必须要有让出 CPU 使用权的动作，例如循环中调用 rt_thread_delay 函数或者主动挂起。这个线程一直被系统循环调度运行，永不删除。

（2）顺序执行或有限次循环模式：简单的顺序语句、do...while 循环和 for 循环等，此类线程不会永久循环，是一定会被执行完毕的。执行完毕后，该线程将被系统自动删除。

11.3 线程工作机制

在 RT-Thread 中，一个线程被创建之后并不是马上就被执行，线程工作机制如图 11.1 所示。线程从创建到被执行的步骤如下。

（1）线程管理器创建线程。

（2）线程调度器根据调度规则对线程进行调度。

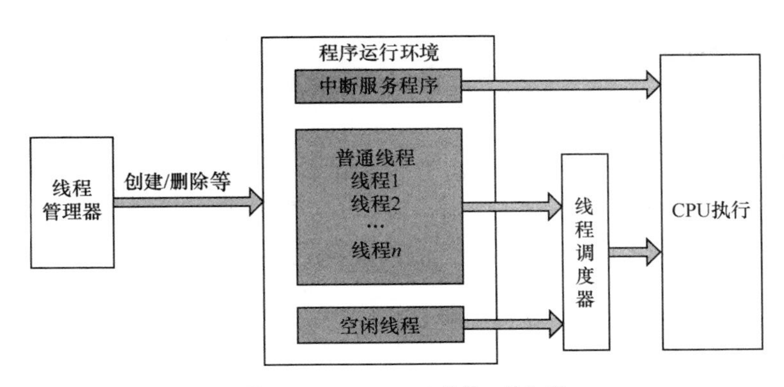

图 11.1 RT-Thread 线程工作机制

（3）CPU 执行线程。

（4）如果有中断进入，则根据中断优先级执行中断服务程序。

在线程运行的过程中，同一时间只允许一个线程在 CPU 中运行。从运行过程划分，线程有 5 种状态，操作系统会自动根据情况动态调整线程状态。RT-Thread 中的 5 种线程状态如表 11.1 所示。

表 11.1 RT-Thread 中的 5 种线程状态

状态	描述
初始状态	线程刚开始创建还没开始运行时就处于初始状态。在初始状态下，线程不参与调度。此状态在 RT-Thread 中的宏定义为 RT_THREAD_INIT
挂起状态	也称阻塞态。线程可能因为资源不可用而被挂起，或线程主动延迟一段时间而被挂起。在挂起状态下，线程不参与调度。此状态在 RT-Thread 中的宏定义为 RT_THREAD_SUSPEND
就绪状态	在就绪状态下，线程按照优先级排队，等待被执行；一旦当前线程运行完毕让出 CPU，操作系统会马上寻找最高优先级的就绪状态线程来运行。此状态在 RT-Thread 中的宏定义为 RT_THREAD_READY
运行状态	线程当前正在运行。在单核系统中，只有 rt_thread_self 函数返回的线程处于运行状态；在多核系统中，可能就不止这一个线程处于运行状态。此状态在 RT-Thread 中的宏定义为 RT_THREAD_RUNNING
关闭状态	线程运行结束时就处于关闭状态。关闭状态的线程不参与线程的调度。此状态在 RT-Thread 中的宏定义为 RT_THREAD_CLOSE

RT-Thread 提供一系列的操作系统调用接口，使得线程的状态在这 5 种状态之间切换。几种状态间的转换关系如图 11.2 所示，图中还展示了线程调度时的调用函数。

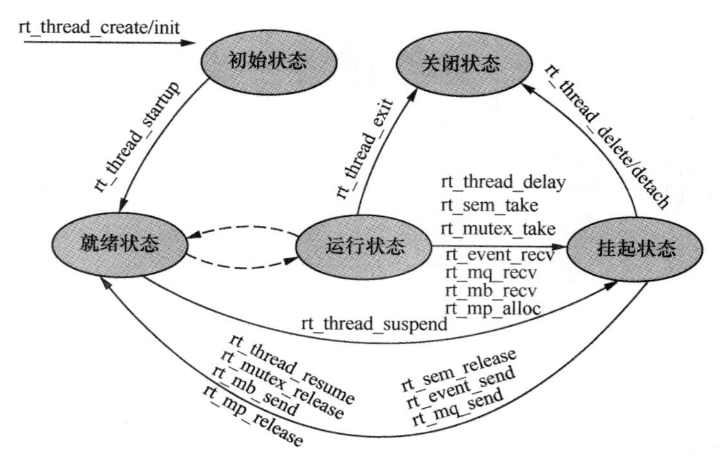

图 11.2 RT-Thread 线程状态间的转换关系

RT-Thread 提供的线程调度器是基于全抢占式优先级的调度：在系统中除了中断处理函数、调度器上锁部分的代码和禁止中断的代码是不可抢占的外，系统的其他部分都是可以抢占的，包括线程调度器自身。系统最大支持 256 个优先级（0~255，数值越小的优先级越高，0 为最高优先级），在一些资源比较紧张的系统中，可以根据实际情况选择只支持 8 个或 32 个优先级的系统配置；最低优先级默认分配给空闲线程（IDLE）使用，用户一般不使用。在系统中，当有比当前线程优先级更高的线程就绪时，当前线程将立刻被换出，高优先级线程抢占 CPU 运行。

在 RT-Thread 线程调度器的实现中，包含一个有 256 个优先级队列的数组（如果系统最大支持 32 个优先级，那么它就是一个包含 32 个优先级队列的数组），在每个数组元素中放置相同优先级列表的表头。这些相同优先级的列表形成一个双向环形链表，最低优先级线程链表一般只包含一个空闲线程。线程就绪优先级队列如图 11.3 所示。

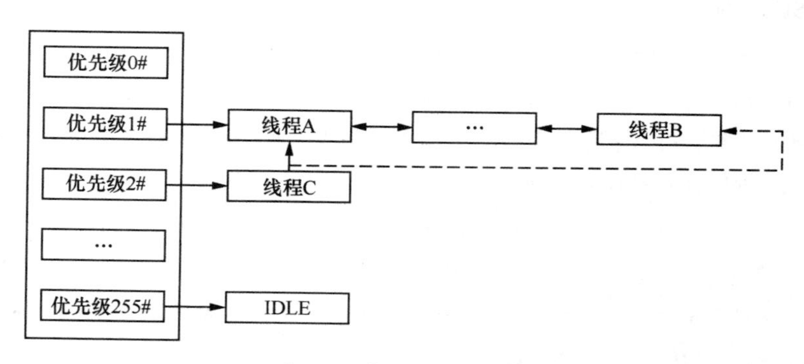

图 11.3 线程就绪优先级队列

在优先级队列 1# 和 2# 中有 3 个线程：线程 A、线程 B 和线程 C。由于线程 A、B 的优先级比线程 C 的高，所以此时线程 C 得不到执行，必须等待优先级队列 1# 中的所有线程（因为阻塞）都让出 CPU 后才能得到执行。

11.4 线程管理

RT-Thread 线程的各个接口的部分例程源码在 10.2 节中创建工程时已经生成。

11.4.1 线程调度器接口

线程调度器接口包括调度器初始化、启动调度器、执行调度、调度器钩子与调度器锁，通过调用函数来实现，如表 11.2 所示。

表 11.2 线程调度器接口

函数	描述
rt_system_scheduler_init	调度器初始化：系统启动时进行
rt_system_scheduler_start	启动调度器：系统初始化完成后进行
rt_schedule	执行调度：需要调度线程时执行，如挂起状态
rt_scheduler_sethook	调度器钩子：可以让用户知道在一个时刻发生了什么样的线程切换
rt_enter_critical、 rt_exit_critical	调度器锁：在执行调度器锁锁住的代码时，无法进行线程切换

1. 调度器初始化

在系统启动时需要执行调度器初始化，以初始化系统调度器用到的一些全局变量。调度器初始化可以调用如下函数接口：

```
void rt_system_scheduler_init(void);
```

需要注意的是，该线程不安全，不可被中断服务程序调用。

线程安全是指这个接口被多个线程访问时，数据是安全的，仍然能够表现出正确的行为，不会因为多线程访问而出现问题。由于 RT-Thread 在系统启动时已经进行了调度器的初始化，用户只需要了解该接口的作用，不需要调用该接口。

2. 启动调度器

在系统完成初始化后，需要启动调度器切换到第一个线程开始执行，可以调用下面的函数接口：

```
void rt_system_scheduler_start(void);
```

需要注意的是，该线程不安全，不可被中断服务程序调用。

在调用这个函数时，它会查找系统中优先级最高的就绪状态线程，然后切换过去执行。另外，在调用这个函数前，必须先进行空闲线程的初始化，即保证系统至少能够找到一个就绪状态的线程。此函数是永远不会返回的。由于 RT-Thread 已经在系统初始化完成后启动了调度器，用户只需要了解该接口的作用，不需要调用该接口。

3. 执行调度

让调度器执行一次线程的调度可通过下面的函数接口实现：

```
void rt_schedule(void);
```

需要注意的是，该线程是安全的，可被中断服务程序调用。

调用这个函数后，系统会计算一次系统中就绪状态的线程，如果存在比当前线程更高优先级的线程，系统将切换到更高优先级的线程。在中断服务程序中也可以调用这个函数，如果满足任务切换的条件，它会记录中断前的线程及需要切换到的更高优先级的线程，在中断服务例程处理完毕后执行真正的线程上下文切换（即中断中的线程上下文切换），最终切换到目标线程。

由于 RT-Thread 已经将该接口封装在需要执行调度的系统 API 中，自动执行调度，用户只需要了解该接口的作用，不需要调用该接口。

4. 设置调度器钩子

在系统运行时，系统处于线程运行、中断触发、响应中断、切换到其他线程或线程间的切换过程中，上下文切换是系统中普遍的事件。比如，当用户想知道在某一个时刻发生了什么样的线程切换，调用下面的函数接口设置一个相应的钩子函数，可将线程切换的相关信息输出。在系统进行线程切换时，这个钩子函数将被调用。

```
void rt_scheduler_sethook(void (*hook)(struct rt_thread* from,
                                       struct rt_thread* to));
```

需要注意的是，该线程是安全的，可被中断服务程序调用。

设置钩子函数是指将用户提供的钩子函数配置到系统调度器钩子中，当系统进行上下文切换时，这个钩子函数将会被系统调用。

钩子函数必须小心使用，稍有不慎很可能导致整个系统运行异常（在钩子函数中不允许调用系统 API，更不应该导致当前运行的上下文挂起）。

钩子函数的声明如下：

```
void hook(struct rt_thread* from, struct rt_thread* to);
```

钩子函数的输入参数如表 11.3 所示。

表 11.3　钩子函数的输入参数

参数	描述
from	系统所要切换出的线程控制块指针
to	系统所要切换到的线程控制块指针

5. 调度器锁

被调度器上锁的代码是不可抢占的。

给调度器上锁：调用下面的函数后，调度器将被上锁。在锁住调度器期间，系统依然响应中断，如果中断唤醒了更高优先级的线程，调度器并不会立刻执行它，而是直到调用解锁调度器函数才会尝试进行下一次调度。

```
void rt_enter_critical(void); /* 进入临界区 */
```

给调度器开锁：当调用下面的函数时，会对调度器开锁。系统会计算当前是否有更高优先级的线程就绪，如果有比当前线程更高优先级的线程就绪，将切换到更高优先级线程中执行；如果无更高优先级的线程就绪，将继续执行当前任务。

```
void rt_exit_critical(void); /* 退出临界区 */
```

使用调度器锁给代码上锁的方法如下：

```
rt_enter_critical(); /* 进入临界区 */
/* 用户把需要上锁的代码放在这里 */
rt_exit_critical(); /* 退出临界区 */
```

> **注意**
>
> rt_enter_critical/rt_exit_critical 可以多次嵌套调用，但每调用一次 rt_enter_critical，就必须相对应地调用一次 rt_exit_critical 退出操作，嵌套的最大深度是 65535。

11.4.2 线程管理接口

一个线程的完整生命周期包含创建线程、启动线程、运行线程和删除线程。当线程状态改变时，线程控制块中的线程状态参数会相应改变，可供调度器查询调度。线程状态与对应操作函数如表 11.4 所示。

表 11.4 线程状态与对应操作函数

线程状态	操作函数
创建	rt_thread_create、rt_thread_init
启动	rt_thread_startup
运行	rt_thread_delay、rt_thread_suspend、rt_thread_control
删除	rt_thread_delete、rt_thread_detach

线程控制块中含有线程相关的重要参数，在线程各种状态间起到纽带的作用。线程控制块的定义如下：

```
/* rt_thread_t 线程句柄，指向线程控制块的指针 */
typedef struct rt_thread* rt_thread_t;
```

```
/*
 * 线程控制块
 */
struct rt_thread
{
    /* RT-Thread 根对象定义 */
    char name[RT_NAME_MAX];              /* 对象的名称 */
    rt_uint8_t type;                     /* 对象的类型 */
    rt_uint8_t flags;                   /* 对象的参数 */
#ifdef RT_USING_MODULE
    void *module_id;                     /* 线程所在的模块 ID*/
#endif
    rt_list_t list;                      /* 对象链表 */

    rt_list_t tlist;                     /* 线程链表 */

    /* 栈指针及入口 */
    void* sp;                            /* 线程的栈指针 */
    void* entry;                         /* 线程入口 */
    void* parameter;                     /* 线程入口参数 */
    void* stack_addr;                    /* 线程栈地址 */
    rt_uint16_t stack_size;              /* 线程栈大小 */

    rt_err_t error;                      /* 线程错误号 */

    rt_uint8_t stat;                     /* 线程状态 */

    /* 优先级相关域 */
    rt_uint8_t current_priority;         /* 当前优先级 */
    rt_uint8_t init_priority;            /* 初始线程优先级 */
#if RT_THREAD_PRIORITY_MAX > 32
    rt_uint8_t number;
    rt_uint8_t high_mask;
#endif
    rt_uint32_t number_mask;

#if defined(RT_USING_EVENT)
    /* 事件相关域 */
    rt_uint32_t event_set;
    rt_uint8_t event_info;
```

```
#endif
    rt_ubase_t init_tick;            /* 线程初始 tick*/
    rt_ubase_t remaining_tick;       /* 线程当次运行剩余 tick */

    struct rt_timer thread_timer;    /* 线程定时器 */

    /* 当线程退出时，需要执行的清理函数 */
    void (*cleanup)(struct rt_thread *tid);
    rt_uint32_t user_data;           /* 用户数据 */
};
```

使用线程，首先编写线程的相关定义变量和入口函数。参考代码 test_thread_04.c：

```
/* 代码 test_thread_04.c*/
#include <rtthread.h>

#define THREAD_PRIORITY          25
#define THREAD_STACK_SIZE        512
#define THREAD_TIMESLICE         5

/* 线程 1 的对象和运行时用到的栈 */
static struct rt_thread thread1;
static rt_uint8_t thread1_stack[THREAD_STACK_SIZE];

/* 线程 2 的对象 */
static rt_thread_t thread2 = RT_NULL;

/* 线程 1 入口 */
static void thread1_entry (void* parameter)
{
    int  count = 0;

    while (1)
    {
        rt_kprintf( "%d\n" , ++count);

        /* 延时 100 个时钟节拍 */
        rt_thread_delay(100);
    }
}
```

```
/* 线程 2 入口  */
static void thread2_entry (void* parameter)
{
    int  count = 0;
    while (1)
    {
        rt_kprintf( "Thread2 count:%d\n" , ++count);

        /* 延时 50 个时钟节拍 */
        rt_thread_delay(50);
    }
}

void test_thread_04(void)
{
      rt_err_t result;

      /* 初始化线程 1 */
      /* 线程的入口是 thread1_entry ，参数是 RT_NULL
       * 线程栈是 thread1_stack，栈空间是 512
       * 优先级是 25，时间片是 5 个时钟节拍
       */
      result = rt_thread_init(&thread1, "thread1",
                     thread1_entry, RT_NULL,
                     &thread1_stack[0], sizeof(thread1_stack),
                     THREAD_PRIORITY, THREAD_TIMESLICE);

      /* 启动线程 1*/
      if (result == RT_EOK) rt_thread_startup(&thread1);

      /* 创建线程 2*/
      /* 线程的入口是 thread2_entry， 参数是 RT_NULL
       * 栈空间是 512，优先级是 25，时间片是 5 个时钟节拍
       */
      thread2 = rt_thread_create( "thread2", thread2_entry, RT_NULL,
              THREAD_STACK_SIZE, THREAD_PRIORITY, THREAD_TIMESLICE);

      /* 启动线程 2 */
```

```
        if (thread2 != RT_NULL) rt_thread_startup(thread2);
}
#include <finsh.h>
/* 导出到 msh 命令列表中 */
MSH_CMD_EXPORT(test_thread_04, thread test);
```

在串口控制台中输入命令“test_thread_04”后按 Enter 键，运行结果如图 11.4 所示。本章中的所有例程，均采用这种方式在 FinSH 中输入命令进行测试。

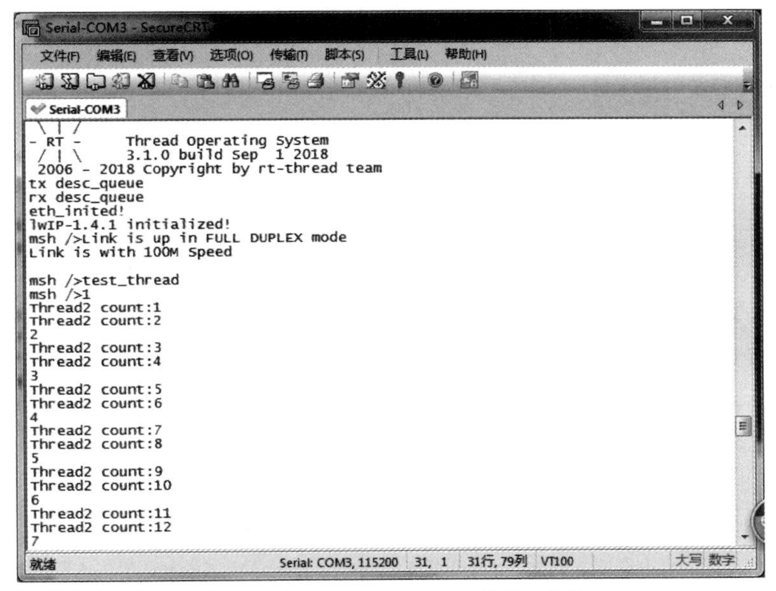

图 11.4　例程 test_thread _04.c 的运行结果

例程 test_thread-04.c 的运行结果分析：线程 1 为静态线程，启动后每隔 100 个时钟节拍输出 1 次；线程 2 为动态线程，启动后每隔 50 个时钟节拍输出 1 次，两个线程的优先级相同。线程 1 首先启动后输出当次的 count 后延时；接着线程 2 启动，每隔 50 个时钟节拍输出 1 个 count。到了第 100 个时钟节拍时，线程 1 延时时间到，输出第 2 次的 count。接着线程 2 输出 2 个 count。

线程相关总结如下。

（1）动态线程的创建、删除和启动：创建线程使用函数 rt_thread_create，删除线程使用函数 rt_thread_delete，启动线程使用函数 rt_thread_startup。

（2）静态线程的初始化、脱离和启动：初始化线程使用函数 rt_thread_init，脱离线程使用函数 rt_thread_detach，启动线程使用函数 rt_thread_startup。

（3）线程的组成：线程由 3 个部分组成，即线程代码、线程控制块、线程堆栈，如代码 test_thread_04.c 所示。

（4）线程的优先级：线程创建或者初始化时必须定义的数值，数值越小优先级越高，当优先级相同时，使用时间片轮询。

（5）线程的代码形式：可以使用无限循环形式，但必须有让出 CPU 使用权的动作，如使用 rt_thread_delay 函数；也可以使用顺序执行形式，但其程序运行结束后会由空闲任务将其从调度队列中删除并回收资源。

11.4.3 线程的相关问题

线程创建时有动态与静态的选择，两者本质上没有太大差异，只是使用时数据的来源不同。在实际使用时，如果知道线程具体的堆栈大小，创建为静态线程比较合适。动态线程需要动态分配堆栈，如果没有空间，则会失败。动态线程与静态线程执行结果没有差异，执行速度也相同。动态线程为创建和删除（create 和 delete），静态线程为初始化和脱离（init 和 detach)。

每个任务 / 线程的优先级必须设置为不同，这样系统调度时才能判断先后。如果将每个任务 / 线程的优先级设置为相同，则使用时间片轮询来调度，这样与裸机运行没有区别。事实上，实际情况中是不可能将优先级设置为相同的，除非故意这么做。例如，飞行器有 4 个任务：PID 自稳控制、导航解算、数据链收发、灯语显示。这 4 个任务中当然是 PID 自稳控制优先级最高，而灯语显示优先级最低。

线程切换时的时间精度问题：例如，系统嘀嗒时钟为 10ms，当该线程让出 CPU 使用后，是否一定要等到 10ms（也就是系统嘀嗒周期结束）才让出？答案是否定的。查看代码，rt_thread_delay 函数调用了 rt_thread_sleep，而在 rt_thread_sleep 中运行了 rt_schedule。rt_schedule 是调度函数，用于实现任务切换。所以不是等到系统嘀嗒周期结束才进行任务切换，系统的嘀嗒时钟设置的数值（RT_TICK_PER_SECOND）与系统调度精度没有直接的关系。

11.5 线程示例

11.5.1 动态线程和静态线程

测试例程为 thread_sample.c。这里操作一个动态线程和一个静态线程，代码如下：

```
/* 代码 thread_sample.c*/
#include <rtthread.h>


#define THREAD_PRIORITY         25
#define THREAD_STACK_SIZE       1024
#define THREAD_TIMESLICE        5


static rt_thread_t tid1 = RT_NULL;
```

```
/* 线程 1 入口 * /
static void thread1_entry(void *parameter)
{
    rt_uint32_t count = 0;

    while (1)
    {
        /* 线程 1 采用低优先级运行，一直输出计数值 */
        rt_kprintf("thread1 count: %d\n", count ++);
        rt_thread_mdelay(500);
    }
}

ALIGN(RT_ALIGN_SIZE)
static char thread2_stack[1024];
static struct rt_thread thread2;

/* 线程 2 入口 */
static void thread2_entry(void *param)
{
    rt_uint32_t count = 0;

    /* 线程 2 拥有较高的优先级，以抢占线程 1 而获得执行 */
    for (count = 0; count < 10 ; count++)
    {
        /* 线程 2 输出计数值 */
        rt_kprintf("thread2 count: %d\n", count);
        rt_thread_mdelay(500);
    }
    rt_kprintf("thread2 exit\n");

    /* 线程 2 运行结束后也将自动被系统脱离 */
}

/* 线程示例 */
int thread_sample(void)
{
    /* 创建线程 1，名称是 thread1，入口是 thread1_entry*/
```

```
    tid1 = rt_thread_create("thread1",
                            thread1_entry, RT_NULL,
                            THREAD_STACK_SIZE,
                            THREAD_PRIORITY, THREAD_TIMESLICE);

    /* 如果获得线程控制块，启动这个线程 */
    if (tid1 != RT_NULL)
        rt_thread_startup(tid1);

    /* 初始化线程 2，名称是 thread2，入口是 thread2_entry */
    rt_thread_init(&thread2,
                   "thread2",
                   thread2_entry,
                   RT_NULL,
                   &thread2_stack[0],
                   sizeof(thread2_stack),
                   THREAD_PRIORITY - 1, THREAD_TIMESLICE);
    rt_thread_startup(&thread2);

    return 0;
}

/* 导出到 msh 命令列表中 */
MSH_CMD_EXPORT(thread_sample, thread sample);
```

在 FinSH 中执行命令“thread_sample”后，运行结果为：

```
 \ | /
- RT -     Thread Operating System
 / | \     4.0.3 build Oct 19 2021
 2006 - 2020 Copyright by rt-thread team
msh >
msh >thread_sample
msh >thread2 count: 0
thread1 count: 0
thread2 count: 1
thread1 count: 1
thread2 count: 2
thread1 count: 2
```

```
thread2 count: 3
thread1 count: 3
thread2 count: 4
thread1 count: 4
thread2 count: 5
thread1 count: 5
thread2 count: 6
thread1 count: 6
thread2 count: 7
thread1 count: 7
thread2 count: 8
thread1 count: 8
thread2 count: 9
thread1 count: 9
thread2 exit
thread1 count: 10
```

在这个例子中，创建一个动态线程，初始化一个静态线程，一个线程在运行完毕后自动被系统删除，另一个线程一直输出计数值。最后的仿真运行结果是，线程 2 计数到一定值会执行完毕，被系统自动删除，计数停止；线程 1 一直输出计数值。

11.5.2 入口函数的重用

每当创建一个新线程，系统就为这个线程分配一定的空间来运行入口函数。如果为该入口函数创建第二个线程，也是可行的。下面的例程有共同的入口函数、相同的优先级，但是它们的入口参数不相同。

```
/*11.2two_thread_one_entry.c*/
#include <rtthread.h>

#define THREAD_PRIORITY         25
#define THREAD_STACK_SIZE       1024
#define THREAD_TIMESLICE        5

static rt_thread_t tid1 = RT_NULL;
static rt_thread_t tid2 = RT_NULL;

/* 线程入口 */
static void thread_entry(void* parameter)
```

```
{
    rt_uint32_t count = 0;
    rt_uint32_t no = (rt_uint32_t) parameter; /* 获得线程的入口参数 */

    while (1)
    {
        /* 输出线程计数值 */
        rt_kprintf("thread%d count: %d\n", no, count ++);

        /* 休眠 10 个时钟节拍 */
        rt_thread_delay(10);
    }
}

void two_thread_one_entry (void)
{
        tid1 = rt_thread_create("thread1",
                thread_entry, (void*)1, /* 线程入口是 thread_entry，入口参数是 1 */
                THREAD_STACK_SIZE, THREAD_PRIORITY, THREAD_TIMESLICE);
        if (tid1 != RT_NULL)
              rt_thread_startup(tid1);
        else
              return ;

        tid2 = rt_thread_create("thread2",
                thread_entry, (void*)2, /* 线程入口是 thread_entry，入口参数是 2 */
                THREAD_STACK_SIZE, THREAD_PRIORITY, THREAD_TIMESLICE);
        if (tid2 != RT_NULL)
              rt_thread_startup(tid2);
        else
              return ;
}

#include <finsh.h>
/* 导出到 msh 命令列表中 */
MSH_CMD_EXPORT(two_thread_one_entry, thread test);
```

在 FinSH 中执行命令“two_thread_one_entry”后，运行结果为：

```
msh /> two_thread_one_entry
thread1 count: 0
thread2 count: 0
thread1 count: 1
thread2 count: 1
thread1 count: 2
thread2 count: 2
thread1 count: 3
thread2 count: 3
thread1 count: 4
thread2 count: 4
```

线程 1 首先启动，入口参数为 1，用函数输出为“thread1”；线程 2 再启动，入口参数为 2，用函数输出为“thread2”。注意这两个线程使用相同的入口函数，仅入口参数不同，这样的好处是入口函数可以重用。

11.5.3 线程的时间片轮询调度

任务的调度规则是依据优先级抢占和优先级轮询进行的。在不同优先级下，高优先级线程抢占低优先级线程运行。在相同优先级下，线程按照设置的时间片轮询运行。下面举例说明。

```
/*11.3timeslice_sample.c*/
#include <rtthread.h>

#define THREAD_STACK_SIZE   1024
#define THREAD_PRIORITY     20
#define THREAD_TIMESLICE    10

/* 线程入口 */
static void thread_entry(void *parameter)
{
    rt_uint32_t value;
    rt_uint32_t count = 0;

    value = (rt_uint32_t)parameter;
    while (1)
    {
```

```
        if (0 == (count % 5))
        {
            rt_kprintf("thread %d is running ,thread %d count = %d\n",
                        value, value, count);

            if (count > 200)
                return;
        }
        count++;
    }
}

int timeslice_sample(void)
{
    rt_thread_t tid = RT_NULL;
    /* 创建线程 1 */
    tid = rt_thread_create("thread1",
                           thread_entry, (void *)1,
                           THREAD_STACK_SIZE,
                           THREAD_PRIORITY, THREAD_TIMESLICE);
    if (tid != RT_NULL)
        rt_thread_startup(tid);

    /* 创建线程 2 */
    tid = rt_thread_create("thread2",
                           thread_entry, (void *)2,
                           THREAD_STACK_SIZE,
                           THREAD_PRIORITY, THREAD_TIMESLICE - 5);
    if (tid != RT_NULL)
        rt_thread_startup(tid);

    return 0;
}

/* 导出到 msh 命令列表中 */
MSH_CMD_EXPORT(timeslice_sample, timeslice sample);
```

在 FinSH 中运行命令“timeslice_sample”后，运行结果为

```
msh />timeslice_sample
```

```
msh />thread 1 is running ,thread 1 count = 0
thread 1 is running ,thread 1 count = 5
thread 1 is running ,thread 1 countthread 2 is running ,thread 2 count = 0
thread 2 is runni = 5
thread 1 is running ,thread 1 count = 15
thread 1 is running ,thread 1 count = 20
thread 1 is running ,thread 1 count = 25
thread 2 is running ,thread 2 count = 10
thread 1 is running ,thread 1 count = 30
thread 1 is running ,thread 1 count = 35
thread 1 is runnnt = 40
thread 2 is running ,thread 2 count = 15
thread ing ,thread 2 count = 20
thread 1 is running ,thread 1 count = 45
thread 1 is running ,thread 1 count = 50
thread 2 is running ,thread 1 count = 55
thread 2 is running ,th1 is running ,thread 2 count = 25
thread 1 is running ,thread 1 count = 60
thread 1 is running ,thread 1 count = 6read 1 count = 65
thread 2 is running ,thread 2 count = 35
thread 1 is running ,thread 1 count = 70
thread 1 is running ,thread 1 count = 75
thread 1 is running ,thread 10
thread 2 is running ,thread 2 count = 35
thread 2 is r count = 40
thread 1 is running ,thread 1 count = 85
thread 1 is running ,thread 1 count = 90
thread 1 is running ,thread 1 count = 95
thread 2 is running ,thread 2,thread 2 count = 45
thread 1 is running ,thread 1 count = 100
thread 1 is running ,thread 1 count = 105
thread 1 count = 110
thread 2 is running ,thread 2 count = 50
th is running ,thread 2 count = 55
thread 1 is running ,thread 1 count = 115
thread 1 is running ,thread 1 count = 1read 1 is running ,thread 1 count
= 120
thread 2 is runni2
thread 1 is running ,thread 1 count = 125
```

```
thread 1 is running ,thread 1 count = 130
thread 1 is running ,thread ng ,thread 1 count = 135
thread 2 is running ,thread 2 col count = 65
thread 1 is running ,thread 1 count = 140
thread 1 is running ,thread 1 count = 145
thread 1 is runnunt = 150
thread 2 is running ,thread 2 count = 70
threaing ,thread 2 count = 75
thread 1 is running ,thread 1 count = 155
thread 1 is running ,thread 1 count = 160
thread 1 is running ,thread 1 count = 165
thread 2 is running ,ad 2 is running ,thread 2 count = 80
thread 1 is running ,thread 1 count = 170
thread 1 is running ,thread 1 countthread 1 count = 175
thread 2 is running ,thread 2 count  = 85
thread 1 is running ,thread 1 count = 180
thread 1 is running ,thread 1 count = 185
thread 1 is running ,th= 190
thread 2 is running ,thread 2 count = 90
thread 2 read 2 count = 95
thread 1 is running ,thread 1 count = 195
thread 1 is running ,thread 1 count = 200
thread 1 isis running ,thread 1 count = 205
thread 2 is running ,thr running ,thread 2 count = 100
ead 2 count = 100
thread 2 is running ,thread 2 count = 105
thread 2 is running ,thread 2 count = 110
thread 2 is running ,thread 2 count = 115
thread 2 is running ,thread 2 count = 120
thread 2 is running ,thread 2 count = 125
thread 2 is running ,thread 2 count = 130
thread 2 is running ,thread 2 count = 135
thread 2 is running ,thread 2 count = 140
thread 2 is running ,thread 2 count = 145
thread 2 is running ,thread 2 count = 150
thread 2 is running ,thread 2 count = 155
thread 2 is running ,thread 2 count = 160
thread 2 is running ,thread 2 count = 165
thread 2 is running ,thread 2 count = 170
```

```
thread 2 is running ,thread 2 count = 175
thread 2 is running ,thread 2 count = 180
thread 2 is running ,thread 2 count = 185
thread 2 is running ,thread 2 count = 190
thread 2 is running ,thread 2 count = 195
thread 2 is running ,thread 2 count = 200
thread 2 is running ,thread 2 count = 205
```

由运行结果可以看出，线程 1 的运行时间片是 10，线程 2 的运行时间片是 5。当线程 2 输出到第 2 次时，输出的语句被打断，因为线程 2 的执行时间片结束时，系统调度器将 CPU 交给线程 1 运转，线程 2 被系统剥离执行权，从而线程 1 重新获得执行。

整体的流程看起来就是线程 2 的输出流程会被不停地中断，因为线程 2 的执行时间片只有 5 个时钟节拍，而输出一条完整信息的时间在 5~10 个时钟节拍，所以线程 1 一直能够完整地输出，并且能够先执行完。最后只剩下线程 2 在运行，继续从 105 输出到 205 后结束。

11.5.4 线程让出

线程还有一些其他应用，如让出、抢占、恢复和挂起。

下面是线程让出的例程 thread_yield.c。

```
/*thread_yield.c*/
#include <rtthread.h>

static rt_thread_t tid1 = RT_NULL;
static rt_thread_t tid2 = RT_NULL;

#define THREAD_PRIORITY         25
#define THREAD_STACK_SIZE       512
#define THREAD_TIMESLICE        5
/* 线程 1 入口 */
static void thread1_entry(void* parameter)
{
    rt_uint32_t count = 0;
    int i=0;

    for(i = 0 ; i < 10 ; i++)
    {
        /* 执行 yield 后应该切换到 thread2 执行 */
```

```
        rt_thread_yield();
        /* 线程 1 的输出 */
        rt_kprintf("thread1: count = %d\n", count ++);
    }
}
/* 线程 2 入口 */
 static void thread2_entry(void* parameter)
 {
    rt_uint32_t count = 0;
    int i=0;

    for(i = 0 ; i < 10 ; i++)
    {
        /* 线程 2 的输出 */
        rt_kprintf("thread2: count = %d\n", count ++);
        /* 执行 yield 后应该切换到 thread1 执行 */
        rt_thread_yield();
    }
}

void thread_yield(void)
{
        tid1 = rt_thread_create("thread1",
                thread1_entry, RT_NULL,
                THREAD_STACK_SIZE, THREAD_PRIORITY, THREAD_TIMESLICE);
        if (tid1 != RT_NULL)
                rt_thread_startup(tid1);

        tid2 = rt_thread_create("thread2",
                thread2_entry, RT_NULL,
                THREAD_STACK_SIZE, THREAD_PRIORITY, THREAD_TIMESLICE);
        if (tid2 != RT_NULL)
                rt_thread_startup(tid2);

}

#include <finsh.h>
/* 导出到 msh 命令列表中 */
MSH_CMD_EXPORT(thread_yield, thread test yield);
```

在 FinSH 中执行命令“thread_yield”后，运行结果为：

```
msh />test_thread_08
msh >thread2: count = 0
thread1: count = 0
thread2: count = 1
thread1: count = 1
thread2: count = 2
thread1: count = 2
thread2: count = 3
thread1: count = 3
thread2: count = 4
thread1: count = 4
```

线程 1 和线程 2 的优先级、时间片均相同。线程 1 首先启动，但启动后立刻让出，所以先输出线程 2 的计数值。然后线程 2 输出后，立刻让出，线程 1 得到使用权才开始输出。这样往复循环下去。

11.5.5 线程抢占

不同优先级的线程抢占例程 thread_grab.c 如下。

```
/*thread_grab.c*/
#include <rtthread.h>

static rt_thread_t tid1 = RT_NULL;
static rt_thread_t tid2 = RT_NULL;

#define THREAD_PRIORITY         25
#define THREAD_STACK_SIZE       512
#define THREAD_TIMESLICE        5

 /* 线程 1 入口 */
static void thread1_entry(void* parameter)
{
   rt_uint32_t count ;
   for(count = 0;count<4;count++)
   {
        rt_thread_delay(RT_TICK_PER_SECOND*3);
        rt_kprintf("count = %d\n", count);
   }
```

```
}

 /* 线程 2 入口 */
static void thread2_entry(void* parameter)
{
    rt_tick_t tick;
    rt_uint32_t i;

    for(i=0; i<10 ; ++i)
    {
        tick = rt_tick_get();
        rt_thread_delay(RT_TICK_PER_SECOND);
        rt_kprintf("tick = %d\n",tick++);
    }
}

void thread_grab(void)
{
       tid1 = rt_thread_create("thread1",
             thread1_entry, RT_NULL,
             THREAD_STACK_SIZE, THREAD_PRIORITY - 1, THREAD_TIMESLICE);
       if (tid1 != RT_NULL)
             rt_thread_startup(tid1);

       tid2 = rt_thread_create("thread2",
             thread2_entry, RT_NULL,
             THREAD_STACK_SIZE, THREAD_PRIORITY, THREAD_TIMESLICE);
       if (tid2 != RT_NULL)
             rt_thread_startup(tid2);
}

#include <finsh.h>
/* 导出到 msh 命令列表中 */
MSH_CMD_EXPORT(thread_grab, thread test grab);
```

在 FinSH 中执行命令“thread_grab”后，运行结果为：

```
msh />test_thread_09
msh />tick = 170376
tick = 171377
```

```
count = 0                          // 线程 1 的第一次输出
tick = 172378
tick = 173379
tick = 174380
count = 1                          // 线程 1 的第二次输出
tick = 175381
tick = 176382
tick = 177383
count = 2                          // 线程 1 的第三次输出
tick = 178384
```

因为线程 1 优先级高，所以它先执行，随后它调用延时函数，时间为 3s，于是线程 2 得到执行。分析两个线程的入口函数，在线程 1 的第一个 3s 的延时里，线程 2 实际会得到 3 次执行机会，但显然在线程 1 的第一个延时内线程 2 第三次并没有执行。在线程 1 第三次延时结束以后，线程 2 本应该执行第三次输出计数值的，但是由于线程 1 此时的延时也结束了，而其优先级相比线程 2 要高，所以抢占了线程 2 的执行而开始执行。当线程 1 再次进入延时时，之前被抢占的线程 2 的输出得以继续，然后在经过两次 1s 的延时和两次输出计数值后，在第三次系统时钟节拍结束后又遇到了线程 1 的延时结束，线程 1 再次抢占获得执行，所以在线程 1 的第二次输出之前，线程 2 执行了 3 次。

11.5.6 线程恢复

创建两个动态线程 tid1 和 tid2，低优先级线程 tid1 将挂起自身，高优先级线程 tid2 将在一定时刻后唤醒低优先级线程，例程为 thread_resume.c。

```
/*thread_resume.c*/
#include <rtthread.h>

static rt_thread_t tid1 = RT_NULL;
static rt_thread_t tid2 = RT_NULL;

#define THREAD_PRIORITY          25
#define THREAD_STACK_SIZE        512
#define THREAD_TIMESLICE         5

/* 线程 tid1 入口 */
static void thread1_entry(void* parameter)
{
        rt_uint32_t count = 0;
```

```
        for(;count < 10; )
        {
                rt_kprintf("thread count: %d\n", count ++);
                rt_thread_delay(RT_TICK_PER_SECOND);
              /* count 为 2 时挂起自身 */
                if(count == 2)
                {
                    rt_kprintf("thread1 suspend\n"); /* 挂起自身 */
                    rt_thread_suspend(tid1);
                    rt_schedule();                    /* 主动执行线程调度 */
                    rt_kprintf("thread1 resumed\n");
                }
        }
}

/* 线程 tid2 入口 */
static void thread2_entry(void* parameter)
{
        rt_thread_delay(RT_TICK_PER_SECOND*5);

        /* 唤醒线程 tid1 */
        rt_thread_resume(tid1);

        rt_thread_delay(10);
}

void thread_resume(void)
{
       tid1 = rt_thread_create("thread1",
              thread1_entry, RT_NULL,
              THREAD_STACK_SIZE, THREAD_PRIORITY, THREAD_TIMESLICE);
       if (tid1 != RT_NULL)
              rt_thread_startup(tid1);

       tid2 = rt_thread_create("thread2",
              thread2_entry,RT_NULL,
              THREAD_STACK_SIZE, THREAD_PRIORITY-1, THREAD_TIMESLICE);
       if (tid2 != RT_NULL)
```

```
        rt_thread_startup(tid2);
}

#include <finsh.h>
/* 导出到 msh 命令列表中 */
MSH_CMD_EXPORT(thread_resume, thread test resume);
```

在 FinSH 中执行命令 "thread_resume" 后，运行结果为：

```
msh />test_thread_11
msh />thread count: 0
thread count: 1
thread1 suspend
thread1 resumed
thread count: 2
thread count: 3
thread count: 4
thread count: 5
thread count: 6
thread count: 7
thread count: 8
thread count: 9
```

可以看出，创建的两个动态线程（tid1 和 tid2），到第 2s 时，线程 tid1 挂起自身。到第 5s 时，线程 tid2 执行语句唤醒线程 tid1，线程 tid1 继续输出剩下的 8 次计数后退出。

11.5.7 线程挂起

这里创建两个动态线程 tid1 和 tid2，低优先级线程 tid1 在启动后将一直持续运行，高优先级线程 tid2 在一定时刻后唤醒并挂起低优先级线程，例程为 thread_suspend.c。

```
/*thread_suspend.c*/
#include <rtthread.h>

static rt_thread_t tid1 = RT_NULL;
static rt_thread_t tid2 = RT_NULL;

#define THREAD_PRIORITY         25
#define THREAD_STACK_SIZE       512
#define THREAD_TIMESLICE        5
```

```
/* 线程 tid1 入口 */
static void thread1_entry(void* parameter)
{
        rt_uint32_t count = 0;

        while (1)
        {
            /* 线程 tid1 采用低优先级运行，一直输出计数值 */
            rt_kprintf("thread count: %d\n", count ++);
            //rt_thread_delay(RT_TICK_PER_SECOND);
        }
}

/* 线程 tid2 入口 */
static void thread2_entry(void* parameter)
{
        rt_thread_delay(RT_TICK_PER_SECOND*2);

        /* 挂起线程 tid1 */
        rt_thread_suspend(tid1);
}

void thread_suspend(void)
{
       tid1 = rt_thread_create("t1",
             thread1_entry, RT_NULL,
             THREAD_STACK_SIZE, THREAD_PRIORITY, THREAD_TIMESLICE);
       if (tid1 != RT_NULL)
             rt_thread_startup(tid1);

       tid2 = rt_thread_create("t2",
             thread2_entry,RT_NULL,
             THREAD_STACK_SIZE, THREAD_PRIORITY-1, THREAD_TIMESLICE);
       if (tid2 != RT_NULL)
             rt_thread_startup(tid2);
}

#include <finsh.h>
```

```
/* 导出到 msh 命令列表中 */
MSH_CMD_EXPORT(thread_suspend, thread test suspend);
```

在 FinSH 中执行命令“thread_suspend”后，运行结果为：

```
msh /> thread_suspend
msh />thread count: 0
thread count: 1
thread count: 2
thread count: 3
list_thread
thread     pri  status      sp     stack size max used left tick  error
---------- ---  ------- ---------- ----------  ------  ---------- ---
t1          25  suspend 0x0000011c 0x00000200    82%   0x00000005 000
touch_thre  14  suspend 0x0000013c 0x00001000    07%   0x00000001 000
tshell      20  ready   0x0000025c 0x00001000    16%   0x00000002 000
rtgui       15  suspend 0x0000016c 0x00000400    35%   0x00000005 000
tcpip       12  suspend 0x0000015c 0x00001000    17%   0x0000000a 000
etx         14  suspend 0x0000010c 0x00000200    67%   0x0000000f 000
erx         14  suspend 0x00000114 0x00000200    74%   0x0000000a 000
tidle       31  ready   0x000000bc 0x00000400    23%   0x00000005 000
```

线程 tid1 的名称是“t1”，采用低优先级运行，每隔 1s 输出一次计数值；线程 tid2 启动后，先延时 2s；到第 3s，挂起线程 tid1，此时线程 tid1 仅输出了 3 次。最后采用命令“list_thread”查看线程，可看到名称是“t1”线程的状态是“suspend”。

11.5.8　线程睡眠

在实际应用中，有时需要让运行的当前线程延迟一段时间，在指定的时间达到后重新运行，这就叫作“线程睡眠”。线程睡眠可使用以下两个函数接口：

```
rt_err_t rt_thread_sleep(rt_tick_t tick);
rt_err_t rt_thread_delay(rt_tick_t tick);
```

这两个函数接口的作用相同，使当前线程挂起一段指定的时间，然后被唤醒并再次进入就绪状态。这两个函数接口接收一个参数，用于指定线程的睡眠时间（单位是时钟节拍）。

11.5.9　线程控制

当需要对线程进行一些其他控制时，例如动态更改线程的优先级，可以调用如下函数接口：

```
rt_err_t rt_thread_control(rt_thread_t thread, rt_uint8_t cmd, void* arg);
```

11.5.10 线程的综合运用

编写例程，创建两个线程 tid1 和 tid2，分别输出字符串。线程 tid1 用大写字母输出，线程 tid2 用小写字母输出，例程为 thread_complex.c。

```
/*thread_complex.c*/
#include <rtthread.h>

static rt_thread_t tid1 = RT_NULL;
static rt_thread_t tid2 = RT_NULL;

#define THREAD_PRIORITY         25
#define THREAD_STACK_SIZE       1024
#define THREAD_TIMESLICE        5

/* 线程 tid1 入口 */
static void thread1_entry(void* parameter)
{
    rt_uint8_t i;
    for(i = 0; i < 6; i ++)
    {
        rt_kprintf("THREAD1:%d\n\r",i);
        rt_kprintf("THIS IS \n");
        rt_kprintf("A\n");
        rt_kprintf("DEMO\n");
        rt_thread_delay(1);
    }
}
/* 线程 tid2 入口 */
static void thread2_entry(void* parameter)
{
    rt_uint8_t i;
    for(i = 0; i < 60; i ++)
    {
        rt_kprintf("thread2:%d\n\r",i);
        rt_kprintf("this is \n");
```

```
            rt_kprintf("a\n");
            rt_kprintf("demo\n");
        }
}
void test_thread_12(void)
{
        tid1 = rt_thread_create("thread1",
                thread1_entry, RT_NULL,
                THREAD_STACK_SIZE, THREAD_PRIORITY, THREAD_TIMESLICE*2);
        if (tid1 != RT_NULL)
                rt_thread_startup(tid1);

        tid2 = rt_thread_create("thread2",
                thread2_entry,RT_NULL,
                THREAD_STACK_SIZE, THREAD_PRIORITY, THREAD_TIMESLICE);
        if (tid2 != RT_NULL)
                rt_thread_startup(tid2);
}

#include <finsh.h>
/* 导出到 msh 命令列表中 */
MSH_CMD_EXPORT(thread_complex, thread_complex);
```

在 FinSH 中执行命令“thread_complex”后，运行结果为：

```
msh />thread_complex
msh />THREAD1:0
THIS IS
A
DEMO
thread2:0
this is
a
demo
thread2:1
this isTHREAD1:1
THIS IS
A
DEMO
```

```
a
demo
thread2:2
this is
a
demo
thread2:THREAD1:2
THIS IS
A
DEMO
3this is
a
demo
......
```

两个线程拥有相同的优先级 25，只是在时间片上略有不同，tid1 为 10，tid2 为 5。观察输出结果，首先 tid1 执行，它在输出完一次测试语句后，就执行延时语句延时 1 个时钟节拍，从而 tid2 得到控制权开始执行，它开始一遍遍输出整个测试语句。当其输出到第 3 次时，发现输出的语句并不完整，被 tid1 打断。因为 tid1 和 tid2 的优先级相同，并不会发生抢占的情况；tid2 是等到自己的执行时间片到达时，被系统剥离执行权，而将执行权恢复给 tid1，从而 tid1 重新获得执行。由此可以看出，若两个相同线程的运行是以时间片为基准的，时间片到达则交出执行权，交给下一个就绪状态的同优先级线程执行。

11.6 空闲线程及钩子

常规的运行流程是先进行初始化，再进入一个循环，在这个循环里轮流执行若干的任务。CPU 一直是运行的，不可能没有任务处理；当若干任务执行结束后，CPU 没有任务可执行时，则 CPU 运行空闲任务，就是空闲线程，CPU 在空转。

空闲线程的优先级是最低的。在 idle.c 文件中，空闲线程使用静态线程方式创建。优先级是最大优先级 -1，默认情况下系统中最大优先级为 25，则当前空闲线程优先级是 24。

```
        rt_thread_init(&idle,
                       "tidle",
                       rt_thread_idle_entry,
                       RT_NULL,
                       &rt_thread_stack[0],
                       sizeof(rt_thread_stack),
```

```
                  RT_THREAD_PRIORITY_MAX - 1,
                  32);
```

如果不使用 11.4.1 小节的钩子函数 rt_scheduler_sethook，则不用修改空闲线程的堆栈大小。如果定义了使用的钩子函数，则可能需要修改空闲线程的堆栈大小。

11.6.1 输出线程间的切换信息

在线程进行调度切换时会执行调度，可以设置一个调度器钩子，这样可以在线程切换时做一些额外的事情。例如，在调度器钩子中输出线程间的切换信息，例程为 scheduler_hook.c。

```
/*scheduler_hook.c*/
/*
 * Copyright (c) 2006-2018, RT-Thread Development Team
 *
 * SPDX-License-Identifier: Apache-2.0
 *
 * Change Logs:
 * Date           Author       Notes
 * 2018-08-24     yangjie      the first version
 */

/*
* 程序清单: 调度器钩子
* 在调度器钩子中输出线程间的切换信息
*/

#include <rtthread.h>

#define THREAD_STACK_SIZE   1024
#define THREAD_PRIORITY     20
#define THREAD_TIMESLICE    10

/* 针对每个线程的计数器 */
volatile rt_uint32_t count[2];

/* 线程 1、2 共用一个入口函数，但入口参数不同 */
static void thread_entry(void *parameter)
{
    rt_uint32_t value;
```

```
    value = (rt_uint32_t)parameter;
    while (1)
    {
        rt_kprintf("thread %d is running\n", value);
        rt_thread_mdelay(1000); // 延时一段时间
    }
}

static rt_thread_t tid1 = RT_NULL;
static rt_thread_t tid2 = RT_NULL;

static void hook_of_scheduler(struct rt_thread *from, struct rt_thread *to)
{
    rt_kprintf("from: %s -->  to: %s \n", from->name, to->name);
}

int scheduler_hook(void)
{
    /* 设置调度器钩子 */
    rt_scheduler_sethook(hook_of_scheduler);

    /* 创建线程 1 */
    tid1 = rt_thread_create("thread1",
                            thread_entry, (void *)1,
                            THREAD_STACK_SIZE,
                            THREAD_PRIORITY, THREAD_TIMESLICE);
    if (tid1 != RT_NULL)
        rt_thread_startup(tid1);

    /* 创建线程 2 */
    tid2 = rt_thread_create("thread2",
                            thread_entry, (void *)2,
                            THREAD_STACK_SIZE,
                            THREAD_PRIORITY, THREAD_TIMESLICE - 5);
    if (tid2 != RT_NULL)
        rt_thread_startup(tid2);
    return 0;
}
```

```
/* 导出到 msh 命令列表中 */
MSH_CMD_EXPORT(scheduler_hook, scheduler_hook sample);
```

在 FinSH 中执行命令“scheduler_hook”后，运行结果为：

```
msh /> scheduler_hook
msh />thread count: 0
```

由运行的结果可以看出，对线程进行切换时，设置的调度器钩子正常工作，一直在输出线程间的切换信息，包含切换到空闲线程。

11.6.2 计算 CPU 的使用率

钩子函数是 CPU 空闲时运行的函数。对于实时性要求不高的线程，可以放到空闲线程中去运行。当然也可以建立一个优先级低的线程让 CPU 去处理。但是空闲线程系统已经建立了，并且占了系统的堆栈，那么可以利用空闲线程的资源去处理优先级不高的线程。

例如，使用钩子函数计算 CPU 的使用率。首先需要打开宏 RT_USING_HOOK，添加的钩子函数中的参数是函数的指针。

```
    rt_thread_idle_sethook(cpu_usage_idle_hook);
```

正常的 CPU 使用率为 70%。如果 CPU 使用率过低，说明芯片选择失误，资源浪费。

CPU 使用率的计算方法为 100% 减去空闲率。例程 idlehook_cpu_useage.c 展示了如何在 RT-Thread 里使用空闲任务钩子计算 CPU 的使用率。编程步骤如下。

（1）空闲任务钩子用于计算 CPU 使用率；

（2）一个线程循环输出 CPU 使用率。

```
/*idlehook_cpu_useage.c */
/*
 * 程序清单：空闲任务钩子例程
 *
 * 这个例程设置了一个空闲任务钩子，用于计算 CPU 使用率，并创建一个线程循环输出 CPU 使用率
 * 通过修改 CPU 使用率输出线程中的休眠 tick 时间，可以看到不同的 CPU 使用率
 */

#include <rtthread.h>
#include <rthw.h>

#define THREAD_PRIORITY         25
#define THREAD_STACK_SIZE       512
#define THREAD_TIMESLICE        5
```

```
/* 指向线程控制块的指针 */
static rt_thread_t tid = RT_NULL;

#define CPU_USAGE_CALC_TICK    10
#define CPU_USAGE_LOOP        100

static rt_uint8_t  cpu_usage_major = 0, cpu_usage_minor = 0;

/* 记录 CPU 使用率为 0 时的总 count 数 */
static rt_uint32_t total_count = 0;

/* 空闲任务钩子函数 */
static void cpu_usage_idle_hook()
{
    rt_tick_t tick;
    rt_uint32_t count;
    volatile rt_uint32_t loop;

    if (total_count == 0)
    {
        /* 获取 total_count */
        rt_enter_critical();
        tick = rt_tick_get();
        while (rt_tick_get() - tick < CPU_USAGE_CALC_TICK)
        {
            total_count ++;
            loop = 0;
            while (loop < CPU_USAGE_LOOP) loop ++;
        }
        rt_exit_critical();
    }

    count = 0;
    /* 计算 CPU 使用率 */
    tick = rt_tick_get();
    while (rt_tick_get() - tick < CPU_USAGE_CALC_TICK)
    {
        count ++;
        loop  = 0;
```

```
        while (loop < CPU_USAGE_LOOP) loop ++;
    }

    /* 计算整数百分比整数部分和小数部分 */
    if (count < total_count)
    {
        count = total_count - count;
        cpu_usage_major = (count * 100) / total_count;
        cpu_usage_minor = ((count * 100) % total_count) * 100 / total_count;
    }
    else
    {
        total_count = count;

        /* CPU 使用率为 0 */
        cpu_usage_major = 0;
        cpu_usage_minor = 0;
    }
}

void cpu_usage_get(rt_uint8_t *major, rt_uint8_t *minor)
{
    RT_ASSERT(major != RT_NULL);
    RT_ASSERT(minor != RT_NULL);

    *major = cpu_usage_major;
    *minor = cpu_usage_minor;
}

/* CPU 使用率输出线程入口 */
static void thread_entry(void *parameter)
{
    rt_uint8_t major, minor;

    while (1)
    {
        cpu_usage_get(&major, &minor);
        rt_kprintf("cpu usage: %d.%d%\n", major, minor);
```

```
            /* 休眠 50 个时钟节拍 */
            /* 手动修改此处休眠时间，可以模拟实现不同的 CPU 使用率 */
            rt_thread_delay(50);
        }
}

int cpu_usage_init()
{
    /* 设置空闲线程钩子 */
    rt_thread_idle_sethook(cpu_usage_idle_hook);

    /* 创建线程 */
    tid = rt_thread_create("thread",
                              thread_entry, RT_NULL,
                              THREAD_STACK_SIZE, THREAD_PRIORITY, THREAD_TIMESLICE);
    if (tid != RT_NULL)
        rt_thread_startup(tid);
    return 0;
}
/* 如果设置了 RT_SAMPLES_AUTORUN，则加入初始化线程中自动运行 */
#if defined (RT_SAMPLES_AUTORUN) && defined(RT_USING_COMPONENTS_INIT)
    INIT_APP_EXPORT(cpu_usage_init);
#endif
/* 导出到 msh 命令列表中 */
MSH_CMD_EXPORT(cpu_usage_init, idle hook sample);
```

在 FinSH 中执行命令“cpu_usage_init”后，运行结果为：

```
msh />cpu usage: 0.0%
cpu usage: 0.0%
cpu usage: 0.0%
cpu usage: 0.0%
cpu usage: 0.51%
cpu usage: 0.0%
cpu usage: 0.37%
cpu usage: 3.27%
cpu usage: 0.34%
cpu usage: 0.0%
cpu usage: 0.57%
```

```
cpu usage: 0.2%
cpu usage: 0.48%
cpu usage: 0.5%
```

运行后，控制台一直循环输出 CPU 使用率。

当把休眠 tick 时间改为 500 时，运行结果为：

```
msh />cpu_usage_init
msh />cpu usage: 0.0%
cpu usage: 0.2%
cpu usage: 0.2%
cpu usage: 0.20%
cpu usage: 0.20%
cpu usage: 0.34%
cpu usage: 0.20%
cpu usage: 0.25%
cpu usage: 0.37%
cpu usage: 0.37%
cpu usage: 0.28%
cpu usage: 0.34%
```

练习题

1. 线程管理的工作机制是什么？
2. 在正常状态下，任务到任务的切换依据是什么？
3. 在 RT-Thread 中，任务切换在中断状态下是如何进行的？
4. 根据图 11.5 说明不同优先级下，优先级线程抢占过程。

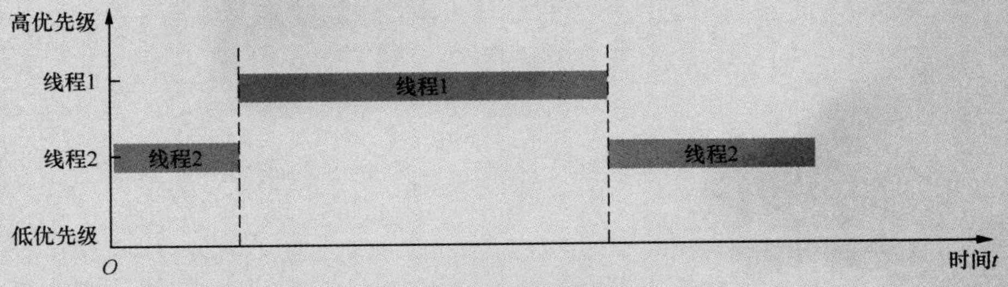

图 11.5 优先级线程抢占过程

第12章 RT-Thread的系统节拍与定时器管理

本章知识

- RT-Thread的系统节拍与定时器管理基础
- 定时器控制接口和示例

12.1 时钟管理和时钟节拍

时间是非常重要的概念，和朋友出去游玩需要约定时间，完成任务需要花费时间，我们的生活离不开时间。操作系统也一样，需要通过时间来规范其任务的执行，操作系统中最小的时间单位是时钟节拍。

定时器是指从指定的时刻开始，经过一段指定时间，然后触发一个事件，类似定个闹铃让自己第二天能够按时起床。定时器有硬件定时器和软件定时器之分。硬件定时器是芯片本身提供的定时功能，一般由外部晶振提供给芯片输入时钟，芯片向软件模块提供一组配置寄存器，接收控制输入，到达设定时间值后芯片中断控制器产生时钟中断。硬件定时器的精度一般很高，可以达到纳秒级别，并且采用中断触发方式。软件定时器是由操作系统提供的一类系统接口（函数），它构建在硬件定时器的基础之上，使系统能够提供不受数目限制的定时器服务。

时钟节拍由周期信号实现，说到底是中断实现，一般为毫秒级别。有两种产生方式：一是由系统嘀嗒（systick）产生，直接将系统嘀嗒作为时钟节拍，这主要针对 Cortex-M 系列；二是由控制器的硬件定时器（配置为中断触发）产生。

任何操作系统都需要提供一个时钟节拍，以供系统处理所有与时间有关的事件，如线程的延时、线程的时间片轮询调度以及定时器超时等。时钟节拍是特定的周期性中断，这个中断可以看作系统心跳，中断的时间间隔取决于不同的应用，一般是 1~100ms。时钟节拍越快，精度越高，但是系统的额外开销就越大。从系统启动开始计数的时钟节拍称为系统时间。在 RT-Thread 中，时钟节拍的长度可以根据在文件 rtconfig.h 中的宏定义 RT_TICK_PER_SECOND 来调整。

12.2 时钟节拍的实现方式

时钟节拍可以通过 MCU 上的硬件定时器实现，系统心跳的次数体现在变量 rt_tick 中，由 rt_tick_increase 对 rt_tick 进行递增，需要在硬件定时器的定时中断中调用 API 实现。

RT-Thread 的定时器基于时钟节拍，提供了基于时钟节拍整数倍的定时能力。

例程 test_systick.c 说明了如何获取时钟节拍：

```
/* test_systick.c */
#include <rtthread.h>
#include <stdlib.h>

/*
 * 测试嘀嗒定时器
 */
```

```
void test_sys_tick(void)
{
    int i;

    // 嘀嗒定时器初始化
    // 每次嘀嗒定时器中断就会将 tick 加 1，这里只需要读取 tick 值，并输出即可
    rt_kprintf("sys tick init ok! tick = %u\r\n", RT_TICK_PER_SECOND);
    for (i=0; i<5; i++)
    {
        rt_kprintf("[%s] tick=%d\r\n", __FUNCTION__, rt_tick_get());
        rt_thread_delay(RT_TICK_PER_SECOND);
    }
}
#include  <finsh.h>
FINSH_FUNCTION_EXPORT(test_sys_tick, test_sys_tick  e.g.test_sys_tick());
/* 导出到 msh 命令列表中 */
MSH_CMD_EXPORT(test_sys_tick, test_sys_tick);
```

添加代码后进行编译，在 FinSH 中执行命令“test_sys_tick”，运行结果为：

```
 msh />test_sys_tick
sys tick init ok! tick = 1000
[test_sys_tick] tick=17324
[test_sys_tick] tick=18327
[test_sys_tick] tick=19329
[test_sys_tick] tick=20331
[test_sys_tick] tick=21333
……
```

初始条件下 tick 为 720，然后可以看到每隔 1000 tick 输出一次。一共输出 5 次后程序结束。

12.3 定时器基础

定时器基于时钟节拍，可为系统提供定时功能。RT-Thread 操作系统提供软件实现的定时器，以时钟节拍的时间长度为单位，定时数值必须是时钟节拍的整数倍。例如一个时钟节拍是 10ms 时，它的上层软件定时器只能是 10ms、20ms、100ms 等，不能实现 15ms 的定时。

根据定时器的触发方式，定时器分为单次定时器和周期定时器。单次定时器在启动后只会触发一次定时器事件，然后自动停止。周期定时器会周期性地触发定时器事件，直到用户手动停止，否

则将永远持续执行下去。图 12.1 中的定时器 1 是单次定时器，定时器 2 是周期定时器。

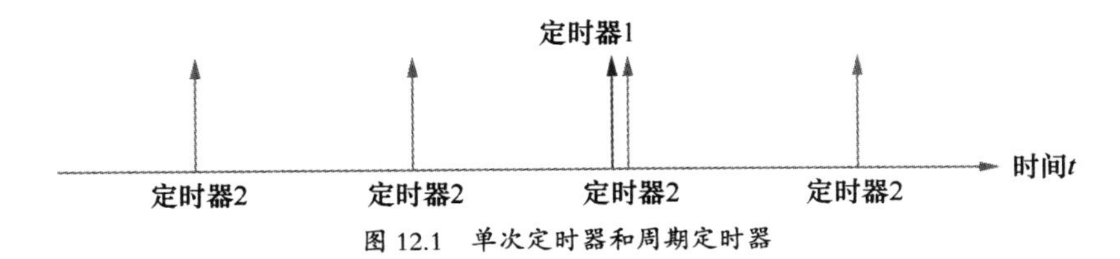

图 12.1 单次定时器和周期定时器

下面来看看这两类定时器的使用。使用定时器需要打开编译开关，即在 rtconfig.h 文件中定义宏 RT_USING_TIMER_SOFT。

定时器配置好后，到了定时时间，会执行一段特定的代码。要使用定时器，首先初始化定时器，设置定时时间，即周期；然后启动、停止该定时器。

定时器与线程一样有两种：静态定时器和动态定时器。静态定时器需要初始化，动态定时器需要创建。

在 RT-Thread 中，软件定时器模块以 tick 为时间单位，tick 的时间长度为两次硬件定时器中断的时间间隔。这个时间可以根据不同系统和实时性需求设置。 tick 值设置越小，实时精度越高，但是系统开销就越大。

定时器结构体如下：

```
struct rt_timer
{
    struct rt_object parent;

    rt_list_t row[RT_TIMER_SKIP_LIST_LEVEL];    /* 定时器列表算法用到的队列 */

    void (*timeout_func)(void *parameter);      /* 定时器超时调用的函数      */
    void      *parameter;                       /* 超时函数用到的入口参数    */

    rt_tick_t init_tick;                        /* 定时器初始超时节拍数      */
    rt_tick_t timeout_tick;                     /* 定时器实际超时节拍数 */
};
typedef struct rt_timer *rt_timer_t;
```

include/rtdef.h 中定义了一些定时器相关的宏，列举如下：

```
#define RT_TIMER_FLAG_DEACTIVATED   0x0    /* 定时器为非激活态 */
#define RT_TIMER_FLAG_ACTIVATED     0x1    /* 定时器为激活状态 */
#define RT_TIMER_FLAG_ONE_SHOT      0x0    /* 单次定时器    */
#define RT_TIMER_FLAG_PERIODIC      0x2    /* 周期定时器    */
#define RT_TIMER_FLAG_HARD_TIMER    0x0    /* 硬件定时器    */
#define RT_TIMER_FLAG_SOFT_TIMER    0x4    /* 软件定时器    */
```

12.4 动态定时器

创建两个动态定时器对象，一个是单次定时器，另一个是周期定时器，例程为 dynamic_timer.c。

```
/*dynamic_timer.c */
#include <rtthread.h>

/* 定时器的控制块 */
static rt_timer_t timer1;
static rt_timer_t timer2;

/* 定时器 1 超时函数 */
static void timeout1(void* parameter)
{
    rt_kprintf("periodic timer is timeout\n");
}

/* 定时器 2 超时函数 */
static void timeout2(void* parameter)
{
    rt_kprintf("one shot timer is timeout\n");
}

void test_timer_01(void)
{
        /* 创建定时器 1 */
        timer1 = rt_timer_create("timer1",  /* 定时器名字是 timer1 */
                                 timeout1, /* 超时回调的处理函数 */
                                 RT_NULL,  /* 超时函数的入口参数 */
                                 100,      /* 定时长度，即 100 个时钟节拍 */
                                 RT_TIMER_FLAG_PERIODIC); /* 周期定时器 */
        /* 启动定时器 */
        if (timer1 != RT_NULL) rt_timer_start(timer1);

        /* 创建定时器 2 */
        timer2 = rt_timer_create("timer2",   /* 定时器名字是 timer2 */
                                 timeout2, /* 超时回调的处理函数 */
                                 RT_NULL,  /* 超时函数的入口参数 */
                                 300,       /* 定时长度为 300 个时钟节拍 */
```

```
                            RT_TIMER_FLAG_ONE_SHOT); /* 单次定时器 */

        /* 启动定时器 */
        if (timer2 != RT_NULL) rt_timer_start(timer2);
}
#include <finsh.h>
/* 导出到 msh 命令列表中 */
MSH_CMD_EXPORT(test_timer_01, timer test);
```

在 FinSH 中执行命令“test_timer_01”，运行结果为：

```
msh />periodic timer is timeout
periodic timer is timeout
one shot timer is timeout
periodic timer is timeout
periodic timer is timeout
periodic timer is timeout
periodic timer is timeout
```

定时器 1 为周期定时器，定时器 2 为单次定时器。定时器 1 先运行，定时时间到了输出 2 次；定时器 2 定时时间到，输出 1 次后结束；定时器 1 再不断重复输出。

12.5 静态定时器

静态定时器初始化与动态定时器的创建和删除不同，例程为 static_timer.c。

```
/*static_timer.c */
#include <rtthread.h>

/* 定时器的控制块 */
static struct rt_timer timer1;
static struct rt_timer timer2;

/* 定时器 1 超时函数 */
static void timeout1(void* parameter)
{
    rt_kprintf("periodic timer is timeout\n");
}
```

```
/* 定时器 2 超时函数 */
static void timeout2(void* parameter)
{
    rt_kprintf("one shot timer is timeout\n");
}

void test_timer_02(void)
{

    /* 初始化定时器 */
    rt_timer_init(&timer1, "timer1",  /* 定时器名字是 timer1 */
                    timeout1, /* 超时回调的处理函数 */
                    RT_NULL, /* 超时函数的入口参数 */
                    100, /* 定时长度，以时钟节拍为单位，即 100 个时钟节拍 */
                    RT_TIMER_FLAG_PERIODIC); /* 周期定时器 */
    /* 启动定时器 */
    rt_timer_start(&timer1);
    rt_timer_init(&timer2, "timer2",   /* 定时器名字是 timer2 */
                    timeout2, /* 超时回调的处理函数 */
                    RT_NULL, /* 超时函数的入口参数 */
                    300, /* 定时长度为 300 个时钟节拍 */
                    RT_TIMER_FLAG_ONE_SHOT); /* 单次定时器 */

    /* 启动定时器 */
    rt_timer_start(&timer2);
}
#include <finsh.h>
/* 导出到 msh 命令列表中 */
MSH_CMD_EXPORT(test_timer_02, timer test);
```

定时器 1 为周期定时器，定时器 2 为单次定时器。定时器 1 先运行，定时时间到了输出 2 次；定时器 2 定时时间到，输出 1 次后结束；定时器 1 再不断重复输出。

12.6 定时器控制接口

在使用定时器过程中，可以修改其参数，例程为 timer_control.c。

```
/* timer_control.c */
#include <rtthread.h>

/* 定时器的控制块 */
static rt_timer_t timer1;
static rt_uint8_t count;

/* 定时器超时函数 */
static void timeout1(void* parameter)
{
    rt_kprintf("periodic timer is timeout\n");

    count ++;
    /* 当超过 8 次时，更改定时器的超时长度 */
    if (count >= 8)
    {
        int timeout_value = 500;
        /* 更改定时器的超时长度 */
        rt_timer_control(timer1, RT_TIMER_CTRL_SET_TIME,
                        (void*)&timeout_value);
        count = 0;
    }
}

void timer_control(void)
{

        /* 创建定时器 1 */
        timer1 = rt_timer_create("timer1",  /* 定时器名字是 timer1 */
                                timeout1, /* 超时回调的处理函数 */
                                RT_NULL, /* 超时函数的入口参数 */
                                100, /* 定时长度，即 100 个时钟节拍 */
                                RT_TIMER_FLAG_PERIODIC); /* 周期定时器 */
        /* 启动定时器 */
        if (timer1 != RT_NULL)
            rt_timer_start(timer1);
}
#include <finsh.h>
/* 导出到 msh 命令列表中 */
MSH_CMD_EXPORT(timer_control, timer test);
```

在 FinSH 中运行命令“timer_control”，定时器每隔 100 个时钟节拍输出一次。输出到第 9 个定时时间时，定时器长度修改为 500 个时钟节拍，此后输出速度减慢。

12.7 如何合理使用定时器

RT-Thread 的定时器与其他实时操作系统的定时器实现稍微有些不同（特别是 RT-Thread 早期版本的实现中），因为 RT-Thread 里默认使用 HARD_TIMER 定时器，即定时器超时后，超时函数是在系统时钟中断的上下文环境中运行的。在中断上下文中的执行方式决定了定时器的超时函数不应该调用任何会让当前上下文挂起的系统函数；也不能执行非常长的时间，否则会导致其他中断的响应时间加长或抢占其他线程执行的时间。

在线程控制块中，每个线程控制块都包含一个定时器 thread_timer，它也是一个硬件定时器。当线程需要执行一些带时间特性的任务时，例如持有信号量、接收事件、接收消息，则使用该定时器。而当相应的条件不能被满足时，线程就将被挂起，在线程挂起前，这个内置的定时器将会被激活并启动。当线程定时器超时时，这个线程依然还未被唤醒，超时函数仍将继续被调用，然后设置线程的 error 代码为 ETIMEOUT，唤醒这个线程。所以从某种意义上说，在线程中执行睡眠和延时函数，也可以算是另一种意义的超时。

对于 HARD_TIMER 定时器，该定时器超时函数工作于中断的上下文环境中，这种在中断中执行的方式显得非常麻烦，因此开发人员需要时刻关心超时函数究竟执行了哪些操作；相反，如果定时器超时函数在线程中执行就会好很多，如果有更高优先级的线程就绪，依然可以抢占这个定时器执行线程，从而获得优先处理权。

练习题

1．根据超时函数所处的上下文环境，在 RT-Thread 系统中可以将定时器分为哪两类？

2．定时器的工作机制是什么？

3．创建一个线程，先启动定时器 1，定时 0.5s 输出计数值“thread1 print count*”；当输出到第 10 个时，修改定时器 1 的定时时间为定时 1s 输出计数值 。

第13章 RT-Thread线程间同步与通信

本章知识

- 中断与临界区的保护
- 线程间信息交换的方法及对应的流程

13.1 中断与临界区的保护

13.1.1 线程抢占导致临界区问题

在系统中，访问公共资源的代码称为临界区（critical section）。其特点是在某一时刻只有一个线程可以进入临界区，该线程不允许被系统调度出去，是独占 CPU 的。临界区的资源为临界资源，有时称为共享资源。

每次只允许一个线程进入临界区，进入后不允许其他线程进入。多线程程序的开发方式不同于裸机程序，多线程在宏观上是并发运行的。因此遇到多线程程序使用一个共享资源时需要注意，否则可能出现错误的运行结果。

线程抢占导致的临界区问题介绍如下。

首先将头文件 rtconfig.h 中每个 tick 配置为 1000：

```
#define RT_TICK_PER_SECOND 1000
```

参考例程 thread_grab_critical.c。

```
/*thread_grab_critical.c */
#include <rtthread.h>

static rt_thread_t tid1 = RT_NULL;
static rt_thread_t tid2 = RT_NULL;

#define THREAD_PRIORITY         25
#define THREAD_STACK_SIZE       512
#define THREAD_TIMESLICE        5

/* 定义共享变量 */
int share_var;
static void thread1_entry(void* parameter)
{
    int i;
    share_var = 0;
    for(i=0; i<100000; i++)
    {
        share_var ++;
    }
    rt_kprintf("\r\nshare_var = %d\n", share_var);
}
```

```
static void thread2_entry(void* parameter)
{
    /* 延时修改为 1000 后，就不会打断线程 1 的 share_var 累加 */
    rt_thread_delay(1);
    share_var ++;
}

void grab_critical(void)
{
        tid1 = rt_thread_create("thread1",
              thread1_entry, RT_NULL,
              THREAD_STACK_SIZE, THREAD_PRIORITY , THREAD_TIMESLICE);
        if (tid1 != RT_NULL)
              rt_thread_startup(tid1);

        tid2 = rt_thread_create("thread2",
              thread2_entry,RT_NULL,
              THREAD_STACK_SIZE, THREAD_PRIORITY - 1 , THREAD_TIMESLICE);
        if (tid2 != RT_NULL)
              rt_thread_startup(tid2);
}
#include <finsh.h>
/* 导出到 msh 命令列表中 */
MSH_CMD_EXPORT(grab_critical, comu test critical);
```

在 FinSH 中执行命令“grab_critical”，运行结果为：

```
msh />share_var = 0

share_var = 100001
```

在 for 循环中对 i 做 100000 次累加，如果没有其他线程的干预，那么共享变量的值应该是 100000，现在的输出结果是 100001，这意味着共享变量的值发生了变化，这个值是在线程 2 中修改的。

由于线程 2 的优先级比线程 1 的优先级高，因此线程 2 先运行，其线程处理函数的第一句为延时，会使得线程 2 被挂起，挂起时间为 1 个 tick。在线程 2 挂起的这段时间内，线程 1 是所有就绪状态线程中优先级最高的，因此被内核调度运行。在其处理函数中执行，在线程 1 的处理函数执行了一部分代码后，1 个 tick 时间到，线程 2 被唤醒，从而成为所有就绪状态线程中优先级最高的线程，因此被立刻调度运行。线程 1 被线程 2 抢占，线程 2 处理函数中对共享变量做一次累加操作。接下来线程处理函数执行完毕，线程1再次被调度运行，根据程序的运行结果，此时线程1继续执行，但是并不知道此时线程1大致是从什么地方执行的。从最后的输出结果来看，此时线程1还没有执行到第二条rt_kprintf输出语句。最后线程处理函数输出共享变量的值，其值就应该是100001。

当共享变量share_var在多个线程中共用时，如果缺乏必要的保护措施，最后的输出结果可能与预期的结果完全不同。为了解决这个问题，需要引入线程间通信（Inter-Process Communication，IPC）机制。

中断关闭的时候意味着当前任务不会被其他事件打断，当前线程不会被抢占，除非这个任务主动放弃了CPU控制权。上例可采用中断锁的方式来保护共享变量。添加头文件、变量并修改例程thread_grab_critical.c中的线程1，代码如下：

```
/* 使用中断锁需要添加的头文件 */
#include <rthw.h>
/* 使用中断锁时的变量 */
rt_uint32_t level;

static void thread1_entry(void* parameter)
{
    int i;
    share_var = 0;
    /* 使用中断锁关闭中断 */
    level = rt_hw_interrupt_disable();
    for(i=0; i<100000; i++)
    {
        share_var ++;
    }
    rt_kprintf("\r\nshare_var = %d\n", share_var);
    /* 使用中断锁恢复中断 */
    rt_hw_interrupt_enable(level);
}
```

在FinSH中执行命令“grab_critical”，运行结果为：

```
msh />share_var = 0

share_var = 100000
```

修改后，最后线程1处理函数输出共享变量的值，其值就应该是100000。

使用临界区需要注意的是，临界区的代码不要过多地占用CPU的时间，否则RT-Thread实时操作系统的意义也就不存在了。

13.1.2 如何进入临界区

进入临界区可使用以下两对函数：

```
rt_enter_critical() 和 rt_exit_critical()    // 调度器上锁和解锁
rt_hw_interrupt_disable() 和 rt_hw_interrupt_enable() // 关闭和打开系统中断
```

临界区控制的相关函数原型如表 13.1 所示。

表 13.1 临界区控制的相关函数原型

函数原型	功能描述
void rt_enter_critical (void)	调度器上锁
void rt_exit_critical (void)	解锁调度器
void rt_hw_interrupt_enable (rt_base_t level)	设置指定的中断状态，即打开系统中断
void rt_hw_interrupt_disable (rt_base_t level)	返回当前系统中断状态并关闭系统中断

关闭中断，CPU 不再进行调度，则可进入临界区。pend_sv 为软件中断，当 RT-Thread 需要进行调度时，自己会产生一个软件中断，在该中断中进行任务切换。当 pend_sv 被禁止后，该中断不会被触发，系统不会调度，则该段代码进入临界区。

rt_enter_critical 对调度器上锁，系统依然能响应外部中断，中断服务例程依然能进行相应的响应。在大多数情况下，rt_enter_critical 已经能满足要求。只有在某些特殊情况下，才会使用 rt_hw_interrupt_disable。

13.1.3 临界区的中断服务程序

进入临界区时要加入函数 rt_interrupt_enter，以通知系统进入了中断；离开时要加入函数 rt_interrupt_leave ，以通知系统退出了中断。如 Drv_uart.c 文件中，串口中断服务函数为：

```
/* UART interrupt handler */
static void uart_irq_handler(int vector, void *param)
{
    struct rt_serial_device *serial = (struct rt_serial_device *)param;
    struct rt_uart_ls1c *uart_dev = RT_NULL;

    RT_ASSERT(serial != RT_NULL);

    uart_dev = (struct rt_uart_ls1c *)serial->parent.user_data;
    void *uart_base = uart_get_base(uart_dev->UARTx);
    unsigned char iir = reg_read_8(uart_base + LS1C_UART_IIR_OFFSET);
```

```
    // 判断是否接收超时或接收到有效数据
    if ((IIR_RXTOUT & iir) || (IIR_RXRDY & iir))
    {
        rt_interrupt_enter();    //通知系统进入了中断
        rt_hw_serial_isr(serial, RT_SERIAL_EVENT_RX_IND);
        rt_interrupt_leave();  //通知系统退出了中断
    }

}
```

13.2 线程同步

在多任务实时系统中，一项工作往往可以通过多个任务协调的方式来共同完成，例如一个任务从传感器中接收数据并将数据写到共享内存中，同时另一个任务周期性地从共享内存中读取数据并发送去显示。

如果对共享内存的访问不是排他性的，那么各个线程可能同时访问它。这将引起数据一致性的问题，如果在显示线程显示数据之前，传感器线程还未更新数据，那么显示线程中要显示的数据为上一轮采样的数据，会造成显示数据错误。

13.2.1 使用开关中断

上文介绍过，中断关闭的时候意味着当前任务不会被其他事件打断，当前线程不会被抢占，除非这个任务主动放弃了CPU控制权。这里再看一个例程thread_synchronization.c。

```
/*thread_synchronization.c*/
#include <rthw.h>

static rt_thread_t tid1 = RT_NULL;
static rt_thread_t tid2 = RT_NULL;

#define THREAD_PRIORITY         25
#define THREAD_STACK_SIZE       512
#define THREAD_TIMESLICE        5
```

```
static rt_uint32_t cnt;
static void thread1_entry(void* parameter)
{
        rt_uint32_t no;
        rt_uint32_t level;

        no = (rt_uint32_t) parameter;
        while(1)
        {
                /* 关闭中断 */
                level = rt_hw_interrupt_disable();
                cnt += no;
                /* 打开中断 */
                rt_hw_interrupt_enable(level);

                rt_kprintf("thread[%d]’s counter is %d\n", no, cnt);
                rt_thread_delay(no);
        }
}

void thread_syn(void)
{
       tid1 = rt_thread_create("thread1",
           thread1_entry, (void*)10,
           THREAD_STACK_SIZE, THREAD_PRIORITY - 1 , THREAD_TIMESLICE);
       if (tid1 != RT_NULL)
           rt_thread_startup(tid1);

       tid2 = rt_thread_create("thread2",
           thread1_entry,(void*)20,
           THREAD_STACK_SIZE, THREAD_PRIORITY , THREAD_TIMESLICE);
       if (tid2 != RT_NULL)
           rt_thread_startup(tid2);
}
#include <finsh.h>
/* 导出到 msh 命令列表中 */
MSH_CMD_EXPORT(thread_syn, comu test ynchronization);
```

在 FinSH 中执行命令“thread_syn”，运行结果为：

```
msh /> thread_syn
msh />thread[10]' s counter is 10
thread[20]' s counter is 30
thread[10]' s counter is 40
thread[10]' s counter is 50
thread[20]' s counter is 70
thread[10]' s counter is 80
thread[10]' s counter is 90
thread[20]' s counter is 110
thread[10]' s counter is 120
thread[10]' s counter is 130
thread[20]' s counter is 150
```

线程 1 优先级高，先启动后，关闭中断，10 个时钟节拍（tick）后打开中断，输出为 10；线程 2 启动，关闭中断，计数变量 cnt 加了 20 后输出为 30；线程 1 再启动后，关闭中断，计数变量 cnt 加了 10 后打开中断，输出为 40；线程 2 的时间未到，又运行线程 1，关闭中断，计数变量 cnt 加了 10 后打开中断，输出为 50；线程 2 启动，关闭中断，计数变量 cnt 加了 20 后输出为 70。

使用中断锁来操作系统的方法可以应用于任何场合，且其他几类同步方式都是依赖于中断锁而实现的，中断锁是强大和高效的同步方法。使用中断锁主要的问题在于：在中断关闭期间系统将不再响应任何中断，也就不能响应外部的事件。所以中断锁对系统的实时性影响非常大，如果使用不当会导致系统完全无实时性（可能导致系统完全偏离要求的时间需求）；而如果使用得当，则会变成一种快速、高效的同步方法。

例如，为了保证一行代码(例如赋值)的互斥运行，快速的方法是使用中断锁而不是信号量或互斥量：

```
/* 关闭中断 */
level = rt_hw_interrupt_disable();
a = a + value;
/* 打开中断 */
rt_hw_interrupt_enable(level);
```

在使用中断锁时，需要确保关闭中断的时间非常短，例如上面代码中的 a = a + value。也可换成另外一种方式，例如使用信号量：

```
/* 获得信号量锁 */
rt_sem_take(sem_lock, RT_WAITING_FOREVER);
a = a + value;
/* 释放信号量锁 */
rt_sem_release(sem_lock);
```

这段代码在实现中，已经存在使用中断锁保护信号量内部变量的行为，所以对于简单操作(如 a=a+value;)，使用中断锁将更为简洁、快速。

13.2.2 使用调度器锁

使用调度器锁时，就进入了临界区。

与中断锁一样，把调度器锁住也能让当前运行的任务不被换出，直到调度器解锁。但和中断锁有一点不相同的是，对调度器上锁，系统依然能响应外部中断，中断服务例程依然能进行相应的响应。所以在使用调度器上锁的方式进行任务同步时，需要考虑任务访问的临界资源是否会被中断服务例程所修改，如果可能会被修改，那么不适合采用此种方式进行同步。调度器锁使用同 13.1.2 小节。

```
void rt_enter_critical(void); /* 调度器上锁，进入临界区 */
void rt_exit_critical(void); /* 解锁调度器，离开临界区 */
```

13.3 信号量

RT-Thread 使用 IPC 实现线程间通信。 IPC 的方式主要有信号量、互斥量、事件、邮箱、消息队列。

信号量是一种轻型的用于解决线程间同步问题的内核对象，线程可以获取或释放它，从而达到同步或互斥的目的。信号量就像一把钥匙，把一段临界区锁住，只允许有钥匙的线程进行访问：线程拿到了钥匙，才允许进入临界区；而离开后把钥匙传递给排队在后面的等待线程，让后续线程依次进入临界区。

13.3.1 静态信号量与动态信号量

例程初始化静态信号量后持有该信号量，等待一段时间后超时释放，最后脱离。例程为 static_sem_sample.c。

```
/*static_sem_sample.c*/
#include <rthw.h>

static rt_thread_t tid1 = RT_NULL;

#define THREAD_PRIORITY         25
#define THREAD_STACK_SIZE       512
```

```
#define THREAD_TIMESLICE        5

/*  静态信号量控制块 */
static struct rt_semaphore static_sem;
/*  指向动态信号量的指针 */
static rt_sem_t dynamic_sem = RT_NULL;

static void thread1_entry(void* parameter)
{
    rt_err_t result;
    rt_tick_t tick;

    /*  获得当前的时钟节拍 */
    tick = rt_tick_get();

    /*  试图持有信号量，最大等待 10 个时钟节拍后返回 */
    result = rt_sem_take(&static_sem, 10);
    if (result == -RT_ETIMEOUT)
    {
        /*  超时后判断是否刚好是 10 个时钟节拍 */
        if (rt_tick_get() - tick != 10)
        {
            rt_sem_detach(&static_sem);
            return;
        }
        rt_kprintf("take semaphore timeout\n");
    }
    else
    {   /*  因为没有其他地方释放信号量，所以不应该成功持有信号量 */
        rt_kprintf("take a static semaphore, failed.\n");
        rt_sem_detach(&static_sem);
        return;
    }
    /*  释放一次信号量 */
    rt_sem_release(&static_sem);

    /*  以永久等待方式持有信号量 */
    result = rt_sem_take(&static_sem, RT_WAITING_FOREVER);
    if (result != RT_EOK)
```

```
    {
        /*  不成功则测试失败 */
        rt_kprintf("take a static semaphore, failed.\n");
        rt_sem_detach(&static_sem);
        return;
    }

    rt_kprintf("take a staic semaphore, done.\n");

    /*  脱离信号量对象 */
    rt_sem_detach(&static_sem);

    tick = rt_tick_get();

    /*  试图持有信号量，最大等待 10 个时钟节拍后返回 */
    result = rt_sem_take(dynamic_sem, 10);
    if (result == -RT_ETIMEOUT)
    {
        /*  超时后判断是否刚好是 10 个时钟节拍 */
        if (rt_tick_get() - tick != 10)
        {
            rt_sem_delete(dynamic_sem);
            return;
        }
        rt_kprintf("take semaphore timeout\n");
    }
    else
    {
        /*  因为没有其他地方释放信号量，所以不应该成功持有信号量 */
        rt_kprintf("take a dynamic semaphore, failed.\n");
        rt_sem_delete(dynamic_sem);
        return;
        }  /*  释放一次信号量 */
    rt_sem_release(dynamic_sem);

    /*  以永久等待方式持有信号量 */
    result = rt_sem_take(dynamic_sem, RT_WAITING_FOREVER);
    if (result != RT_EOK)
    {
```

```
            /*  不成功则测试失败 */
            rt_kprintf("take a dynamic semaphore, failed.\n");
            rt_sem_delete(dynamic_sem);
            return;
        }

        rt_kprintf("take a dynamic semaphore, done.\n");
        /*  删除信号量对象 */
        rt_sem_delete(dynamic_sem);
}
void static_sem_sample (void)
{
        tid1 = rt_thread_create("thread1",
                thread1_entry, (void*)10,
                THREAD_STACK_SIZE, THREAD_PRIORITY, THREAD_TIMESLICE);
        if (tid1 != RT_NULL)
                rt_thread_startup(tid1);

        rt_err_t result;
        /*  初始化静态信号量，初始值是 0 */
        result = rt_sem_init(&static_sem, "ssem", 0, RT_IPC_FLAG_FIFO);
        if (result != RT_EOK)
        {
                        rt_kprintf("init dynamic semaphore failed.\n");
                        return;
        }
        /*  创建一个动态信号量，初始值是 0 */
        dynamic_sem = rt_sem_create("dsem", 0, RT_IPC_FLAG_FIFO);
        if (dynamic_sem == RT_NULL)
        {
                        rt_kprintf("create dynamic semaphore failed.\n");
                        return;
        }
}
#include <finsh.h>
/* 导出到 msh 命令列表中 */
MSH_CMD_EXPORT(static_sem_sample, sem_sample  test);
```

在 FinSH 中执行命令 static_sem_sample，运行结果为：

```
msh /> static_sem_sample
msh />take semaphore timeout
take a staic semaphore, done.
take semaphore timeout
take a dynamic semaphore, done.
```

首先创建线程 tid1，在这个线程中完成信号量 API 的使用以及测试。由于动态信号量和静态信号量的测试基本一致，因此这里重点分析静态信号量的测试过程。线程中首先获取静态信号量 static_sem，由于此信号量在线程初始化时设置为 0，并且没有其他线程进行释放信号量操作，因此在第一句 rt_sem_take 执行后，会导致线程被挂起，内核调度器会从系统所有就绪线程中寻找优先级最高的线程运行，在本实例中只有空闲线程处于就绪状态，因此空闲线程运行。10 个时钟节拍之后，static_sem 超时，rt_sem_take 超时返回，tid1 重新被唤醒，处于就绪状态，由于其优先级高于空闲线程，因此会抢占空闲线程运行。接下来调用 rt_sem_release 释放一个信号量，此时信号量值为 1，再次执行 rt_sem_take 会成功获取信号量。测试完毕后，调用 rt_sem_detach 脱离静态信号量。

对于静态信号量，使用 rt_sem_ init/detach 来初始化或脱离；对于动态信号量，使用 rt_sem_create/delete 来创建或删除。

下面讲解动态信号量的使用。本例程创建动态信号量，该信号量在两个线程间传递。例程为 dynamic_sem_sample.c。

```
/*dynamic_sem_sample.c*/

/* 指向信号量的指针 */
static rt_sem_t dynamic_sem = RT_NULL;

ALIGN(RT_ALIGN_SIZE)
static char thread1_stack[1024];
static struct rt_thread thread1;
static void rt_thread1_entry(void *parameter)
{
    static rt_uint8_t count = 0;

    while (1)
    {
        if (count <= 100)
        {
            count++;
        }
```

```
        else
            return;

        /* count 每计数 10 次，就发送一次信号量 */
        if (0 == (count % 10))
        {
            rt_kprintf("thread1 release a dynamic semaphore.\n");
            rt_sem_release(dynamic_sem);
        }
    }
}

ALIGN(RT_ALIGN_SIZE)
static char thread2_stack[1024];
static struct rt_thread thread2;
static void rt_thread2_entry(void *parameter)
{
    static rt_err_t result;
    static rt_uint8_t number = 0;
    while (1)
    {
        /* 以永久方式等待信号量，获取到信号量，则执行 number 自加的操作 */
        result = rt_sem_take(dynamic_sem, RT_WAITING_FOREVER);
        if (result != RT_EOK)
        {
            rt_kprintf("thread2 take a dynamic semaphore, failed.\n");
            rt_sem_delete(dynamic_sem);
            return;
        }
        else
        {
            number++;
            rt_kprintf("thread2 take a dynamic semaphore. number = %d\n",
                     number);
        }
    }
}

/* 信号量示例的初始化 */
```

```
int dynamic_sem_sample()
{
    /* 创建一个动态信号量，初始值是 0 */
    dynamic_sem = rt_sem_create("dsem", 0, RT_IPC_FLAG_FIFO);
    if (dynamic_sem == RT_NULL)
    {
        rt_kprintf("create dynamic semaphore failed.\n");
        return -1;
    }
    else
    {
        rt_kprintf("create done. dynamic semaphore value = 0.\n");
    }

    rt_thread_init(&thread1,
                   "thread1",
                   rt_thread1_entry,
                   RT_NULL,
                   &thread1_stack[0],
                   sizeof(thread1_stack),
                   THREAD_PRIORITY, THREAD_TIMESLICE);
    rt_thread_startup(&thread1);

    rt_thread_init(&thread2,
                   "thread2",
                   rt_thread2_entry,
                   RT_NULL,
                   &thread2_stack[0],
                   sizeof(thread2_stack),
                   THREAD_PRIORITY - 1, THREAD_TIMESLICE);
    rt_thread_startup(&thread2);

    return 0;
}

/* 导出到 msh 命令列表中 */
MSH_CMD_EXPORT(dynamic_sem_sample, dynamic_sem_sample sample);
```

在 FinSH 中执行命令“dynamic_sem_sample”，运行结果为：

```
msh /> dynamic_sem_sample
msh />
```

例程创建了一个动态信号量，初始值为 0。初始化两个线程，线程 1 启动后，count 每计数 10 次，就发送一个信号量；线程 2 启动后，以永久方式等待信号量，获取到信号量，则执行 number 自加的操作。当收到线程 1 发送的信号量后，对 number 进行加 1 操作，再去等待。当线程 1 发送了 10 次信号量，线程 2 则接收了 10 次。线程 1 运行结束后，不再发送信号量，此时线程 2 再也接收不到信号量。

13.3.2 使用信号量的线程优先级反转

优先级反转是实时操作系统中的经典问题之一。由于多线程共享资源，具有最高优先级的线程被低优先级线程阻塞，反而使中优先级线程先于高优先级线程执行，导致系统故障。

优先级反转的一个典型场景为：系统中存在不同优先级的 3 个线程 A、B 和 C，优先级 A > B > C，线程 A、B 处于挂起状态，等待某一事件的发生，线程 C 正在运行，此时线程 C 开始使用某一共享资源 S。在使用过程中，线程 A 等待的事件到来，线程 A 转为就绪状态，因为它比线程 C 的优先级高，所以立即执行。但是当线程 A 要使用共享资源 S 时，由于其正在被线程 C 使用，因此线程 A 被挂起，切换到线程 C 运行。如果此时线程 B 等待的事件到来，则线程 B 转为就绪状态。由于线程 B 的优先级比线程 C 的高，因此线程 B 开始运行，直到其运行完毕线程 C 才开始运行。只有当线程 C 释放共享资源 S 后，线程 A 才得以执行。在这种情况下，优先级发生了反转，线程 B 先于线程 A 运行。这样便不能保证高优先级线程的响应时间。

例程 priority_inversion.c 定义了 3 个线程，分别是 tid1、tid2 和 worker，以及一个动态信号量 sem。

```
/*priority_inversion.c*/
#include <rthw.h>

static rt_thread_t tid1 = RT_NULL;
static rt_thread_t tid2 = RT_NULL;
static rt_thread_t worker = RT_NULL;
static rt_sem_t sem = RT_NULL;

#define THREAD_PRIORITY         25
#define THREAD_STACK_SIZE       512
#define THREAD_TIMESLICE        5

rt_uint32_t worker_count, t1_count, t2_count;

static void thread1_entry(void* parameter)
```

```
{
    rt_err_t result;
    result = rt_sem_take(sem, RT_WAITING_FOREVER);
    for(t1_count = 0; t1_count < 10; t1_count ++)
    {
        rt_kprintf("thread1: got semaphore, count: %d\n",t1_count);
        rt_thread_delay(RT_TICK_PER_SECOND);
    }
    rt_kprintf("thread1: release semaphore\n");
    rt_sem_release(sem);
}

static void thread2_entry(void* parameter)
{
    rt_err_t result;
    while (1)
    {
        result = rt_sem_take(sem, RT_WAITING_FOREVER);
        rt_kprintf("thread2: got semaphore\n");
        if (result != RT_EOK)
        {
            return;
        }
        rt_kprintf("thread2: release semaphore\n");
        rt_sem_release(sem);
        rt_thread_delay(5);
        result = rt_sem_take(sem, RT_WAITING_FOREVER);
        t2_count ++;
        rt_kprintf("thread2: got semaphore, count: %d\n",t2_count);
    }
}
static void worker_thread_entry(void* parameter)
{
    rt_thread_delay(5);
    for(worker_count = 0; worker_count < 10; worker_count++)
    {
        rt_kprintf("worker: count: %d\n", worker_count);
    }
    rt_thread_delay(RT_TICK_PER_SECOND);
```

```
}

void priority_inversion (void)
{
       sem = rt_sem_create("sem", 1, RT_IPC_FLAG_PRIO);
       if (sem == RT_NULL)
       {
              return ;
       }

       tid1 = rt_thread_create("thread1",
              thread1_entry, RT_NULL,
              THREAD_STACK_SIZE, THREAD_PRIORITY + 2, THREAD_TIMESLICE);
       if (tid1 != RT_NULL)
           rt_thread_startup(tid1);

       tid2 = rt_thread_create("thread2",
              thread2_entry,RT_NULL,
              THREAD_STACK_SIZE, THREAD_PRIORITY, THREAD_TIMESLICE);
       if (tid2 != RT_NULL)
           rt_thread_startup(tid2);

       worker = rt_thread_create("worker",
                worker_thread_entry,RT_NULL,
                THREAD_STACK_SIZE, THREAD_PRIORITY+1, THREAD_TIMESLICE);
       if (worker != RT_NULL)
           rt_thread_startup(worker);
}
#include <finsh.h>
/* 导出到 msh 命令列表中 */
MSH_CMD_EXPORT(priority_inversion, priority_inversion test);
```

在 FinSH 中执行命令“priority_inversion”，运行结果为：

```
msh /> priority_inversion
msh />thread2: got semaphore
thread2: release semaphore
thread1: got semaphore, count: 0
worker: count: 0
worker: count: 1
```

```
worker: count: 2
worker: count: 3
worker: count: 4
worker: count: 5
worker: count: 6
worker: count: 7
worker: count: 8
worker: count: 9
thread1: got semaphore, count: 1
thread1: got semaphore, count: 2
thread1: got semaphore, count: 3
thread1: got semaphore, count: 4
thread1: got semaphore, count: 5
thread1: got semaphore, count: 6
thread1: got semaphore, count: 7
thread1: got semaphore, count: 8
thread1: got semaphore, count: 9
thread1: release semaphore
thread2: got semaphore, count: 2
```

3 个线程的优先级顺序是 tid2 > worker > tid1 。首先 tid2 执行，它得到信号量并且释放，延时等待；然后 worker 线程得到 CPU 控制权开始运行，它也进行了延时操作；随后 tid1 获得控制权，并且它申请得到了信号量，接着进行了输出操作。在 tid1 结束进行延时操作时，由于 worker 的优先级高于 tid1，worker 重新获得了控制权，同时由于 worker 并不需要信号量来完成相关的操作，于是它很顺利就把自己的一大堆输出任务都执行完成了。纵然 tid2 的优先级高于 worker，但是 tid2 获取不到信号量，什么也干不了，只能被阻塞而等待。worker 执行结束后，控制权回到了持有信号量的 tid1 中，当它完成自己的操作并且释放信号量后，优先级最高的 tid2 才能继续执行。这其中所发生的就是优先级反转，低优先级的任务反而抢占了高优先级的任务，这种情况在实时操作系统中是不允许发生的。

13.3.3 使用信号量的生产者和消费者例程

例程 producer_consumer.c 将创建两个线程，用于解决生产者、消费者问题。生产者和消费者模式的好处是能够实现异步和解耦，即生产者生产出消息后不需要等到消息的执行结果就可以继续向下执行，在多线程技术中采用信号量的方式来达到消息的生产者和消费者解耦的目的。

```
/*producer_consumer.c*/
#include <rthw.h>
```

```
#define THREAD_PRIORITY         25
#define THREAD_STACK_SIZE       512
#define THREAD_TIMESLICE        5

/* 指向生产者和消费者线程控制块的指针 */
static rt_thread_t producer_tid = RT_NULL;
static rt_thread_t consumer_tid = RT_NULL;

/* 定义能够产生的最大元素个数为 5 */
#define MAXSEM      5

/* 用于放置生产的整数数组 */
rt_uint32_t array[MAXSEM];

/* 指向生产者、消费者在 array 数组中的读写位置 */
static rt_uint32_t set, get;

struct rt_semaphore sem_lock;
struct rt_semaphore sem_empty, sem_full;

/* 生产者线程入口 */
static void producer_thread_entry(void* parameter)
{
    rt_int32_t cnt = 0;

    /* 运行 100 次 */
    while( cnt < 100)
    {
        /* 获取一个空位 */
        rt_sem_take(&sem_empty, RT_WAITING_FOREVER);

        /* 修改 array 内容，上锁 */
        rt_sem_take(&sem_lock, RT_WAITING_FOREVER);
        array[set%MAXSEM] = cnt + 1;
        rt_kprintf("the producer generates a number: %d\n", array[set%MAXSEM]);
        set++;
        rt_sem_release(&sem_lock);
```

```
        /* 发布一个满位 */
        rt_sem_release(&sem_full);
        cnt++;

        /* 暂停一段时间 */
        rt_thread_delay(50);
    }

    rt_kprintf("the producer exit!\n");
}

/* 消费者线程入口 */
static void consumer_thread_entry(void* parameter)
{
    rt_uint32_t no;
    rt_uint32_t sum = 0;

    /* 第n个线程，由入口参数传进来 */
    no = (rt_uint32_t)parameter;

    while(1)
    {
        /* 获取一个满位 */
        rt_sem_take(&sem_full, RT_WAITING_FOREVER);

        /* 临界区，上锁进行操作 */
        rt_sem_take(&sem_lock, RT_WAITING_FOREVER);
        sum += array[get%MAXSEM];
        rt_kprintf("the consumer[%d] get a number:%d\n", no,
                   array[get%MAXSEM]);
        get++;
        rt_sem_release(&sem_lock);

        /* 释放一个空位 */
        rt_sem_release(&sem_empty);

        /* 生产者线程生产到100个时，消费者线程相应停止 */
```

```
        if (get == 100) break;

        /* 暂停一段时间 */
        rt_thread_delay(10);
    }

    rt_kprintf("the consumer[%d] sum is %d \n ", no, sum);
    rt_kprintf("the consumer[%d] exit!\n");
}

void producer_consumer(void)
{
      /* 创建生产者线程 */
      producer_tid = rt_thread_create("producer",
              producer_thread_entry, /* 线程入口 */
              RT_NULL, /* 入口参数 */
              THREAD_STACK_SIZE, THREAD_PRIORITY - 1, THREAD_TIMESLICE);
      if (producer_tid != RT_NULL)
              rt_thread_startup(producer_tid);

      /* 创建消费者线程 */
      consumer_tid = rt_thread_create("consumer",
              consumer_thread_entry,/* 线程入口 */
              RT_NULL, /* 入口参数 */
              THREAD_STACK_SIZE, THREAD_PRIORITY + 1, THREAD_TIMESLICE);
      if (consumer_tid != RT_NULL)
              rt_thread_startup(consumer_tid);

      /* 初始化 3 个信号量 */
      rt_sem_init(&sem_lock , "lock",    1,    RT_IPC_FLAG_FIFO);
      rt_sem_init(&sem_empty,"empty", MAXSEM, RT_IPC_FLAG_FIFO);
      rt_sem_init(&sem_full , "full",    0,   RT_IPC_FLAG_FIFO);
}
#include <finsh.h>
/* 导出到 msh 命令列表中 */
MSH_CMD_EXPORT(producer_consumer,producer_consumer);
```

在 FinSH 中执行命令“producer_consumer”，运行结果为：

```
msh />producer_consumer
msh />the producer generates a number: 1
the consumer[0] get a number:1
the producer generates a number: 2
the consumer[0] get a number:2
the producer generates a number: 3
the consumer[0] get a number:3
the producer generates a number: 4
the consumer[0] get a number:4
the producer generates a number: 5
the consumer[0] get a number:5
the producer generates a number: 6
the consumer[0] get a number:6
the producer generates a number: 7
the consumer[0] get a number:7
the producer generates a number: 8
the consumer[0] get a number:8
the producer generates a number: 9
the consumer[0] get a number:9
the producer generates a number: 10
```

一共有 5 个空位，生产者线程每生产一个数，就将其顺序放到一个数组中，每生产完一个数组就发布一个满位；消费者线程从数组中取出一个数后，则释放一个空位，消费者线程再进行生产。

13.3.4 使用信号量解决哲学家就餐问题

5 个哲学家围坐在圆桌旁，每个哲学家面前有一盘通心粉，通心粉很滑，需要两把叉子才能夹住，相邻两个盘子各放有一把叉子。哲学家在圆桌上有两种交替活动时段，即吃饭和思考（这只是一种抽象，即对哲学家而言其他活动都无关紧要）。当一个哲学家觉得饿了时，他就试图分两次去取其左边和右边的叉子，每次拿一把，但不分次序。如果成功地得到了两把叉子，就开始吃饭，吃完后放下叉子继续思考。要求：为每一个哲学家写一段描述其行为的程序，且决不会死锁。

每个哲学家一共有 3 种状态，分别为思考（记为 THINKING）、饥饿（记为 HUNGRY）和进餐（记为 EATING）。当哲学家结束思考则进入饥饿状态，他会试图获取叉子。当获取到两把叉子，则进入进餐状态。使用一个数组 phd_state[N] 来跟踪每个哲学家的状态，在本实验中，N 为 5。

只有当两个邻座的哲学家都没有进餐时，该哲学家才允许进入进餐状态。哲学家 i 的两个邻座哲学家记为左边哲学家 ((i+N−1)%N) 和右边哲学家 ((i+1)%N)。即若 i 为 2，则左边哲学家为 1，右边哲学家为 3。

例程使用了一个信号量数组，每个信号量对应一个哲学家，这样在所需的叉子被占用时，想进餐的哲学家就被阻塞。例程为 dining_philosopher.c。

```
/*dining_philosopher.c*/
#include <rthw.h>

#define THREAD_PRIORITY         25
#define THREAD_STACK_SIZE       1024
#define THREAD_TIMESLICE        5

#define N 5 /* 定义哲学家的数目为 5 */
#define LEFT_PHD(i) ((i+N-1)%N) /* 哲学家 i 左边的哲学家 */
#define RIGHT_PHD(i) ((i+1)%N) /* 哲学家 i 右边的哲学家 */

struct rt_semaphore sem[N]; /* 每个哲学家一个信号量 */
struct rt_semaphore sem_lock; /* 定义二值信号量实现临界区互斥 */
enum _phd_state
{ /* 使用枚举类型表示哲学家状态 */
    THINKING = 0,
    HUNGRY,
    EATING,
} phd_state[N]; /* 定义哲学家状态数组 */
const char * status_string[N] =
{
    "thinking",
    "hungry",
    "eating",
};

static void test(int i)
{
    if (phd_state[i] == HUNGRY &&
    phd_state[LEFT_PHD(i)] != EATING &&
    phd_state[RIGHT_PHD(i)] != EATING)
    {
        phd_state[i] = EATING;
        /* 可以得到叉子，故发布信号量 */
        rt_sem_release(&sem[i]);
    }
}
```

```
static void take_forks(int i)
{
    /* 进入临界区 */
    rt_sem_take(&sem_lock, RT_WAITING_FOREVER);
    phd_state[i] = HUNGRY;
    test(i);
    /* 退出临界区 */
    rt_sem_release(&sem_lock);
    /* 如果不处于 EATING 状态则阻塞哲学家 */
    rt_sem_take(&sem[i], RT_WAITING_FOREVER);
}

static void put_forks(int i)
{
    /* 进入临界区 */
    rt_sem_take(&sem_lock, RT_WAITING_FOREVER);
    phd_state[i] = THINKING;
    test(LEFT_PHD(i));
    test(RIGHT_PHD(i));
    /* 退出临界区 */
    rt_sem_release(&sem_lock);
}

/* 哲学家线程 */
static void phd_thread_entry(void* parameter)
{
    int i;
    i = (int)parameter;
    rt_kprintf("phd %i starts...\n", i);
    while(1)
    {
        /* thinking */
        rt_thread_delay(RT_TICK_PER_SECOND);
        rt_kprintf("phd %d is %s\n", i, status_string[phd_state[i]]);
        /* take forks */
        take_forks(i);
        /* eating */
```

```
        rt_kprintf("phd %d is %s\n", i, status_string[phd_state[i]]);
        rt_thread_delay(RT_TICK_PER_SECOND*2);
        /* put forks */
        put_forks(i);
    }
}

void dining_philosopher (void)
{
       int i;
       rt_thread_t tid;
       rt_err_t result;
       /* 初始化信号量 */
       result = rt_sem_init(&sem_lock , "lock", 1, RT_IPC_FLAG_FIFO);
       if (result != RT_EOK)
       return ;
       for (i=0; i<5; i++)
       {
             result = rt_sem_init(&sem[i] , "sem", 0, RT_IPC_FLAG_FIFO);
             if (result != RT_EOK)
             return ;
       }

       for (i=0; i<5; i++)
       {
             tid = rt_thread_create(
             "phd",
             phd_thread_entry,
             (void *)i,
             THREAD_STACK_SIZE, THREAD_PRIORITY, THREAD_TIMESLICE*3);
             if(tid != RT_NULL)
                    rt_thread_startup(tid);
       }
}
#include <finsh.h>
/* 导出到 msh 命令列表中 */
MSH_CMD_EXPORT(dining_philosopher, comu test);
```

在 FinSH 中执行命令“dining_philosopher”，运行结果为：

```
msh /> dining_philosopher
msh >phd 0 starts...
phd 1 starts...
phd 2 starts...
phd 3 starts...
phd 4 starts...
phd 0 is thinking                        //第 1 轮
phd 0 is eating
phd 1 is thinking
phd 2 is thinking
phd 2 is eating
phd 3 is thinking
phd 4 is thinking
phd 4 is eating
phd 1 is eating                          //第 2 轮
phd 0 is thinking
phd 2 is thinking
phd 3 is eating
phd 0 is eating                          //第 3 轮
phd 4 is thinking
phd 1 is thinking
phd 2 is eating
phd 4 is eating
phd 3 is thinking
```

5 个线程顺序开启。第 1 轮：第 0 个哲学家思考，时间是 1 个时钟节拍，思考结束后拿到叉子并开始进餐，时间是 2 个时钟节拍，随后释放信号量；接着第 1 个哲学家思考，但拿不到叉子，无法进餐；第 2 个哲学家思考后拿到叉子并开始进餐；第 3 个哲学家思考后也拿不到叉子；第 4 个哲学家思考后拿到叉子并开始进餐。第 1 轮结束。接着第 2 轮：第 1、3 个哲学家进餐；第 0、2、4 个哲学家思考。最后第 3 轮：第 0、2、4 个哲学家进餐；第 1、3 个哲学家思考。

13.4 互斥量

互斥量的使用比较单一，因为它是信号量的一种，并且它以锁的形式存在。在初始化的时候，互斥量永远都处于开锁的状态，而被线程持有的时候则立刻转为闭锁的状态。互斥量更适用于两种情况：

（1）线程多次持有互斥量的情况，这样可以避免同一线程多次递归持有而造成死锁的问题；（2）可能会由于多线程同步而造成优先级反转的情况。另外需要记住的是互斥量不能在中断服务例程中使用。

13.4.1 互斥量使用的基本例程

在例程 mutex_sample.c 中，线程 1 对两个 number 分别进行加 1 操作，线程 2 也对两个 number 分别进行加 1 操作。使用互斥量保证两个 number 值保持一致。

```
/*mutex_sample.c*/
#include <rtthread.h>

#define THREAD_PRIORITY         8
#define THREAD_TIMESLICE        5

/* 指向互斥量的指针 */
static rt_mutex_t dynamic_mutex = RT_NULL;
static rt_uint8_t number1, number2 = 0;

ALIGN(RT_ALIGN_SIZE)
static char thread1_stack[1024];
static struct rt_thread thread1;
static void rt_thread_entry1(void *parameter)
{
    while (1)
    {
    /* 线程 1 获取到互斥量后，先后对 number1、number2 进行加 1 操作，然后释放互斥量 */
        rt_mutex_take(dynamic_mutex, RT_WAITING_FOREVER);
        number1++;
        rt_thread_mdelay(10);
        number2++;
        rt_mutex_release(dynamic_mutex);
    }
}

ALIGN(RT_ALIGN_SIZE)
static char thread2_stack[1024];
static struct rt_thread thread2;
static void rt_thread_entry2(void *parameter)
{
```

```
    while (1)
    {
        /* 线程 2 获取到互斥量后，检查 number1、number2 的值是否相同，相同则表示互斥
量起到了锁的作用 */
        rt_mutex_take(dynamic_mutex, RT_WAITING_FOREVER);
        if (number1 != number2)
        {
            rt_kprintf("not protect.number1 = %d, mumber2 = %d \n",
                       number1, number2);
        }
        else
        {
            rt_kprintf("mutex protect ,number1 = mumber2 is %d\n", number1);
        }

        number1++;
        number2++;
        rt_mutex_release(dynamic_mutex);

        if (number1 >= 50)
            return;
    }
}

/* 互斥量示例的初始化 */
int mutex_sample(void)
{
    /* 创建一个动态互斥量 */
    dynamic_mutex = rt_mutex_create("dmutex", RT_IPC_FLAG_FIFO);
    if (dynamic_mutex == RT_NULL)
    {
        rt_kprintf("create dynamic mutex failed.\n");
        return -1;
    }

    rt_thread_init(&thread1,
                   "thread1",
                   rt_thread_entry1,
```

```
                        RT_NULL,
                        &thread1_stack[0],
                        sizeof(thread1_stack),
                        THREAD_PRIORITY, THREAD_TIMESLICE);
    rt_thread_startup(&thread1);

    rt_thread_init(&thread2,
                        "thread2",
                        rt_thread_entry2,
                        RT_NULL,
                        &thread2_stack[0],
                        sizeof(thread2_stack),
                        THREAD_PRIORITY - 1, THREAD_TIMESLICE);
    rt_thread_startup(&thread2);
    return 0;
}

/* 导出到 msh 命令列表中 */
MSH_CMD_EXPORT(mutex_sample, mutex sample);
```

在 FinSH 中执行命令“mutex_sample”，运行结果为：

```
msh />mutex_sample
msh />mutex protect ,number1 = mumber2 is 1
mutex protect ,number1 = mumber2 is 2
mutex protect ,number1 = mumber2 is 3
mutex protect ,number1 = mumber2 is 4
mutex protect ,number1 = mumber2 is 5
mutex protect ,number1 = mumber2 is 6
mutex protect ,number1 = mumber2 is 7
mutex protect ,number1 = mumber2 is 8
mutex protect ,number1 = mumber2 is 9
…
```

在 FinSH 中运行，输出工作在线程 2 中进行。线程 1 优先级高，线程 1 先启动，然后 number1 和 number2 都加了 1，再延时。线程 2 启动，但无法获取互斥量，只有等到线程 1 延时结束并释放互斥量，才能运行。此时输出的第一行，是在线程 1 中加 1 操作的。进入线程 2 时，获取互斥量后，先判断 number1、number2 是否相等，如果相等则表明互斥量对它们进行了保护，然后进行加 1 操作，如果不相等则表明互斥量没有起作用；最后释放互斥量。进入调度中，这时一直是线程 2 在运行，一直到 number1 和 number2 都加到 49，线程 2 结束。线程 1 再开始一直运行，只不过是在后台进行 number1 和 number2 的加 1 操作，没有输出。用 list_thread 命令可以查看到正在运行的线程 1。

13.4.2 互斥量优先级反转例程

例程 priority_inversion.c 创建 3 个动态线程以检查持有互斥量时，持有的线程优先级是否被调整到等待线程优先级中的最高优先级。

```
/*priority_inversion.c*/

/*
 * 程序清单：互斥量使用例程
 *
 * 这个例程将创建 3 个动态线程以检查持有互斥量时
 * 持有的线程优先级是否被调整到等待线程优先级中的最高优先级
 *
 * 线程 1、2、3 的优先级从高到低分别被创建
 * 线程 3 先持有互斥量，而后线程 2 试图持有互斥量
 * 此时线程 3 的优先级应该被提升为和线程 2 的优先级相同
 * 线程 1 用于检查线程 3 的优先级是否被提升为与线程 2 的优先级相同
 */
#include <rtthread.h>

/* 指向线程控制块的指针 */
static rt_thread_t tid1 = RT_NULL;
static rt_thread_t tid2 = RT_NULL;
static rt_thread_t tid3 = RT_NULL;
static rt_mutex_t mutex = RT_NULL;

#define THREAD_PRIORITY       10
#define THREAD_STACK_SIZE     512
#define THREAD_TIMESLICE      5

/* 线程 1 入口 */
static void thread1_entry(void *parameter)
{
    /* 先让低优先级线程运行 */
    rt_thread_mdelay(100);

    /* 此时线程 3 持有互斥量，并且线程 2 等待持有互斥量 */
```

```
    /* 检查线程 2 与线程 3 的优先级情况 */
    if (tid2->current_priority != tid3->current_priority)
    {
        /* 优先级不相同，测试失败 */
        rt_kprintf("the priority of thread2 is: %d\n",
                   tid2->current_priority);
        rt_kprintf("the priority of thread3 is: %d\n",
                   tid3->current_priority);
        rt_kprintf("test failed.\n");
        return;
    }
    else
    {
        rt_kprintf("the priority of thread2 is: %d\n",
                   tid2->current_priority);
        rt_kprintf("the priority of thread3 is: %d\n",
                   tid3->current_priority);
        rt_kprintf("test OK.\n");
    }
}

/* 线程 2 入口 */
static void thread2_entry(void *parameter)
{
    rt_err_t result;

    rt_kprintf("the priority of thread2 is: %d\n",
               tid2->current_priority);

    /* 先让低优先级线程运行 */
    rt_thread_mdelay(50);

    /*
     * 试图持有互斥量，此时线程 3 持有
     * 应把线程 3 的优先级提升到与线程 2 相同的优先级
     */
    result = rt_mutex_take(mutex, RT_WAITING_FOREVER);
```

```
    if (result == RT_EOK)
    {
        /* 释放互斥量 */
        rt_mutex_release(mutex);
    }
}

/* 线程 3 入口 */
static void thread3_entry(void *parameter)
{
    rt_tick_t tick;
    rt_err_t result;

    rt_kprintf("the priority of thread3 is: %d\n",
               tid3->current_priority);

    result = rt_mutex_take(mutex, RT_WAITING_FOREVER);
    if (result != RT_EOK)
    {
        rt_kprintf("thread3 take a mutex, failed.\n");
    }

    /* 实现一个长时间的循环，时间为 500ms */
    tick = rt_tick_get();
    while (rt_tick_get() - tick < (RT_TICK_PER_SECOND / 2)) ;

    rt_mutex_release(mutex);
}

int pri_inversion(void)
{
    /* 创建互斥量 */
    mutex = rt_mutex_create("mutex", RT_IPC_FLAG_FIFO);
    if (mutex == RT_NULL)
    {
        rt_kprintf("create dynamic mutex failed.\n");
        return -1;
    }
```

```
    /* 创建线程 1 */
    tid1 = rt_thread_create("thread1",
                            thread1_entry,
                            RT_NULL,
                            THREAD_STACK_SIZE,
                            THREAD_PRIORITY - 1, THREAD_TIMESLICE);
    if (tid1 != RT_NULL)
        rt_thread_startup(tid1);

    /* 创建线程 2 */
    tid2 = rt_thread_create("thread2",
                            thread2_entry,
                            RT_NULL,
                            THREAD_STACK_SIZE,
                            THREAD_PRIORITY, THREAD_TIMESLICE);
    if (tid2 != RT_NULL)
        rt_thread_startup(tid2);

    /* 创建线程 3 */
    tid3 = rt_thread_create("thread3",
                            thread3_entry,
                            RT_NULL,
                            THREAD_STACK_SIZE,
                            THREAD_PRIORITY + 1, THREAD_TIMESLICE);
    if (tid3 != RT_NULL)
        rt_thread_startup(tid3);

    return 0;
}

/* 导出到 msh 命令列表中 */
MSH_CMD_EXPORT(pri_inversion, pri_inversion sample);
```

在 FinSH 中执行命令“pri_inversion”，运行结果为：

```
msh /> pri_inversion
msh />
```

优先级顺序为线程 1> 线程 2> 线程 3， 线程 1、2、3 的优先级从高到低分别被创建。线程 1 优先级最高，运行后执行延时操作，其被挂起。线程 2 运行，执行延时操作后，其也被挂起。线程 3 运行，先持有互斥量，而后实现一个长时间的循环，总共有 50 个时钟节拍，这期间线程 2 一直等待着互斥量。线程 1 的时间片到了，也检查线程 2 与线程 3 的优先级是否相同，而线程 3 的优先级应该被提升为和线程 2 相同的优先级。到了第 55 个时钟节拍时，线程 3 释放互斥量，线程 2 持有信号量成功后立刻释放。最后线程 1 得到执行，检查线程 2 和线程 3 的优先级情况，结果是相同的，否则输出“test failed.”。

13.4.3 互斥量优先级继承例程

优先级继承是指将占有共享资源的的低优先级线程的优先级临时提升，提升到等待该共享资源的所有线程中优先级最高的那个线程的优先级。当高优先级线程由于等待共享资源被阻塞时，拥有共享资源的线程的优先级会被自动提升，从而避免出现优先级反转问题。例程为 pri_inheritance.c。

```
/*pri_inheritance.c*/
#include <rthw.h>

static rt_thread_t tid1 = RT_NULL;
static rt_thread_t tid2 = RT_NULL;
static rt_thread_t worker = RT_NULL;
static rt_mutex_t mutex = RT_NULL;

#define THREAD_PRIORITY          25
#define THREAD_STACK_SIZE        512
#define THREAD_TIMESLICE         5

rt_uint32_t worker_count, t1_count, t2_count;

static void thread1_entry(void* parameter)
{
    rt_err_t result;
    result = rt_mutex_take(mutex, RT_WAITING_FOREVER);
    result = rt_mutex_take(mutex, RT_WAITING_FOREVER);
    rt_kprintf("thread1: got mutex\n");
    if (result != RT_EOK)
    {
        return;
    }
    for(t1_count = 0; t1_count < 5;t1_count ++)
    {
        rt_kprintf("thread1:count: %d\n", t1_count);
```

```
    }
    rt_kprintf("thread1: released mutex\n");
    /* 判断语句用来验证 thread1 的优先级是否提升到与 thread2 的一致，可去除 */
    if(tid2->current_priority == tid1->current_priority)
    {
        rt_mutex_release(mutex);
        rt_mutex_release(mutex);
    }
}

static void thread2_entry(void* parameter)
{
    rt_err_t result;
    rt_thread_delay(5);
    result = rt_mutex_take(mutex, RT_WAITING_FOREVER);
    rt_kprintf("thread2: got mutex\n");
    for(t2_count = 0; t2_count < 5;t2_count ++)
    {
        rt_kprintf("thread2: count: %d\n", t2_count);
    }
}

static void worker_thread_entry(void* parameter)
{
    rt_thread_delay(5);
    for(worker_count = 0; worker_count < 5; worker_count++)
    {
        rt_kprintf("worker:count: %d\n", worker_count);
        rt_thread_delay(5);
    }
}

void pri_inheritance.c(void)
{
       mutex = rt_mutex_create("mutex", RT_IPC_FLAG_FIFO);
       if (mutex == RT_NULL)
       {
              return ;
```

```
        }

    tid1 = rt_thread_create("thread1",
         thread1_entry, RT_NULL,
         THREAD_STACK_SIZE, THREAD_PRIORITY + 2, THREAD_TIMESLICE);
    if (tid1 != RT_NULL)
        rt_thread_startup(tid1);

    tid2 = rt_thread_create("thread2",
        thread2_entry,RT_NULL,
        THREAD_STACK_SIZE, THREAD_PRIORITY, THREAD_TIMESLICE);
    if (tid2 != RT_NULL)
        rt_thread_startup(tid2);

    worker = rt_thread_create("worker",
        worker_thread_entry,RT_NULL,
        THREAD_STACK_SIZE, THREAD_PRIORITY+1, THREAD_TIMESLICE);
    if (worker != RT_NULL)
        rt_thread_startup(worker);
}
#include <finsh.h>
/* 导出到 msh 命令列表中 */
MSH_CMD_EXPORT(pri_inheritance.c, comu test);
```

在 FinSH 中执行命令“pri_inheritance.c”，运行结果为：

```
msh /> pri_inheritance.c
msh />thread1: got mutex
thread1:count: 0
thread1:count: 1
thread1:count: 2
thread1:count: 3
thread1:count: 4
thread1: released mutex
thread2: got mutex
thread2: count: 0
thread2: count: 1
thread2: count: 2
thread2: count: 3
```

```
thread2:count: 4
worker:count: 0
worker:count: 1
worker:count: 2
worker:count: 3
worker:count: 4
```

3 个线程的优先级顺序是 thread2 > worker > thread1。在 RT-Thread 的互斥量设计中已经实现了优先级继承这种算法，因此使用互斥量即可通过优先级继承算法解决优先级反转问题。

虽然线程 thread2 和 worker 的优先级比 thread1 的高，但是这两个线程均在进程开始就执行了延时函数，于是轮到 thread1 执行，然后 thread1 获得互斥量，thread2 延时结束后，虽然它的优先级高于 thread1，但是它所需的互斥量被 thread1 占有了，无法获得所需的互斥量，无法继续运行。在此时，系统的优先级继承算法会起作用，将 thread1 的优先级提升到与 thread2 的一致，验证方法是在 thread1 释放互斥量之前插入判断 tid2-> current_priority 是否等于 tid1-> current_priority 的语句，当然此时的结果是等于。当 thread1 优先级被提升到和 thread2 的一样后，worker 线程优先级因为低于 thread1 的优先级而不再能够抢占 thread1，从而避免优先级反转现象发生。

所以说，优先级反转的问题可以通过优先级继承来解决，在 RT-Thread 的互斥量中已实现优先级继承算法。

13.5 事件

事件可用于多种场合，它能够在一定程度上替代信号量，用于线程间同步。一个线程或中断服务例程发送一个事件给事件对象，而后等待的线程被唤醒并对相应的事件进行处理。但是它与信号量不同的是，事件的发送操作在事件未清除前是不可累计的，而信号量的释放动作是可累计的。事件的另一个特性是，接收线程可等待多个事件，即多个事件对应一个线程或多个线程。同时按照线程等待的参数，可选择“逻辑或”触发或“逻辑与”触发。这个特性也是信号量等所不具备的，信号量只能识别单一的释放动作，而不能同时等待多种类型的释放动作。

例程 event_sample.c 演示了在 RT-Thread 中使用事件实现多线程间同步和通信。

```
/*event_sample.c*/
#include <rthw.h>

static rt_thread_t tid1 = RT_NULL;
static rt_thread_t tid2 = RT_NULL;
static rt_thread_t tid3 = RT_NULL;
```

```
#define THREAD_PRIORITY         25
#define THREAD_STACK_SIZE       512
#define THREAD_TIMESLICE        5

/* 事件控制块 */
static struct rt_event event;
rt_err_t result;

/* 线程 1 入口 */
static void thread1_entry(void *param)
{
    rt_uint32_t event_rev;
    /* receive first event */
    if (rt_event_recv(&event, ((1 << 3) | (1 << 5)),
        RT_EVENT_FLAG_AND | RT_EVENT_FLAG_CLEAR,
        RT_WAITING_FOREVER, &event_rev) == RT_EOK)
    {
        rt_kprintf("thread1: AND recv event 0x%x\n", event_rev);
    }
    rt_kprintf("thread1: delay 1s to prepare second event\n");
    rt_thread_delay(RT_TICK_PER_SECOND);
    /* receive second event */
    if (rt_event_recv(&event, ((1 << 3) | (1 << 5)),
        RT_EVENT_FLAG_OR | RT_EVENT_FLAG_CLEAR,
        RT_WAITING_FOREVER, &event_rev) == RT_EOK)
    {
        rt_kprintf("thread1: OR recv event 0x%x\n", event_rev);
    }
    rt_kprintf("thread1 leave.\n");
}

/* 线程 2 入口 */
static void thread2_entry(void *param)
{
rt_kprintf("thread2: send event1\n");
rt_event_send(&event, (1 << 3));
rt_kprintf("thread2 leave.\n");
}
```

```
/* 线程 3 入口 */
static void thread3_entry(void *param)
{
    rt_kprintf("thread3: send event2\n");
    rt_event_send(&event, (1 << 5));
    rt_thread_delay(20);
    rt_kprintf("thread3: send event2\n");
    rt_event_send(&event, (1 << 5));
    rt_kprintf("thread3 leave.\n");
}

void event_sample(void)
{
        /* 初始化事件对象 */
        rt_event_init(&event, "event", RT_IPC_FLAG_FIFO);
        if (result != RT_EOK)
        {
              rt_kprintf("init event failed.\n");
              return ;
        }
        tid1 = rt_thread_create("thread1",
                        thread1_entry, RT_NULL, THREAD_STACK_SIZE,
                        THREAD_PRIORITY - 1, THREAD_TIMESLICE);
        if (tid1 != RT_NULL)
                        rt_thread_startup(tid1);

        tid2 = rt_thread_create("thread2",
                        thread2_entry,RT_NULL, THREAD_STACK_SIZE,
                        THREAD_PRIORITY, THREAD_TIMESLICE);
        if (tid2 != RT_NULL)
                        rt_thread_startup(tid2);

        tid3 = rt_thread_create("thread3",
                        thread3_entry,RT_NULL, THREAD_STACK_SIZE,
                        THREAD_PRIORITY + 1, THREAD_TIMESLICE);
        if (tid3 != RT_NULL)
                        rt_thread_startup(tid3);
```

```
}
#include <finsh.h>
/* 导出到 msh 命令列表中 */
MSH_CMD_EXPORT(event_sample, event_sample test);
```

在 FinSH 中执行命令“event_sample”，运行结果为：

```
msh /> event_sample
msh />thread2: send event1
thread2 leave.
thread3: send event2
thread1: AND recv event 0x28
thread1: delay 1s to prepare second event
thread3: send event2
thread3 leave.
thread1: OR recv event 0x20
thread1 leave.
```

线程 1 调用 rt_event_recv 函数，等待 event 事件上 bit3 和 bit5 代表的事件发生；第三个参数中的 RT_EVENT_FLAG_AND 表示事件标志采用与，即等待的多个事件同时发生此函数才返回，否则继续等待事件；RT_EVENT_FLAG_CLEAR 表示接收到事件后将事件相关位清除；RT_WAITING_FOREVER 表示如果等待的时间没有发生，则永远等待下去。线程 1 先等待 bit3 和 bit5 表示的事件，若都发生则向串口输出信息，否则永远等待下去。之后使用 rt_thread_delay 延时 1s。之后再次等待 bit3 和 bit5 表示的事件，这一次使用的是 RT_EVENT_FLAG_OR，这表示 bit3 和 bit5 任意一个事件发生都可以。

各个线程的优先级顺序为线程 1> 线程 2> 线程 3。线程 1 首先运行，其线程处理函数中调用 rt_event_recv，以“AND”方式接收 event 事件上 bit3 和 bit5 表示的事件，这两个事件中只要有任何一个没有发生，线程 1 就会被挂起到 event 事件上，即只有当 bit3 和 bit5 表示的事件都发生后，线程 1 才被唤醒。显然，线程 1 被挂起后，调度器会重新调度，线程 2 被调度运行，它会输出“thread2： send event1”，然后向 event 事件发送 bit3 代表的事件。之后线程 2 退出。此时依然不满足线程 1 等待的事件条件，bit3 置位，bit5 依然为 0，因此线程 1 依然被挂起在 event 事件上。调度器继续调度，线程 3 被调度运行，线程 3 输出“thread3： send event2”，然后使用 rt_event_send(&event, (1 << 5)) 向 event 事件发送 bit5 代表的事件，此时线程 1 等待的条件满足，线程 1 的状态由挂起转换成就绪。线程 1 的优先级高于线程 3，因此在下一个系统 tick 中断后，线程 1 被调度运行。线程 1 接收 event 事件后，会将 event 的 bit3 和 bit5 清零，接下来向串口输出两句话“thread1: AND recv event 0x28”和“thread1: delay 1s to prepare second event”。线程 1 再次接收事件 bit3 和 bit5，这次以“OR”方式等待事件，即 bit3 和 bit5 中任意一个事件发生则线程 1 等

待的条件满足，否则被挂起在 event 事件上。此时线程 1 再次被挂起，等待 bit3 或 bit5 代表的事件发生。内核再次调度线程 3 运行，线程 3 中调用 rt_event_send(&event, (1 << 5))，这会将线程 1 的状态从挂起切换成就绪，但并不会立刻执行状态切换，状态切换会发生在下一次系统 tick 中断中。因此线程 3 继续运行，输出“thread3 leave”。在之后的系统 tick 中断中，线程 1 被调度运行，输出“thread1: OR recv event 0x20”和“thread1 leave”。线程 1 的处理函数也在运行完毕后退出，之后内核调度运行空闲线程。

13.6 邮箱基本使用

邮箱服务是实时操作系统中一种典型的任务间通信方法，特点是开销比较低、效率较高。邮箱中的每一封邮件只能容纳固定的 4 字节内容（针对 32 位处理系统，指针的大小为 4 字节，所以一封邮件恰好能够容纳一个指针）。典型的邮箱也称作交换消息，线程或中断服务例程把一封长度为 4 字节的邮件发送到邮箱中。而一个或多个线程可以从邮箱中接收这些邮件并进行处理。

邮箱是一种简单的线程间消息传递方式，在 RT-Thread 操作系统的实现中能够一次传递 4 字节的邮件，并且邮箱具备一定的存储功能，能够缓存一定数量的邮件（邮件数由创建、初始化邮箱时指定的容量决定）。邮箱中一封邮件的最大长度是 4 字节，所以邮箱能够用于不超过 4 字节的消息传递，当传送的消息长度大于这个数目时就不能再采用邮箱的方式。最重要的是，在 32 位操作系统上 4 字节的内容恰好适合放置一个指针，所以邮箱也适用于仅传递指针的情况。

邮箱控制块的定义如下：

```
struct rt_mailbox
{
    struct rt_ipc_object parent;

    rt_uint32_t* msg_pool;                  /* 邮箱缓冲区的开始地址 */
    rt_uint16_t size;                       /* 邮箱缓冲区的大小     */

    rt_uint16_t entry;                      /* 邮箱中邮件的数目     */
    rt_uint16_t in_offset, out_offset;      /* 邮箱缓冲的进出指针   */
    rt_list_t suspend_sender_thread;        /* 发送线程的挂起等待队列 */
};
typedef struct rt_mailbox* rt_mailbox_t;
```

例程 mailbox_sample.c 创建两个动态线程和一个静态的邮箱对象，其中一个线程往邮箱中发送邮件，另一个线程从邮箱中收取邮件。

```
/*mailbox_sample.c*/
#include <rthw.h>

static rt_thread_t tid1 = RT_NULL;
static rt_thread_t tid2 = RT_NULL;

#define THREAD_PRIORITY         25
#define THREAD_STACK_SIZE       512
#define THREAD_TIMESLICE        5

/* 邮箱控制块 */
static struct rt_mailbox mb;
/* 用于放邮件的内存池 */
static char mb_pool[128];

static char mb_str1[] = "I’m a mail!";
static char mb_str2[] = "this is another mail!";

/* 线程 1 入口 */
static void thread1_entry(void* parameter)
{
    unsigned char* str;

    while (1)
    {
        rt_kprintf("thread1: try to recv a mail\n");

        /* 从邮箱中收取邮件 */
        if (rt_mb_recv(&mb, (rt_uint32_t*)&str, RT_WAITING_FOREVER)
                == RT_EOK)
        {
            /* 显示邮箱内容 */
            rt_kprintf("thread1: get a mail, the content:%s\n", str);

            /* 延时 10 个时钟节拍 */
            rt_thread_delay(10);
        }
    }
```

```
}

/* 线程 2 入口 */
static void thread2_entry(void* parameter)
{
    rt_uint8_t count;

    count = 0;
    while (1)
    {
        count ++;
         /* 轮流发送 2 个字符串的地址 */
        if (count & 0x1)
        {
            /* 发送 mb_str1 地址到邮箱中 */
            rt_mb_send(&mb, (rt_uint32_t)&mb_str1[0]);
        }
        else
        {
            /* 发送 mb_str2 地址到邮箱中 */
            rt_mb_send(&mb, (rt_uint32_t)&mb_str2[0]);
        }

        /* 延时 20 个时钟节拍 */
        rt_thread_delay(20);
    }
}

void mailbox_sample(void)
{

    /* 初始化一个邮箱 */
    rt_mb_init(&mb,
        "mbt",              /* 名称是 mbt */
        &mb_pool[0],        /* 邮箱用到的内存池是 mb_pool */
        sizeof(mb_pool)/4,  /* 大小是 mb_pool/4，因为每封邮件的大小是 4 字节 */
        RT_IPC_FLAG_FIFO);  /* 采用 FIFO 方式进行线程等待 */
```

```
        tid1 = rt_thread_create("thread1",
                        thread1_entry, RT_NULL,
                        THREAD_STACK_SIZE, THREAD_PRIORITY, THREAD_TIMESLICE);
        if (tid1 != RT_NULL)
                        rt_thread_startup(tid1);

        tid2 = rt_thread_create("thread2",
                        thread2_entry,RT_NULL,
                        THREAD_STACK_SIZE, THREAD_PRIORITY, THREAD_TIMESLICE);
        if (tid2 != RT_NULL)
                        rt_thread_startup(tid2);
}
#include <finsh.h>
/* 导出到 msh 命令列表中 */
MSH_CMD_EXPORT(mailbox_sample, comu test);
```

在 FinSH 中执行命令“mailbox_sample”，运行结果为：

```
msh /> mailbox_sample
msh />thread1: try to recv a mail
thread1: get a mail, the content:I' m a mail!
thread1: try to recv a mail
thread1: get a mail, the content:this is another mail!
thread1: try to recv a mail
thread1: get a mail, the content:I' m a mail!
thread1: try to recv a mail
thread1: get a mail, the content:this is another mail!
thread1: try to recv a mail
thread1: get a mail, the content:I' m a mail!
thread1: try to recv a mail
thread1: get a mail, the content:this is another mail!
thread1: try to recv a mail
```

线程 1 和线程 2 启动后，线程 2 轮流发送 2 个字符串地址到邮箱。线程 1 收到后，则输出收到地址的字符串。

13.7 消息队列

消息队列是另一种常用的线程间通信方式，它能够接收来自线程或中断服务例程中不固定长度的消息，并把消息缓存在自己的内存空间中。其他线程也能够从消息队列中读取相应的消息，而当消息队列是空的时候，可以挂起读取线程。当有新的消息到达时，挂起的线程将被唤醒以接收并处理消息。消息队列是一种异步的通信方式。

通过消息队列服务，线程或中断服务例程可以将一条或多条消息放入消息队列中；同样，一个或多个线程可以从消息队列中获得消息。当有多条消息发送到消息队列时，通常应将先进入消息队列的消息先传给线程，也就是说，线程先得到的是最先进入消息队列的消息，即遵循 FIFO 原则。

RT-Thread 操作系统的消息队列对象由多个元素组成，当消息队列被创建时，它就被分配了消息队列控制块：消息队列名称、内存缓冲区、消息大小以及队列长度等。同时每个消息队列对象中包含多个消息框，每个消息框可以存放一条消息；消息队列中的第一个和最后一个消息框被分别称为消息链表头和消息链表尾，有些消息框可能是空的，可形成一个空闲消息框链表。所有消息队列中的消息框总数即消息队列的长度，这个长度可在消息队列创建时指定。

例程 msgq_sample.c 创建 3 个动态线程：线程 1 会从消息队列中接收消息，线程 2 会定时给消息队列发送消息，线程 3 会定时给消息队列发送紧急消息。

```
/*msgq_sample.c */
#include <rtthread.h>

#define THREAD_PRIORITY       25
#define THREAD_TIMESLICE      5

/* 消息队列控制块 */
static struct rt_messagequeue mq;
/* 消息队列中用到的放置消息的内存池 */
static rt_uint8_t msg_pool[2048];

ALIGN(RT_ALIGN_SIZE)
static char thread1_stack[1024];
static struct rt_thread thread1;

/* 线程 1 入口函数 */
static void thread1_entry(void *parameter)
{
    char buf = 0;
    rt_uint8_t cnt = 0;
```

```
    while (1)
    {
        /* 从消息队列中接收消息 */
        if (rt_mq_recv(&mq, &buf, sizeof(buf), RT_WAITING_FOREVER) == RT_EOK)
        {
            rt_kprintf("thread1: recv msg from msg queue,
                        the content:%c\n", buf);
            if (cnt == 19)
            {
                break;
            }
        }
        /* 延时 50ms */
        cnt++;
        rt_thread_mdelay(50);
    }
    rt_kprintf("thread1: detach mq \n");
    rt_mq_detach(&mq);
}

ALIGN(RT_ALIGN_SIZE)
static char thread2_stack[1024];
static struct rt_thread thread2;

/* 线程 2 入口 */
static void thread2_entry(void *parameter)
{
    int result;
    char buf = 'A';
    rt_uint8_t cnt = 0;

    while (1)
    {
        if (cnt == 8)
        {
            /* 发送紧急消息到消息队列中 */
            result = rt_mq_urgent(&mq, &buf, 1)
            if (result != RT_EOK)
```

```
            {
                rt_kprintf("rt_mq_urgent ERR\n");
            }
            else
            {
                rt_kprintf("thread2: send urgent message - %c\n", buf);
            }
        }
        else if (cnt >= 20)/* 发送 20 次消息之后退出 */
        {
            rt_kprintf("message queue stop send, thread2 quit\n");
            break;
        }
        else
        {
            /* 发送消息到消息队列中 */
            result = rt_mq_send(&mq, &buf, 1);
            if (result != RT_EOK)
            {
                rt_kprintf("rt_mq_send ERR\n");
            }

            rt_kprintf("thread2: send message - %c\n", buf);
        }
        buf++;
        cnt++;
        /* 延时 5ms */
        rt_thread_mdelay(5);
    }
}

/* 消息队列示例的初始化 */
int msgq_sample(void)
{
    rt_err_t result;

    /* 初始化消息队列 */
    result = rt_mq_init(&mq,
```

```
            "mqt",
            &msg_pool[0],              /* 内存池指向 msg_pool */
            1,                         /* 每个消息的大小是 1 字节 */
            sizeof(msg_pool),/* 内存池的大小是 msg_pool 的大小 */
            RT_IPC_FLAG_FIFO);/* 如果有多个线程等待，按照先进先出的方法分配消息 */

    if (result != RT_EOK)
    {
        rt_kprintf("init message queue failed.\n");
        return -1;
    }

    rt_thread_init(&thread1,
                   "thread1",
                   thread1_entry,
                   RT_NULL,
                   &thread1_stack[0],
                   sizeof(thread1_stack),
                   THREAD_PRIORITY, THREAD_TIMESLICE);
    rt_thread_startup(&thread1);

    rt_thread_init(&thread2,
                   "thread2",
                   thread2_entry,
                   RT_NULL,
                   &thread2_stack[0],
                   sizeof(thread2_stack),
                   THREAD_PRIORITY, THREAD_TIMESLICE);
    rt_thread_startup(&thread2);

    return 0;
}

/* 导出到 msh 命令列表中 */
MSH_CMD_EXPORT(msgq_sample, msgq sample);
```

在 FinSH 中运行命令“msgq_sample”，运行结果为：

```
msh />msgq_sample
msh />thread2: send message - A
thread1: recv msg from msg queue, the content:A
thread2: send message - B
thread2: send message - C
thread2: send message - D
thread2: send message - E
thread2: send message - F
thread2: send message - G
thread2: send message - H
thread2: send urgent message - I
thread1: recv urgent message - I
thread2: send message - J
thread2: send message - K
thread2: send message - L
thread2: send message - M
thread2: send message - N
thread2: send message - O
thread2: send message - P
thread1: recv msg from msg queue, the content:B
thread2: send message - Q
thread2: send message - R
thread2: send message - S
thread2: send message - T
message queue stop send, thread2 quit
thread1: recv msg from msg queue, the content:C
thread1: recv msg from msg queue, the content:D
thread1: recv msg from msg queue, the content:E
thread1: recv msg from msg queue, the content:F
thread1: recv msg from msg queue, the content:G
thread1: recv msg from msg queue, the content:H
thread1: recv msg from msg queue, the content:J
thread1: recv msg from msg queue, the content:K
thread1: recv msg from msg queue, the content:L
thread1: recv msg from msg queue, the content:M
thread1: recv msg from msg queue, the content:N
thread1: recv msg from msg queue, the content:O
thread1: recv msg from msg queue, the content:P
thread1: recv msg from msg queue, the content:Q
```

```
thread1: recv msg from msg queue, the content:R
thread1: recv msg from msg queue, the content:S
thread1: recv msg from msg queue, the content:T
thread1: detach mq
```

程序会创建 2 个动态线程，线程 1 会从消息队列中收取消息；线程 2 定时给消息队列发送普通消息和紧急消息。由于线程 2 发送的消息“I”是紧急消息，会直接插入消息队列的队首，所以线程 1 在接收到消息 “A” 后，接收的是该紧急消息，之后才接收消息“B”。线程 2 发送完 20 条消息后，退出；线程 1 接收完 20 条消息后，也退出。

13.8 邮箱与消息队列的区别

消息队列和邮箱的明显不同是消息长度并不限定在 4 字节以内，另外消息队列包括一个发送紧急消息的函数接口。但是当创建的消息队列的所有消息的最大长度是 4 字节时，消息队列将退化成邮箱。这个不限定长度的消息，也及时反映到了代码编写的场合上，同样是类似邮箱的代码：

```
struct msg
{
    rt_uint8_t *data_ptr;    /* 数据块首地址 */
    rt_uint32_t data_size;   /* 数据块大小 */
};
```

与邮箱例子相同的消息结构定义，假设依然需要发送这样一条消息给接收线程。在邮箱例子中，这个结构只能发送指向这个结构的指针（在函数指针被发送过去后，接收线程能够正确地访问指向这个地址的内容，通常这块数据需要留给接收线程来释放）。而使用消息队列的方式则大不相同：

```
void send_op(void *data, rt_size_t length)
{
    struct msg msg_ptr;

    msg_ptr.data_ptr = data;  /* 指向相应的数据块地址 */
    msg_ptr.data_size = length; /* 数据块的长度 */

    /* 发送这个消息指针给 mq 消息队列 */
    rt_mq_send(mq, (void*)&msg_ptr, sizeof(struct msg));
}
```

13.9 信号的概念及使用

13.9.1 信号的概念

信号在系统中用作异步通信，本质是软中断，用来通知线程发生了异步事件，进行线程之间的异常通知、应急处理。

信号在软件层次上是对中断机制的一种模拟，在原理上，一个线程收到一个信号与处理器收到一个中断请求可以说是一样的。信号是线程间通信机制中的异步通信机制，一个线程不必通过任何操作来等待信号到达，事实上，线程也不知道信号到底什么时候到达，线程之间可以互相通过调用 rt_thread_kill 发送软中断信号。

POSIX 标准定义了 sigset_t 类型来定义一个信号集，然而 sigset_t 类型在不同的系统中可能有不同的定义方式。在 RT-Thread 中，将 sigset_t 定义成 unsigned long 型，并命名为 rt_sigset_t，应用程序能够使用信号 SIGUSR1(10) 和 SIGUSR2(12)。

收到信号的线程对各种信号有不同的处理方法，可以分为以下 3 种。

第一种，类似中断的处理程序，对于需要处理的信号，线程可以指定处理函数，由该函数来处理。

第二种，忽略某个信号，对该信号不做任何处理，就像未发生过一样。

第三种，对该信号的处理保留系统的默认值。

如图 13.1 所示，假设线程 1 需要对信号进行处理，首先线程 1 安装一个信号并解除阻塞，在安装的同时设定对信号的异常处理方式；然后其他线程可以给线程 1 发送信号，触发线程 1 对该信号的处理。

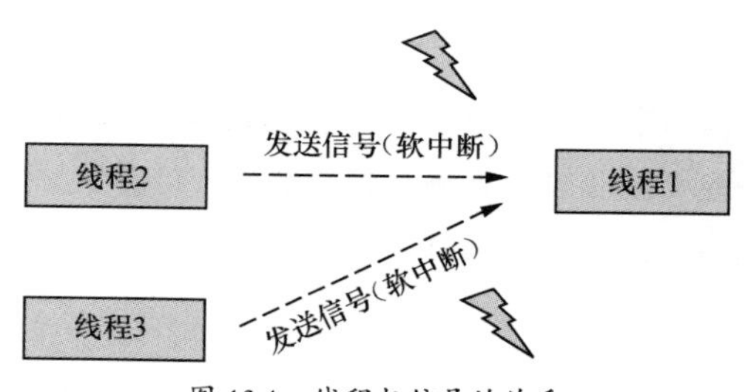

图 13.1 线程与信号的关系

当信号被传递给线程 1 时，如果它正处于挂起状态，就会改为就绪状态去处理对应的信号；如果它正处于运行状态，就会在它当前的线程栈基础上建立新栈帧空间去处理对应的信号，需要注意的是，使用的线程栈大小也会相应增加。对于信号的操作，有以下几种：安装信号、阻塞信号、阻塞解除、信号发送、信号等待等。

13.9.2 信号的应用例程

下面编写代码在系统中安装并使用信号。如果线程要处理某一信号，就要在线程中安装该信号。

安装信号主要用来确定信号值及线程针对该信号值的动作之间的映射关系，即线程将要处理哪个信号；该信号被传递给线程时，将执行何种操作。

信号阻塞，也可以理解为屏蔽信号。如果该信号被阻塞，则将不会传达给安装此信号的线程，也不会引发软中断处理。调用 rt_signal_mask 可以使信号阻塞。线程中安装有多个信号时，使用信号阻塞函数可以对其中一些信号给予“关注”，发送这些信号都会引发线程的软中断。调用 rt_signal_unmask 可以解除信号阻塞。

当需要进行异常处理时，可以发送信号给设定了处理异常的线程。调用 rt_thread_kill 可以向任何线程发送信号 。

函数 wait 等待 set 信号的到来，如果没有等到这个信号，则将线程挂起，直到这个信号到达或者等待时间超过指定的时间 timeout。如果等到了该信号，则将指向该信号的指针存入 si。

例程 signal_sample.c 是信号的应用例程。此例程创建了 1 个线程，在安装信号时，将信号处理方式设为自定义处理，定义的信号处理函数为 thread1_signal_handler。待此线程运行并安装好信号之后，给此线程发送信号。此线程将接收到信号，并输出信息。

```
/*signal_sample.c */
#include <rthw.h>
#include <rtthread.h>

#define THREAD_PRIORITY         25
#define THREAD_STACK_SIZE       512
#define THREAD_TIMESLICE        5

static rt_thread_t tid1 = RT_NULL;

/* 线程 1 的信号处理函数 */
void thread1_signal_handler(int sig)
{
    rt_kprintf("thread1 received signal %d\n", sig);
}

/* 线程 1 的入口函数 */
static void thread1_entry(void *parameter)
{
    int cnt = 0;

    /* 安装信号 */
    rt_signal_install(SIGUSR1, thread1_signal_handler);
    rt_signal_unmask(SIGUSR1);
```

```
    /* 运行 10 次 */
    while (cnt < 10)
    {
        /* 线程 1 采用低优先级运行，一直输出计数值 */
        rt_kprintf("thread1 count : %d\n", cnt);

        cnt++;
        rt_thread_mdelay(100);
    }
}

/* 信号示例的初始化 */
int signal_sample(void)
{
    /* 创建线程 1 */
    tid1 = rt_thread_create("thread1",
                            thread1_entry, RT_NULL,
                            THREAD_STACK_SIZE,
                            THREAD_PRIORITY, THREAD_TIMESLICE);

    if (tid1 != RT_NULL)
        rt_thread_startup(tid1);

    rt_thread_mdelay(300);

    /* 发送信号 SIGUSR1 给线程 1 */
    rt_thread_kill(tid1, SIGUSR1);

    return 0;
}

/* 导出到 msh 命令列表中 */
MSH_CMD_EXPORT(signal_sample, signal sample);
```

在 FinSH 中执行命令“signal_sample”，运行结果为：

```
msh >signal_ sample
thread1 count : 0
```

```
thread1 count : 1
thread1 count : 2
msh >thread1 received signal 10
thread1 count : 3
thread1 count : 4
thread1 count : 5
thread1 count : 6
thread1 count : 7
thread1 count : 8
thread1 count : 9
```

例程中，首先线程安装信号并解除阻塞，然后发送信号给线程。线程接收到信号并输出接收到的信号：SIGUSR1(10)。SIGUSR1 的定义在 signal.h 中，值为 10。

练习题

1. 什么是临界区和共享资源？
2. 什么是信号量？它可以分为哪几类？
3. 信号量的状态有哪些 ？作用是什么？
4. 线程间通信有哪些 ？
5. 试说明邮箱是什么。单个邮件大小为多少？邮箱通信机制是什么？

第14章

RT-Thread 内存管理

本章知识

- RT-Thread 内存管理基础
- 内存分配方法与使用示例

14.1 内存管理基础知识

内存管理是指软件运行时对计算机内存资源的分配和使用的技术。内存管理最主要的目的是高效、快速地分配内存，并在适当的时候释放和回收内存资源。

嵌入式实时操作系统在进行内存管理时通常分为以下两类。

（1）不使用内存管理：这是最快速和最确定的内存管理方式，适用于那些小型的嵌入式系统，系统中的任务比较少，且数量固定。

（2）操作系统基本内存管理方法：这是一般操作系统都具有的基本内存管理方法，它能提供内存分配与释放的基本功能。

在内存分配时，有静态内存分配与动态内存分配两种方法。

静态内存在编译和链接的阶段就会分配好。静态内存分配好后，在程序运行过程中一直存在，不会被释放，并且一旦分配好，内存大小就固定下来，不能被改变。它有以下 3 个特点。

（1）在强实时操作系统中，可减少内存分配在时间上可能带来的不确定性。

（2）不需要操作系统进行专门的内存管理操作。

（3）系统使用内存的效率比较低，只适用于那些强实时且应用比较简单、任务数量可以静态确定的系统。

动态内存分配是指在程序运行时内存管理算法为程序中的变量分配内存空间，完全由应用程序进行内存的分配和回收，其大小可变。通过调用 rt_malloc 得到的内存在堆上，不再需要时要显式地调用 rt_free 来释放，否则会造成内存泄漏。它的特点如下。

（1）堆会带来内存碎片。一块完整的内存经过多次申请和释放，已使用的区域将变得不连续，中间夹杂着一些释放掉的零散的可用区域，但这些零散的区域不能满足申请大内存块的要求，使得连续的空闲区域变得越来越小。这个过程中产生的零散的小内存区域就是内存碎片。

（2）垃圾回收。可对内存堆进行重新排列，把碎片组织成大的、连续可用的内存空间。但垃圾回收的时间长短不确定，不适用于处理实时应用。需要注意的是，在实时操作系统中，应该避免内存碎片的出现，而不是在出现内存碎片时进行回收。

由于实时操作系统对时间的要求非常严格，内存管理往往比通用操作系统要求苛刻得多，主要有以下原因。

（1）分配内存的时间必须是确定的。一般内存管理算法是根据需要存储的数据的长度在内存中寻找一个与这段数据相适应的空闲内存块，然后将数据存储在里面。而寻找这样一个空闲内存块所耗费的时间是不确定的，因此对实时操作系统来说，这就是不可接受的，实时操作系统必须要保证内存块的分配过程在可预测的确定时间内完成，否则实时任务对外部事件的响应也将变得不可确定。

（2）随着内存不断被分配和释放，整个内存区域会产生越来越多的内存碎片（因为在使用过程中申请了一些内存，其中一些释放了，导致内存空间中存在一些小的内存块，它们的地址不连续，不能作为一整块大内存分配出去），系统中还有足够的空闲内存，但因为它们的地址并不连续，不能组成一块连续的完整内存，会使得程序不能申请到大的内存。对通用操作系统而言，这种不恰当的内存分配算法可以通过重新启动系统来处理（每个月或者数个月进行一次），但是对那些需要长年不间断地工作于野外的嵌入式系统来说，就变得让人无法接受了。

（3）嵌入式系统的资源环境也是不尽相同的，有些系统的资源比较紧张，只有千字节的内存可供分配，而有些系统则存在数兆字节的内存可供分配，如何为这些不同的系统选择适合它们的高效率的内存分配算法将变得很复杂。

14.2 RT-Thread 内存管理基础

RT-Thread 使用静态内存池管理静态内存，它会在指定的一块地址连续的内存空间中，实现固定大小内存块的分配。

RT-Thread 使用动态内存堆管理算法进行动态内存管理，动态内存堆管理算法是指在指定边界的一块地址连续的内存空间中，实现可变大小内存块的分配。并且，应用根据需求从固定大小存储区或者可变大小存储区中获得一块内存空间，用完后将该内存空间释放回相应的存储区。

RT-Thread 操作系统在内存管理上，根据上层应用及系统资源的不同，有针对性地提供了不同的内存分配管理算法，总体上可分为两类：内存堆管理与内存池管理。内存堆管理又根据具体内存设备划分为 3 种：

- 针对小内存块的分配管理（小内存管理算法）；
- 针对大内存块的分配管理（slab 管理算法）；
- 针对多内存堆的分配管理（memheap 管理算法）。

小内存管理算法主要针对系统资源比较少、内存空间一般小于 2MB 的系统；而 slab 管理算法则主要是在系统资源比较丰富时，提供一种近似多内存池管理算法的快速算法。除上述之外，RT-Thread 还有一种针对多内存堆的管理算法，即 memheap 管理算法。memheap 管理算法适用于系统存在多个内存堆的情况，它可以将多个内存 “粘贴” 在一起，形成一个大的内存堆，用户使用起来非常方便。

这几种内存堆管理算法在系统运行时只能选择其中之一或者完全不使用内存堆管理算法，它们提供给应用程序的 API 完全相同。

14.3 动态内存分配和使用

裸机系统中动态内存在启动文件中调整。

RT-Thread 的内存分配在 board.c 文件的 rt_system_heap_init 函数中定义。函数原型为：

```
#ifdef RT_USING_HEAP
    rt_system_heap_init((void*)&__bss_end, (void*)RT_HW_HEAP_END);
#endif
```

其中 RT_HW_HEAP_END 为 0x80000000 + 32 × 1024 × 1024；__bss_end 表示在 RW 空间的 BSS 段的结束位置。

对于 RT-Thread 的动态内存分配，使用函数 rt_malloc 分配内存空间，使用函数 rt_free 释放内存空间。

以下代码中，首先分配内存空间，然后赋值，并检测赋值是否正常，如不正常则输出提示语句，最后释放所有的指针。

```
ptr1 = rt_malloc(1);// 给指针 ptr1 分配了 1B 空间
ptr2 = rt_malloc(13);// 给指针 ptr2 分配了 13B 空间
ptr3 = rt_malloc(31);// 给指针 ptr3 分配了 31B 空间
ptr4 = rt_malloc(127);// 给指针 ptr4 分配了 127B 空间
ptr5 = rt_malloc(0); // 给指针 ptr5 分配了 0B 空间，之后指针 ptr5 依然为 RT_NULL

rt_memset(ptr1, 1, 1); //ptr1 的空间为 1B，全部赋值为 1
rt_memset(ptr2, 2, 13);//ptr2 的空间为 13B，全部赋值为 2
rt_memset(ptr3, 3, 31);//ptr3 的空间为 31B，全部赋值为 3
rt_memset(ptr4, 4, 127);//ptr4 的空间为 127B，全部赋值为 4

if (mem_check(ptr1, 1, 1)    == RT_FALSE)// 检测 ptr1 的空间是否正常赋值
...

rt_free(ptr4); // 释放所有的指针
rt_free(ptr3);
rt_free(ptr2);
rt_free(ptr1);
```

RT-Thread 动态内存分配时有以下几个注意事项。

（1）输出当前内存的使用情况，可使用查看系统动态内存大小的命令 free。total memory 指一共有多少内存，used memory 指已经使用了多少内存，maximum allocated memory 指能够分配的最大内存。

```
msh />free
total memory: 29831320
used memory : 133664
maximum allocated memory: 135960
```

（2）进行分配，注意不能超过 maximum allocated memory 的数量。

（3）静态内存分配。使用数组，将指针指向数组首地址，例如代码：

```
rt_uint8_t table1;
rt_uint8_t table2[13];
```

（4）动态内存分配。例如代码：

```
ptr1 = &table1;
ptr2 = table2;
```

动态内存分配比较灵活。例如，RAM 空间一共有 96KB，MP3 解码需要 40KB，FLAC 解码需要 60KB。如果使用静态内存分配，则编译报错，因为空间不够。如果使用动态内存分配，则能够解决这个问题。MP3 解码与 FLAC 解码不是同时进行的，所以分开执行时，系统能够正常运行。

动态内存分配需要考虑内存的释放，如果不释放，会造成内存泄漏。如果内存不释放或忘记释放，则系统再进行分配时就没有足够的空间。

（5）动态内存的应用函数如下。

- rt_malloc：分配内存。
- rt_free：释放内存。
- rt_reallloc：如果已经使用函数 rt_malloc(10) 分配了 10B 内存空间，在使用过程中发现空间不够，则可以使用 rt_reallloc(10) 再分配给指针 10B。
- rt_calloc：与 rt_malloc 类似。例如，rt_calloc(10,4) 表示分配了 10×4，即 40B 的内存空间。

如果 rt_malloc 与 rt_free 成对使用，那么 rt_reallloc 、rt_calloc 也与 rt_free 成对使用。

以上应用函数的返回值都是指针地址，如果申请不到，则返回 RT_NULL。在申请时，需要判断是否已经申请到空间，即判断返回值是否为 RT_NULL。如果申请不到还继续进行指针操作，则可能会产生硬件故障（hardware fault），然后进入中断并进入死循环，造成死机。

14.4 内存池

在创建内存池时先向系统申请一大块内存，然后将其分成同样大小的多个小内存块，小内存块直接通过链表（此链表也称为空闲链表）连接起来。每次分配的时候，从空闲链表中取出链头上的第一个内存块，提供给申请者，如图 14.1 所示。从图 14.1 中可以看到，物理内存中允许存在多个大小不同的内存池，每一个内存池由多个内存块组成，内核用它们来进行内存管理。当一个内存池对象被创建时，内存池对象就被分配给一个内存池控制块，内存池控制块的参数包括内存池名、内存缓冲区、内存块大小、块数以及一个等待线程队列。

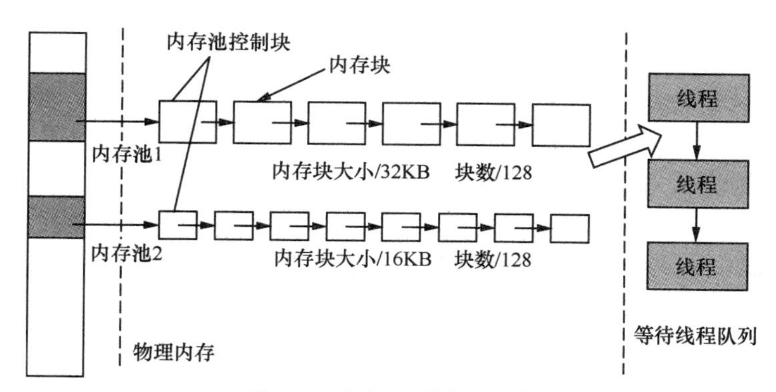

图 14.1 内存池工作机制示意

内核负责给内存池分配内存池控制块，它也接收用户线程的分配内存块申请，当获得这些信息后，内核就可以从内存池中分配内存。内存池一旦初始化完成，内部的内存块大小将不能再做调整。

14.5 内存池静态内存分配

创建内存池操作将会创建一个内存池对象并从堆上分配一个内存池。创建内存池是从对应内存池中分配和释放内存块的先决条件，创建内存池后，线程便可以在内存池中执行申请、释放等操作。

内存池控制块定义如下：

```
struct rt_mempool
{
    struct rt_object parent;

    void         *start_address;/* 内存池数据区域开始地址    */
    rt_size_t    size;         /* 内存池数据区域大小     */

    rt_size_t    block_size;  /* 内存块大小          */
    rt_uint8_t   *block_list;     /* 内存块列表          */

    /* 内存池数据区域中能够容纳的最大内存块数  */
    rt_size_t    block_total_count;
    /* 内存池中空闲的内存块数          */
    rt_size_t    block_free_count;
    /* 因为内存块不可用而挂起的线程列表 */
    rt_list_t    suspend_thread;
```

```
    /* 因为内存块不可用而挂起的线程数          */
    rt_size_t    suspend_thread_count;
};
typedef struct rt_mempool* rt_mp_t;
```

例程 memp_sample.c 演示了内存池的初始化、分配以及释放。首先定义一个内存池的数据结构，内存池的总大小就是 sizeof(mempool)，每个内存块大小为 80B。

```
/*memp_sample.c */
#include <rthw.h>

static rt_thread_t tid1 = RT_NULL;
static rt_thread_t tid2 = RT_NULL;

#define THREAD_PRIORITY          25
#define THREAD_STACK_SIZE        512
#define THREAD_TIMESLICE         5

static rt_uint8_t *ptr[48];
static rt_uint8_t mempool[4096];
static struct rt_mempool mp; /* 静态内存池对象 */

/* 线程 1 入口 */
static void thread1_entry(void* parameter)
{
    int i;
    char *block;
    while(1)
    {
        for (i = 0; i < 48; i++)
        {
            /* 申请内存块 */
            rt_kprintf("allocate No.%d\n", i);
            if (ptr[i] == RT_NULL)
            {
                ptr[i] = rt_mp_alloc(&mp, RT_WAITING_FOREVER);
            }
        }
```

```
        /* 继续申请一个内存块，因为已经没有内存块，线程应该被挂起 */
        block = rt_mp_alloc(&mp, RT_WAITING_FOREVER);
        rt_kprintf("allocate the block mem\n");
        /* 释放这个内存块 */
        rt_mp_free(block);
        block = RT_NULL;
    }
}

/* 线程 2 入口 */
static void thread2_entry(void *parameter)
{
    int i;
    while(1)
    {
        rt_kprintf("try to release block\n");
        for (i = 0 ; i < 48; i ++)
        {
            /* 释放所有分配成功的内存块 */
            if (ptr[i] != RT_NULL)
        {
            rt_kprintf("release block %d\n", i);
            rt_mp_free(ptr[i]);
            ptr[i] = RT_NULL;
            }
        }

        /* 休眠 10 个时钟节拍 */
        rt_thread_delay(10);
    }
}

void memp_sample (void)
{
    int i;
    for (i = 0; i < 48; i ++) ptr[i] = RT_NULL;
    /* 初始化内存池对象 */
    rt_mp_init(&mp, "mp1", &mempool[0], sizeof(mempool), 80);
```

```
    tid1 = rt_thread_create("thread1",
                    thread1_entry, RT_NULL,
                    THREAD_STACK_SIZE, THREAD_PRIORITY, THREAD_TIMESLICE);
    if (tid1 != RT_NULL)
                    rt_thread_startup(tid1);

    tid2 = rt_thread_create("thread2",
                    thread2_entry,RT_NULL,
                    THREAD_STACK_SIZE,THREAD_PRIORITY + 1,THREAD_TIMESLICE);
    if (tid2 != RT_NULL)
                    rt_thread_startup(tid2);
}
#include <finsh.h>
/* 导出到 msh 命令列表中 */
MSH_CMD_EXPORT(memp_sample, memp_sample test);
```

在 FinSH 中执行命令“memp_sample”，运行结果为：

```
msh />test_mem_01
msh />allocate No.0
allocate No.1
allocate No.2
allocate No.3
allocate No.4
allocate No.5
allocate No.6
allocate No.7
allocate No.8
allocate No.9
allocate No.10
allocate No.11
allocate No.12
allocate No.13
allocate No.14
allocate No.15
allocate No.16
```

```
allocate No.17
allocate No.18
allocate No.19
allocate No.20
allocate No.21
allocate No.22
allocate No.23
allocate No.24
allocate No.25
allocate No.26
allocate No.27
allocate No.28
allocate No.29
allocate No.30
allocate No.31
allocate No.32
allocate No.33
allocate No.34
allocate No.35
allocate No.36
allocate No.37
allocate No.38
allocate No.39
allocate No.40
allocate No.41
allocate No.42
allocate No.43
allocate No.44
allocate No.45
allocate No.46
allocate No.47
try to release block
release block 0
allocate the block mem
```

两个线程中，线程 1 优先级高于线程 2。在输出 48 个 allocate 成功信息后，线程 1 因为申请不到新的内存块而被挂起，线程 2 获得控制权，输出“try to release block”，然后依次将线程 1 中分得的 48 个内存块全部释放。在线程 2 释放完第一个内存块后，内存池中有了可用内存块，会将挂起在该内存池上的线程 1 唤醒，线程 1 从而申请内存块成功。在线程 1 运行结束后，线程 2 才继续完成剩余的内存块释放操作。

此外，计算 48 个内存块的总大小，结果是 80 × 48=3840B。而总的内存是 4096B，应该还有两个内存块可供分配。但为何实际无法分配呢？原因在于每个内存块都必须有一个控制头，这个控制头的大小为 4B，这样计算一下，就只能分配 48 个内存块。

14.6 动态内存管理

动态内存管理是一个真实的堆内存管理模块，可以在当前资源满足的情况下，根据用户的需求分配任意大小的内存块，而当用户不需要再使用这些内存块时，又可以释放回堆中以供其他应用分配使用。RT-Thread 操作系统为了满足不同的需求，提供了两套不同的动态内存管理算法，分别是小内存管理算法和 slab 管理算法。

在使用堆内存时，必须在系统初始化的时候进行堆内存的初始化。

```
void rt_system_heap_init(void* begin_addr, void* end_addr);
```

例程 dynmem_sample.c 演示了动态内存堆的使用。

```
/*dynmem_sample.c */
#include <rthw.h>

static rt_thread_t tid1 = RT_NULL;

#define THREAD_PRIORITY         25
#define THREAD_STACK_SIZE       512
#define THREAD_TIMESLICE        5

/* 线程 1 入口 */
static void thread1_entry(void* parameter)
{
    int i;
    char *ptr[20]; /* 用于放置 20 个内存块的指针数组 */

    /* 对指针清零 */
    for (i = 0; i < 20; i ++) ptr[i] = RT_NULL;

    while(1)
```

```
    {
        for (i = 0; i < 20; i++)
        {
            /* 每次分配不同大小 (1 << i) 的内存空间 */
            ptr[i] = rt_malloc(1 << i);

            /* 如果分配成功 */
            if (ptr[i] != RT_NULL)
            {
                rt_kprintf("get memory: 0x%x\n", ptr[i]);
                /* 释放内存块 */
                rt_free(ptr[i]);
                ptr[i] = RT_NULL;
            }
        }
    }
}

void dynmem_sample(void)
{
      tid1 = rt_thread_create("thread1",
                              thread1_entry, RT_NULL,
                              THREAD_STACK_SIZE, THREAD_PRIORITY, THREAD_TIMESLICE);
      if (tid1 != RT_NULL)
                              rt_thread_startup(tid1);
}
#include <finsh.h>
/* 导出到 msh 命令列表中 */
MSH_CMD_EXPORT(dynmem_sample, dynmem_sample test);
```

在 FinSH 中执行命令“dynmem_sample”，运行结果为：

```
msh />test_mem_02
msh />get memory: 0x8038eb48
get memory: 0x8038eb48
get memory: 0x8038eb48
get memory: 0x8038eb48
get memory: 0x8038eb48
get memory: 0x8038eb48
```

```
get memory: 0x8038eb48
get memory: 0x8038eb48
get memory: 0x8038eb48
get memory: 0x8038eb48
get memory: 0x8038eb48
get memory: 0x803af8d0
get memory: 0x803af8d0
get memory: 0x803af8d0
get memory: 0x803af8d0
get memory: 0x803af8d0
get memory: 0x803af8d0
get memory: 0x803af8d0
get memory: 0x803af8d0
get memory: 0x803af8d0
get memory: 0warning: thread1 stack is close to end of stack address.
xd1 stack get memory: 0x8038eb48
get memory: 0x8038eb48
get memory: 0x8038eb48
get memory: 0x8038eb48
```

本例程演示了内存动态分配及释放。首先定义一个指针数组，也就是定义 20 个内存块，指针用来记录内存块的首地址；然后使用 for 循环依次对每个内存块分配空间，并将分配内存块的首地址保存到 ptr[i] 中。分配成功后，将输出所分配内存块的首地址，随机将内存块释放。这是因为如果内存块用完后不及时释放，可能会造成内存泄漏等一系列问题。

内存池分配和动态内存分配的区别有以下 3 点。

（1）内存池分配固定大小，动态内存分配大小无限制。

（2）内存池分配由于其容量有限，当无可用内存供分配时会造成任务挂起，动态内存分配则不会造成任务挂起。

（3）内存池释放内存可能使任务就绪，动态内存分配不会产生此结果。

注意

RT-Thread 中引入 RT_USING_MEMHEAP_AS_HEAP 选项，可以把多个内存堆（memheap）（地址可不连续）粘接起来用于系统的堆分配；RT-Thread 中引入 rt_system_heap_init 函数，用于在 memheap 中重新分配内存，函数原型如下。

```
void rt_system_heap_init(void* begin_addr, void* end_addr);
```

14.7 内存环形缓冲区

在不使用操作系统的基本内存管理时，可以使用环形缓冲区（ring buffer）进行内存管理，从而防止在处理大数据的时候内存碎片化。

内存环形缓冲区是一个首尾相接的圆环，它是一种数据结构，用于一个线程上下文与另一个线程上下文的数据传递。从概念上讲，这个圆环是一个循环缓冲区，没有真正的结尾，数据可以围绕缓冲区循环。由于在物理上没有被真正地创建为环，因此它通常以线性表示。

环形缓冲区包含一个读指针（read_index）和一个写指针（write_index）。读指针指向环形缓冲区中第一个可读的数据，写指针指向环形缓冲区中第一个可写的缓冲区。通过移动读指针和写指针就可以实现环形缓冲区的数据读取和写入。在通常情况下，环形缓冲区的读操作仅仅影响读指针，而写操作也仅仅影响写指针。

环形缓冲区的读/写操作步骤为：首先在内存里开辟一块区域（大小为 buffer_size），对于写操作，按顺序往环形缓冲区里写入东西，直到写满为止；对于读操作，按顺序从环形缓冲区里读出内容，直到读空为止。

环形缓冲区的实际可用存储空间不等于开辟区域的大小，它的实际存储空间称为有效存储空间。有效存储空间与环形缓冲区的 buffer_size 的区别是，有效存储空间是指那些没有存放数据的空间，或者以前存放过但已经处理过的数据所在的空间，就是可用的空间大小；而环形缓冲区的 buffer_size 指的是环形缓冲区的总大小。环形缓冲区在物理上是一块连续的缓冲区，其空间会被循环使用。如图 14.2 所示，根据读/写指针的位置可分为两种情况：其中阴影填充部分为数据/已用空间；空白区域为可用空间，即有效存储空间。

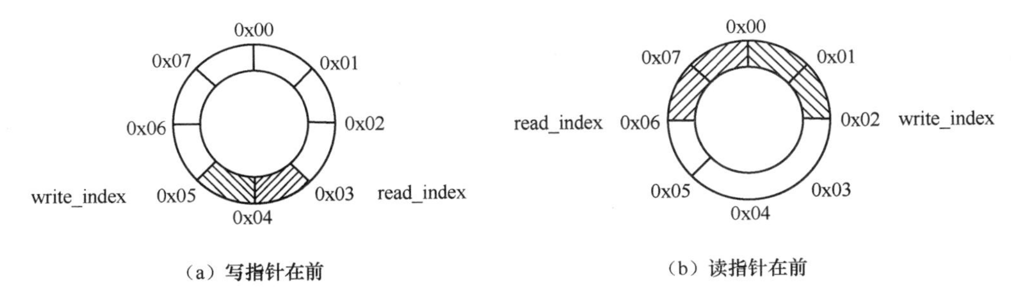

图 14.2 环形缓冲区存储情况示意

环形缓冲区是预定义长度的、空的存储区。这时假设有一个包含 7 个元素的环形缓冲区，将环形缓冲区打开，在中间位置填 1（环形缓冲区中的确切起始位置不重要），如图 14.3 所示。

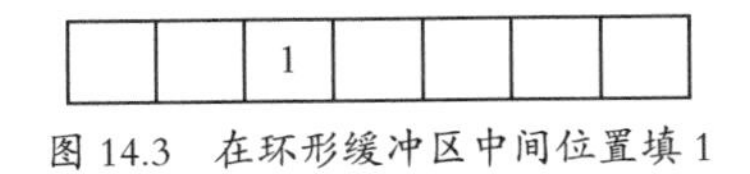

图 14.3 在环形缓冲区中间位置填 1

然后在 1 之后再添加两个元素（2 和 3），如图 14.4 所示。

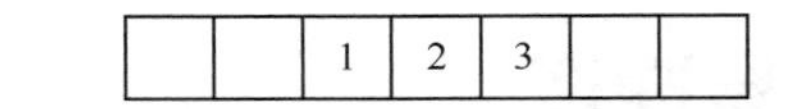

图 14.4　在环形缓冲区加入两个元素（2 和 3）

如果从环形缓冲区中删除两个元素，则会删除环形缓冲区中最早添加的数据。在这种情况下，删除的两个元素是 1 和 2，而环形缓冲区只剩下 3，如图 14.5 所示。

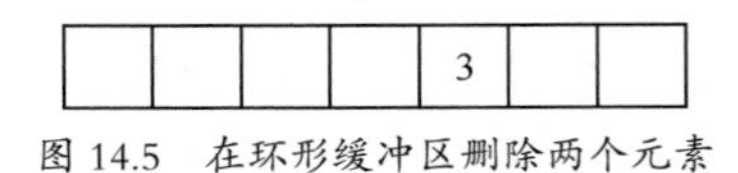

图 14.5　在环形缓冲区删除两个元素

如果环形缓冲区有 7 个元素，则它完全填满了将如图 14.6 所示。

<table><tr><td>6</td><td>7</td><td>8</td><td>9</td><td>3</td><td>4</td><td>5</td></tr></table>

图 14.6　环形缓冲区填满 7 个元素

当环形缓冲区已满且不执行读出而执行后续写入时，就开始覆盖最早添加的数据，即图 14.2（b）的情况。在这种状态下，如果添加另外两个元素 A 和 B，则会覆盖 3 和 4，如图 14.7 所示。

<table><tr><td>6</td><td>7</td><td>8</td><td>9</td><td>A</td><td>B</td><td>5</td></tr></table>

图 14.7　环形缓冲区填满后继续写入

这时需要管理环形缓冲区，以防止覆盖数据并返回错误或引发异常。RT-Thread 内核源码驱动已经带有环形缓冲区的操作管理相关函数，可对环形缓冲区自动进行管理，采用 RTM_EXPORT 将符号导出，以方便使用。这里不再进行分析，源码在 \components\drivers\src\ringbuffer.c 文件中。可以看到，在 RT-Thread 1.2.0 Beta 版本中就已经对环形缓冲区的操作进行了改进，采用镜像的方法区分“满”和“空”，支持任意大小的缓冲区。

例程 ringbuffer.c 演示了环形缓冲区的使用。

```
/*ringbuffer.c */
/*
 * Copyright (c) 2006-2018, RT-Thread Development Team
 *
 * SPDX-License-Identifier: Apache-2.0
 *
 * File       : test_ringbuffer.c
 在 FinSH 或 msh 中运行 test_ringbuffer
 1. 初始化一段环形缓冲区，初始化信号量 sem 并启动两个线程
 2. 线程 1 向环形缓冲区写入数据，线程 2 从环形缓冲区中读取数据
*/
#include <rtthread.h>
#include <rtdevice.h>
```

```
#define CYCLE_TIMES 2
#define RINGBUFFER_LENGTH 256

static rt_sem_t sem = RT_NULL;
static rt_uint8_t working_buffer[RINGBUFFER_LENGTH];
struct rt_ringbuffer rb;

static void thread1_entry(void *parameter)
{
    rt_bool_t result;
    rt_uint32_t index,setchar;
    rt_uint32_t i = CYCLE_TIMES;
    rt_uint8_t data_buffer[33];
    setchar = 0x21;
    while(i--)
    {
        for (index = 0; index < 32; index++)
        {
            data_buffer[index] = setchar;
            if (++setchar == 0x7f)
            {
                setchar = 0x21;
            }
        }
        data_buffer[32] = '\0';
        result = rt_ringbuffer_put(&rb,&data_buffer[0],33);
        rt_sem_release(sem);
        rt_kprintf("write buffer success!\n");
    }
}

static void thread2_entry(void* parameter)
{
    rt_bool_t result;
    rt_uint8_t data_buffer[33];
    rt_uint32_t i = CYCLE_TIMES;
    while(i--)
```

```
    {
        rt_sem_take (sem,RT_WAITING_FOREVER);
        result = rt_ringbuffer_get(&rb,&data_buffer[0],33);
        rt_sem_release(sem);
        rt_kprintf("%s\n",data_buffer);
    }
    rt_sem_delete(sem);
}

void ringbuffer(void)
{
   rt_thread_t thread1, thread2;
      /*  创建一个动态信号量，初始值是 0 */
      sem = rt_sem_create("sem", 0, RT_IPC_FLAG_FIFO);
      if (sem == RT_NULL)
      {
          rt_kprintf("create dynamic semaphore failed.\n");
          return ;
      }
    rt_ringbuffer_init(&rb,working_buffer,RINGBUFFER_LENGTH);

    thread1 = rt_thread_create("ring_buf1", thread1_entry, RT_NULL,
        1024, 20, 200);
    if (thread1 != RT_NULL)
        rt_thread_startup(thread1);

    thread2 = rt_thread_create("ring_buf2", thread2_entry, RT_NULL,
        1024, 21, 200);
    if (thread2 != RT_NULL)
        rt_thread_startup(thread2);
}

#include  <finsh.h>
MSH_CMD_EXPORT(ringbuffer, ringbuffer test);
```

这个例程体现的是环形缓冲区的读 / 写操作，需要两个线程操作完成。线程 1 向环形缓冲区写入数据，线程 2 从环形缓冲区中读取数据后输出。两个线程依靠信号量 sem 进行协调操作。线程 1 优先级高，先启动完成写入数据后释放信号量。线程 2 启动后等待信号量，当线程 1 释放信号量时，表示环形缓冲区写入数据完成，线程 2 才能开始读取数据。

宏定义 CYCLE_TIMES 表示写入、读出进行的次数，RINGBUFFER_LENGTH 表示开辟的环形缓冲区的大小。

运行结果如下：

```
msh />
test_ringbuffer
write buffer success!
write buffer success!
!"#$%&'()*+,-./0123456789:;<=>?@
ABCDEFGHIJKLMNOPQRSTUVWXYZ[\]^_`
```

练习题

1. 什么是内存管理？
2. 什么是静态内存和动态内存？ RT-Thread 中的内存管理方式有哪些？

第15章

基于RT-Thread的LS1B文件系统

本章知识

- LS1B开发套件的文件系统和接口使用、编程示例

15.1 文件系统、文件与文件夹

在操作系统中，大多使用文件系统进行文件管理。文件所涉及的函数接口有 open、read、write、ioctl 和 close。文件系统采用 3 层结构，如图 15.1 所示。

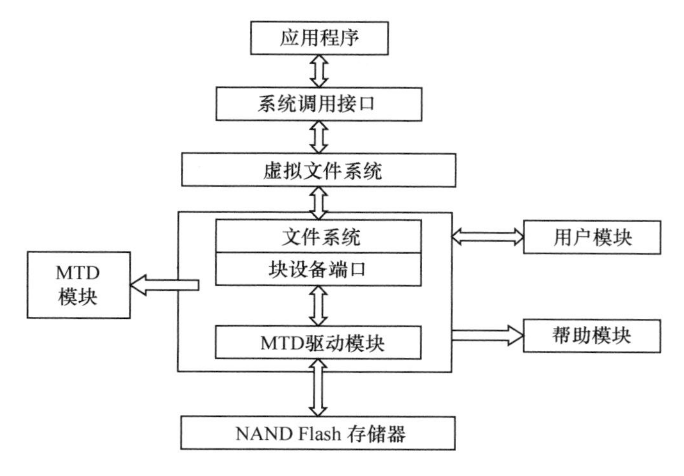

图 15.1　文件系统结构

最顶层是一套面向嵌入式系统、专门优化过的虚拟文件系统（接口）。通过它，系统能够适配下层不同的文件系统格式，例如 PC 上常使用的 FAT 文件系统，或者嵌入式设备中常见的 Flash 文件系统（如 YAFFS2、JFFS2 等），这里重点介绍 YAFFS2 文件系统。中间层 MTD 的全称是 Memory Technology Device（内存技术设备），它是底层硬件和上层软件之间的桥梁。对底层来说，它对 NAND Flash 存储器有很好的驱动支持；对上层来说，它抽象出文件系统所需要的接口函数。

文件系统是包括在一个磁盘或分区中的目录结构；一个可应用的磁盘设备可以包含一个或多个文件系统。文件系统中有几个常用的概念：页面（page），在 NAND Flash 存储器里可访问的最小存储单元，也是实体存在的区域；块（block），NAND Flash 存储器可实现基于 block 的快速擦除。

使用一个文件系统要经过创建、注册、安装的过程。创建是以某种方式格式化磁盘，在其上建立一个文件系统。创建文件系统时，在磁盘的特定位置写入关于该文件系统的控制信息。注册是向内核报到，声明自己能被系统支持。安装也就是挂载 mount 操作，将文件系统加入系统根文件系统的目录结构上，这样文件系统才能被访问。

文件系统是一套抽象数据类型，实现了数据的存储、分级组织、访问和获取等操作，是一种向用户提供底层数据访问的机制。文件系统通常存储的基本单位是文件，即数据是按照文件的方式进行组织的。当文件繁多时，将产生不易分类、重名的问题。文件夹则作为一个容纳多个文件的容器而存在。

在 YAFFS2 文件系统中，文件系统名称类似 UNIX 文件、文件夹的风格，目录结构如图 15.2 所示。

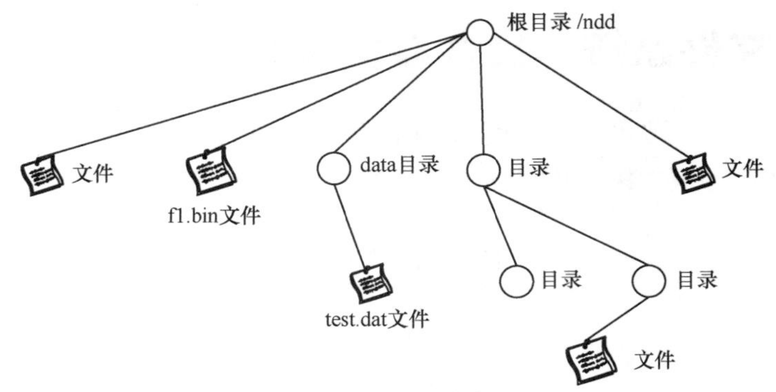

图 15.2　YAFFS2 文件系统的目录结构

在操作系统中，文件系统有统一的根目录，使用“/”来表示。而在根目录下的 f1.bin 文件则使用“/f1.bin”来表示，“data”目录下的 test.dat 文件则使用“/data/test.dat”来表示，即目录的分隔符是“/”，这与 UNIX 或 Linux 完全相同，与 Windows 则不相同（Windows 操作系统使用“\”作为目录的分隔符）。

15.2 文件和目录的接口

文件 I/O 操作的系统调用主要用到 6 个函数，即 yaffs_open、yaffs_close、yaffs_read、yaffs_write、yaffs_rename 和 yaffs_stat，这些函数的说明如表 15.1 所示。

表 15.1　文件 I/O 操作函数

名称	作用
yaffs_open	打开或者创建文件，在打开或创建文件时可以指定文件的属性及用户的权限等各种参数
yaffs_read	从指定文件描述符中读出数据放到缓存区中，并返回实际读入的字节数
yaffs_write	将缓存区中的数据写到指定文件描述符中，并返回实际写入的字节数
yaffs_stat	取得文件状态
yaffs_close	关闭指定文件描述符的文件
yaffs_rename	更改文件名称

目录操作的系统调用主要用到 6 个函数，相应的函数说明如表 15.2 所示。

表 15.2　目录操作函数

名称	作用
yaffs_mkdir	创建目录
yaffs_opendir	打开目录
yaffs_readdir	读取目录
yaffs_rewinddir	重设读取目录的位置为开头位置
yaffs_closedir	关闭目录
yaffs_rmdir	删除目录

15.3 文件系统编程示例

在使用文件系统接口前，需要对文件系统进行初始化，将 NAND Flash 存储器挂载到根目录下。在 main.c 文件调用的第三方库代码中，初始化代码如下：

```
int install_3th_libraries(void)
{
    #ifdef USE_YAFFS2
        yaffs_startup_and_mount(RYFS_MOUNTED_FS_NAME);
    #endif
...
}
```

操作文件系统的例程为 yaffs_test.c。

```
#include "bsp.h"

#ifdef USE_YAFFS2
#include "ls1x_nand.h"
#include "yaffs2/port/ls1x_yaffs.h"
#include "yaffs2/direct/yaffsfs.h"
/*
*     输出一个目录下的内容。这是一个递归，注意栈溢出
*/
```

```
static void dump_directory(const char *dname)
{
    yaffs_DIR *d; yaffs_dirent *de; struct yaffs_stat s; char str[100];

    d = yaffs_opendir(dname);     // 打开目录
    printk("\r\n"); if (!d)
    {
        printk("opendir failed\n");
    }
    else
    {
        while ((de = yaffs_readdir(d)) != NULL)     // 读目录内容
        {
            sprintf(str, "%s/%s", dname, de->d_name);
            yaffs_lstat(str, &s);     // 目录属性
            printk("%s inode %d length %d mode %X ", str, s.st_ino,
                   (int)s.st_size, s.st_mode);
            switch (s.st_mode & S_IFMT)
            {
                case S_IFREG:
                    printk("data file");
                break;
                case S_IFDIR: printk("directory");
                break;
                case S_IFLNK:
                    printk("symlink - ->");
                    if (yaffs_readlink(str,str,100) < 0)
                        printk("no alias");
                    else
                        printk("\"%s\"", str);
                break;
                default:
                    printk("unknown");
                break;
            }
            printk(" \r\n");
            if ((s.st_mode & S_IFMT) == S_IFDIR)
            dump_directory(str);
```

```
        }

        yaffs_closedir(d);      // 关闭目录
    }
}
/*
*     测试函数
*/
void yaffs_test(int remainopen)
{
    yaffs_dump_dev("/ndd");
    dump_directory("/ndd");      // 查看 /ndd

    yaffs_mkdir("/ndd/data", S_IFDIR);      // 创建目录
    dump_directory("/ndd");      // 查看 /ndd
    #if 1
    {
        /* 打开文件时，由 O_CREAT 决定是否在文件不存在时创建 */
        int fd = yaffs_open("/ndd/data/test.dat", O_CREAT | O_RDWR, 0777);
        dump_directory("/ndd");      // 查看 /ndd
        if (fd >= 0)      // 成功时，返回值大于或等于 0
        {
            unsigned int val = 0x12345678, rd = 0;
            yaffs_ftruncate(fd, 0);      // 设置文件长度为 0
            yaffs_write(fd, (const void *)&val, 4); // 写文件，返回写入字节数
            yaffs_flush(fd);      // 把文件从 Cache 刷新到 Flash 存储器中
            yaffs_read(fd, (const void *)&val, 4); // 读文件，返回读出字节数
            yaffs_close(fd);      // 关闭文件
            dump_directory("/ndd");      // 查看 /ndd

            yaffs_unlink("/ndd/data/test.dat");      // 删除文件
            dump_directory("/ndd");      // 查看 /ndd
        }
    }
    #endif

    yaffs_rmdir("/ndd/data");  // 删除目录
    dump_directory("/ndd");      //查看 /ndd
```

```
    if (!remainopen)
    yaffs_unmount("/ndd");
}

#endif
```

添加 yaffs_test.c 到系统中，编译后下载并运行，运行结果为：

```
YAFFS: NAND flash mounted as /ndd successful.
detect phy address == 17
GMAC0: SPEED=100M, DUPLEX=FULL, LINK=UP. AN=YES.

GMAC0 controller initialized.
can0 initialized.
can1 initialized.
i2c0 slaves initialized.

n_page_writes............ 0
n_page_reads............. 0
n_erasures............... 0
n_erase_failures......... 0
n_gc_copies.............. 0
all_gcs.................. 0
passive_gc_count......... 0
oldest_dirty_gc_count.... 0
n_gc_blocks.............. 0
bg_gcs................... 0
n_retried_writes......... 0
n_retired_blocks......... 0
n_ecc_fixed.............. 0
n_ecc_unfixed............ 0
n_tags_ecc_fixed......... 0
n_tags_ecc_unfixed....... 0
n_deletions.............. 25
n_unmarked_deletions..... 25
refresh_count............ 0
cache_hits............... 0
tags_used................ 192
```

```
summary_used............. 0



/ndd/lost+found inode 2 length 2032 mode 41C0 directory



/ndd/data inode 257 length 2032 mode 4000 directory

/ndd/lost+found inode 2 length 2032 mode 41C0 directory



/ndd/data inode 257 length 2032 mode 4000 directory

/ndd/data/test.dat inode 258 length 0 mode 81FF data file
/ndd/lost+found inode 2 length 2032 mode 41C0 directory



/ndd/data inode 257 length 2032 mode 4000 directory

/ndd/data/test.dat inode 258 length 4 mode 81FF data file
/ndd/lost+found inode 2 length 2032 mode 41C0 directory



/ndd/data inode 257 length 2032 mode 4000 directory

/ndd/lost+found inode 2 length 2032 mode 41C0 directory



/ndd/lost+found inode 2 length 2032 mode 41C0 directorys
```

yaffs_test 函数在根目录下创建文件夹 data，再创建文件 test.dat，将字符串“0x12345678”写入文件，然后将字符串读出并输出，如图 15.3 所示。

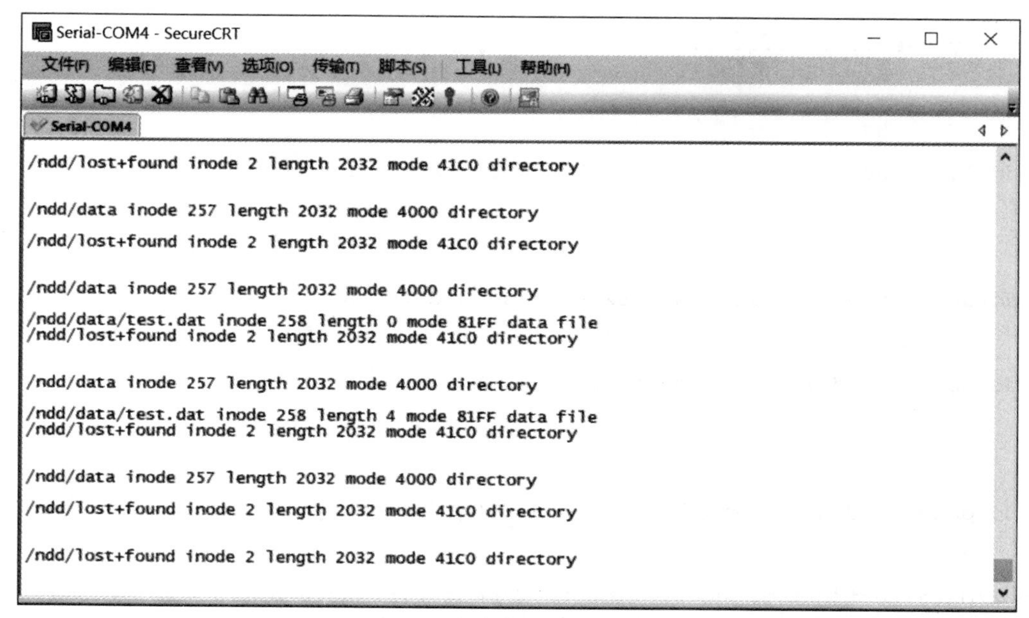

图 15.3 文件系统示例运行结果

练习题

根据示例程序编写代码，实现新建目录、创建文件、写入字符后关闭文件、输出文件信息。

第16章

基于 RT-Thread 的 LS1B 网络系统

本章知识

- 网络编程基础
- LS1B 开发套件的网络系统的数据收发编程示例

16.1 网络编程基础

计算机网络是一个非常复杂的系统。相互通信的两个计算机系统必须高度协调工作，而这种“协调”是相当复杂的。计算机网络中的数据交换必须遵守事先约定好的规则。这些规则明确规定了所交换的数据的格式以及同步问题。网络协议（network protocol），简称协议，就是为进行网络中的数据交换而建立的规则、标准或约定。

为了使不同体系结构的计算机网络都能互联，国际标准化组织（ISO）于 1977 年成立了专门机构研究该问题。他们提出了一个试图使各种计算机在世界范围内互联成网的标准框架，即开放系统互连基本参考模型 OSI/RM（Open Systems Interconnection/Reference Model，简称 OSI）。

OSI 只获得了一些理论研究的成果，在市场化方面失败了。非国际标准 TCP/IP 却获得了广泛的应用，常被称为事实上的国际标准。

16.1.1 TCP/IP

TCP/IP（ Transmission Control Protocol / Internet Protocol，传输控制协议 / 互联网协议）包含上百个功能协议，如 ICMP（Internet Control Message Protocol，互联网控制报文协议）、FTP（File Transfer Protocol，文件传输协议）、UDP（User Datagram Protocol，用户数据报协议）、ARP（Address Resolation Protocol，地址解析协议）等。TCP 负责发现传输的问题，一旦有问题就发出重传的信号，直到所有数据安全、正确地传输到目的地。而 IP 就是给互联网上的每一台计算机规定一个地址。

LwIP（Light-weight IP）最初由瑞典计算机科学院的亚当·顿克尔斯（Adam Dunkels）开发，是一套用于嵌入式系统的开放源码 TCP/IP 栈。它在包含完整的 TCP 的基础上实现了小型化的资源占用，因此十分适合应用到嵌入式设备中，而其占用的资源，RAM 为几十千字节，ROM 大概为 40KB。

LwIP 结构精简，功能完善，用户群较为广泛。RT-Thread 采用了 LwIP 作为默认的 TCP/IP 栈，同时根据小型设备的特点对 LwIP 进行了再次优化，使其资源占用进一步缩小，RAM 占用的资源可缩小到 5KB。

16.1.2 IP 地址、端口与域名

IP 地址的作用是标识计算机的网卡地址，每台计算机都有唯一的 IP 地址。程序是通过 IP 地址来访问某一台计算机的。IP 地址具有统一的格式，长度是 32 位的二进制数，有 4B，可以提供约 42.28 亿个地址。由于 IPv4 地址组合数量有限，目前存在 IPv4 地址耗尽的问题。因此 IP 协议就进行了更新迭代，并升级成了 IPv6。由于 IPv4 地址仍然承载着最多（超过 90%）的互联网流量，因此后文讨论的 IP 地址为 IPv4 地址。为了便于记忆，IPv4 地址通常用十进制的整数来表示，如 192.168.1.100。

端口是为了标识同一计算机中访问网络的不同程序而设置的编号。每个程序在访问网络时都会

分配一个标识符，程序在访问网络或接受访问时，会用这个标识符表示这一网络数据属于这个程序。端口号其实是一个 16 位的无符号整数，也就是 0~65535。不同编号范围的端口有不同的作用。低于 256 的端口是系统保留端口，主要用于系统进程通信。如 WWW 服务使用的是 80 端口， FTP 服务使用的是 21 端口。不在这一范围内的端口是自由端口，在编程时可以调用。

域名是代替 IP 地址标识计算机的一种直观名称。如百度网址的 IP 地址是 180.97.33.108，没有任何逻辑含义，不便于记忆，一般选择 www.baidu.com 这个域名来代替 IP 地址。可以使用命令“ping”来查看一个域名对应的 IP 地址，例如“ping www.baidu.com”，如图 16.1 所示。

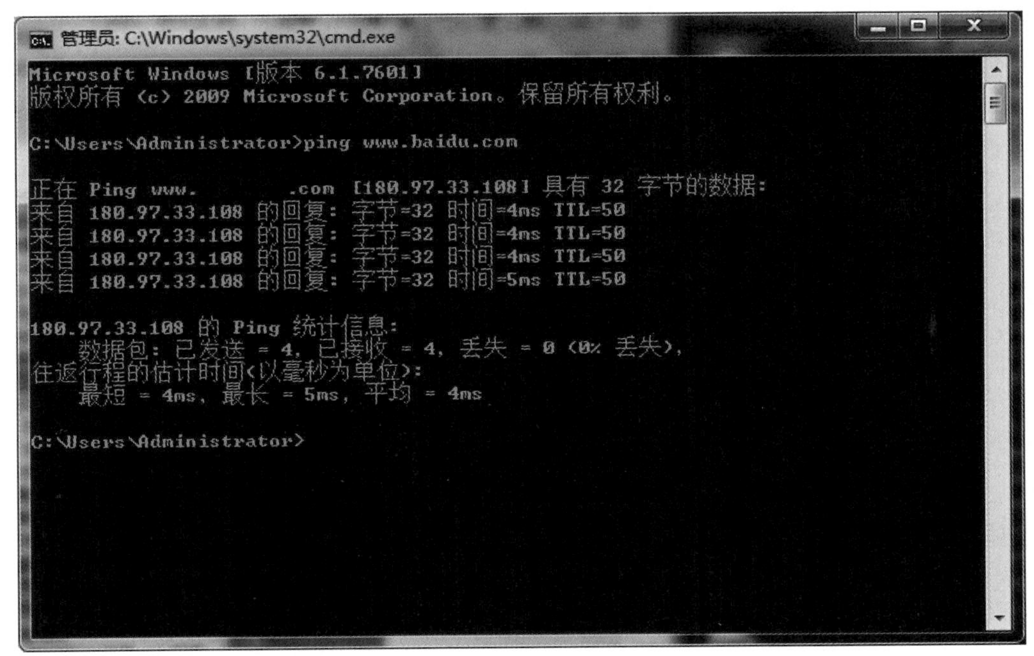

图 16.1 在 Windows 中查看 IP 地址

16.1.3 网络编程协议

TCP/IP 的标准实现一般使用严格的分层，这对 LwIP 的设计与实现具有指导意义。每个协议作为一个单独的模块，提供一些 API 作为协议的入口点。尽管这些协议都单独实现，但是一些层（协议之间）违背了严格的分层标准，这样做是为了提高处理的速度和内存的占用率。比如，在 TCP 分片的报文中，为了计算 TCP 校验和，需要知道 IP 层的源 IP 地址和目的 IP 地址，一般构造一个伪 IP 头（包含 IP 地址信息等），常规的做法是通过 IP 层提供的 API 去获得这些 IP 地址，但 LwIP 是通过拿到数据报文的 IP 头，从中解析得到 IP 地址。

接下来主要介绍传输层中的 TCP 和 UDP，这是两种不同的网络传输方式。

1. TCP

通常应用程序打开一个 socket（套接字）来使用 TCP 服务， TCP 管理到其他 socket 的数据传输。可以说，通过源 IP 地址 / 目的 IP 地址可以唯一地区分网络中两个设备的关联，通过 socket 的源 / 目的可以唯一地区分网络中两个应用程序的关联。

TCP 实体所采用的基本协议是滑动窗口协议。当发送方传送一个数据报时，它将启动定时器。当该数据报到达目的地后，接收方的 TCP 实体将回送一个数据报，其中包含一个确认顺序号，它的意思是希望收到下一个数据报的顺序号。如果发送方的定时器在确认信息到达之前超时，那么发送方重发该数据报。

TCP 编程实例分为服务器端（server）和客户端（client），其中服务器端建立 socket，绑定本地端口，建立与客户端的联系，并接收客户端发送的消息；而客户端建立 socket 之后，调用 connect 函数来与服务器端建立连接，连接后调用 send 函数发送数据到服务器端。

TCP 对话通过 3 次握手来初始化，3 次握手的目的是使数据段的发送和接收同步，告诉其他主机一次可接收的数据量并建立虚连接。下面简单描述 3 次握手的过程。

（1）客户端通过一个同步标志置位的数据段向服务器端发出会话请求。

（2）服务器端通过发回具有以下项目的数据段表示回复：同步标志置位、即将发送的数据段的起始字节顺序号、应答并带有将收到的下一个数据段的字节顺序号。

（3）客户端再回送一个数据段，并带有确认顺序号和确认号。

2. UDP

UDP 是一种无连接协议，因此不需要像 TCP 那样通过 3 次握手来建立一个连接。同时，一个 UDP 应用可以同时作为应用的客户端或服务器端。由于 UDP 并不需要建立一个明确的连接，因此建立 UDP 应用要比建立 TCP 应用简单得多。UDP 比 TCP 能更好地解决实时问题，如今，包括网络视频会议系统在内的众多的客户端 / 服务器端模式的网络应用都使用 UDP。

所谓无连接的 socket 通信，指的是使用 UDP 进行信息传输。使用这种协议进行通信时，两台计算机没有建立连接的过程，需要处理的内容只是把信息发送到另外一台计算机，这种通信方式比较简单，涉及的函数也比较少。

UDP 编程实例同样分为服务器端和客户端。服务器端首先建立 socket，接着绑定本地端口，随后并没有监听客户端，也没有等待连接，只是在死循环里直接等待接收数据。而客户端更加简单，在建立 socket 后，直接调用 sendto 发送数据到服务器端。这样就省去了很多 TCP 必须的步骤，而 UDP 正因为不是面向连接的，所以显得简单、方便。值得注意的是，UDP 并不是可靠的通信方式。

16.2 TCP/IP 服务器端数据收发编程示例

例程 tcp_server_test.c 建立一个服务器，服务器地址为 192.168.1.123，监听端口为 9060；客户端连接此服务器成功后，接收服务器发来的消息并发送至串口。

```
/*tcp_server_test.c*/
#include "lwip/sockets.h"
#include "lwip/err.h"
#include "lwip/sys.h"

#define TCP_SERVER_BUFSIZE 0x100
#define TCP_LOCAL_PORT 9060
#define local_IP "192.168.1.123"

// 数据收发缓冲区
static char data_buf[TCP_SERVER_BUFSIZE] = "hello, I' m tcp server!\n";

static void tcp_server_thread(void *arg)
{
        struct sockaddr_in local_addr;    // 本地 socket 地址
        int sock_fd, err;

        sock_fd = socket(AF_INET, SOCK_STREAM, 6);// 建立 socket 连接，类型为 TCP
        if (sock_fd == -1)
        {
                printk("failed to create sock_fd!\n");
                return;
        }

        memset(&local_addr, 0, sizeof(local_addr));
        local_addr.sin_family = AF_INET;
        local_addr.sin_addr.s_addr = inet_addr(); // 192.168.1.123:9060
        local_addr.sin_port = htons(TCP_LOCAL_PORT);
        local_addr.sin_len = sizeof(local_addr);

        // 把 192.168.1.123:9060 绑定到新建的 socket
        err = bind(sock_fd, (struct sockaddr *)&local_addr,
              sizeof(struct sockaddr));
        if (err != ERR_OK)
        {
                closesocket(sock_fd);        // 失败，关闭 socket 连接
                printk("failed to bind()!\n");
                return;
```

```
    }
    err = listen(sock_fd, 3); // 启动监听 socket
    if (err != ERR_OK)
    {
        closesocket(sock_fd); // 失败，关闭 socket 连接
        printk("failed to listen()!\n");
        return;
    }
    /*
    * 循环等待用户接入
    */
    while (1)
    {
        int client_fd;
        struct sockaddr_in client_addr; // 用户 socket 地址
        int addrlen = sizeof(client_addr);

        // 接收用户连接，当有用户连接请求时返回；RTOS 阻塞此函数
        client_fd = accept(sock_fd, (struct sockaddr*)&client_addr,
                    (socklen_t)&addrlen);
        if (client_fd > 0)
        {
            printk("client incoming...\r\n");

            /*
            *       和连接的客户端保持通信；
            *       多用户连接支持通过创建单独的线程来实现
            */
            for (;;)
            {
                memset(data_buf, 0, TCP_SERVER_BUFSIZE);

                // 读入用户输入
                err = recv(client_fd, data_buf,
                      TCP_SERVER_BUFSIZE, 0);
                if (err > 0)
                {
```

```
                                        printk("RECV: %s\n", data_buf);
                                        send(client_fd, data_buf, err, 0);
        // 向用户发送信息
                                }
                                else if (err == ERR_CLSD) /* 用户连接已断开 */
                                {
                                        closesocket(client_fd);// 关闭用户连接
                                        printk("client disconnected.\r\
                                                n");
                                        break;
                                }
                                else if (err <= 0)
                                {
                                        closesocket(client_fd);    // 出错时
                                        printk("disconnect client...\r\
                                                n");
                                        break;
                                }
                        }
                }

        // delay_ms(200);
        }
        /*
        * NEVER GO HERE!
        */
        closesocket(sock_fd);

        printk("tcp_server_thread stop!\r\n");
}



/*
*       初始化 TCP 服务器，供用户调用
*/
void tcp_server_init(void)
{
```

```
        // ls1x_initialize_lwip(NULL, NULL);
        sys_thread_new("tcp_server",
                       tcp_server_thread, NULL,
                       DEFAULT_THREAD_STACKSIZE, DEFAULT_THREAD_PRIO + 1);
}

#include <finsh.h>
/* 导出到 msh 命令列表中 */
MSH_CMD_EXPORT(tcp_server_init, tcp_server_init test);
```

编译程序并下载、运行后，用网线连接好 LS1B 开发套件与 PC，并将 PC 的有线网口的 IP 地址配置为上述代码中的 local_IP， 即 192.168.1.123。

在 FinSH 中执行命令“tcp_server_init”后，在 PC 上运行 TCP/IP 调试助手创建连接，连接的 IP 地址为 192.168.1.123， 端口号 9060，然后进行连接，如图 16.2 所示。

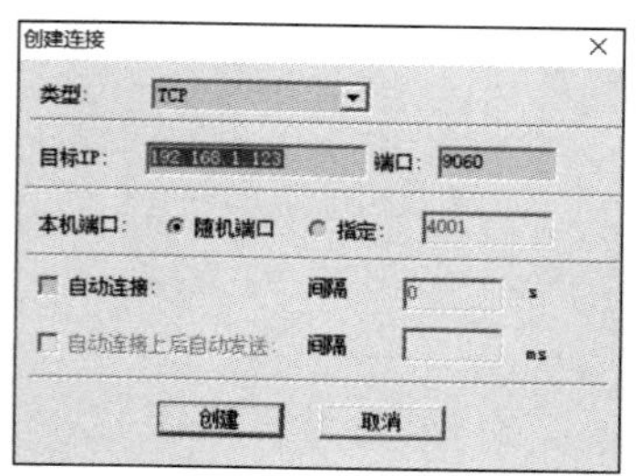

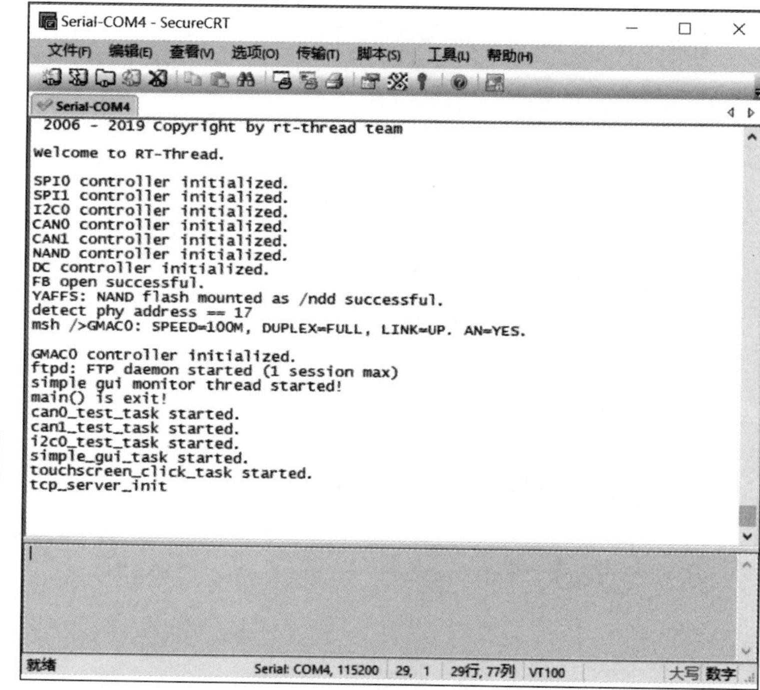

图 16.2 TCP/IP 调试助手创建 TCP 的连接到 LS1B 开发套件

TCP/IP 调试助手连接成功后，发送数据“abc”，在串口助手中可查看到；LS1B 开发套件接收到数据，也将数据从网络发送出来， 如图 16.3 所示。

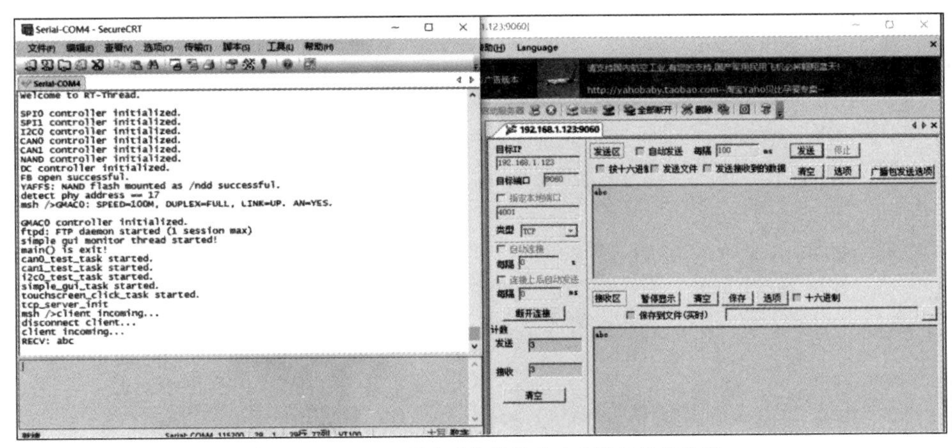

图 16.3 TCP/IP 调试助手连接成功后进行数据收发

Web 服务器又称网页服务器，用来传送页面，使浏览器可以浏览服务器上的网页。在嵌入式系统中实现 Web 服务器可以对设备进行远程监控，而且不依赖任何辅助软件。Web 服务器和浏览器使用 HTTP（Hypertext Transfer Protocol，超文本传输协议）传输数据，HTTP 默认使用 TCP 的 80 端口。

在浏览器中输入一个网址，按 Enter 键之后，浏览器会向相应主机发送一段报文，报文使用 HTTP。服务器启动后会一直监听 TCP 的 80 端口，当监听到客户端发来的请求后，与客户端建立连接，接收客户端发过来的请求报文。服务器成功接收到浏览器发送的报文后会进行解析，根据报文内容发送信息，信息同样以 HTTP 发送。比如一般情况下发送 *.html 文件，浏览器接收到 *.html 文件后会根据 *.html 文件的内容在浏览器中显示相应数据。若解析 *.html 文件内容时遇到 <img src=..> 标签，浏览器会再次向 Web 服务器发送请求报文，要求获取一个图像文件，Web 服务器会调用相应函数查找该图像并将图像文件打包发送给浏览器。如此反复，浏览器会呈现一个完整的网页。

一个简单 Web 服务器的实现包含以下 3 种技术：

- TCP/IP 的 TCP 通信编程；
- HTTP；
- HTML（Hypertext Markup Language，超文本标记语言）。

下面在例程 tcp_server_test.c 中添加代码，设计一个简单的 Web 服务器应用，它由单一线程组成，负责接收来自网络的连接、响应 HTTP 请求，以及关闭连接。

```
/* 添加的测试代码 */
/*  实际的 Web 数据。大部分的编译器会将这些数据放在 ROM 里 */
ALIGN(4)
const static char indexdata[] = "<html> \
        <head><title>A test page</title></head> \
        <body> \
        <h1>This is a small test page. </h1> \
        <h2>     Made by sundm75.  </h2>  \
```

```
        <h3>   Loongson 1B IDE </h3> \
        <h3>                 2022.01.24</h3> \
         </body> \
         </html>";
ALIGN(4)
const static char http_html_hdr[] = "Content-type: text/html\r\n\r\n";

static void tcp_web_thread(void *arg)
{
        struct sockaddr_in local_addr;     // 本地 socket 地址
        int sock_fd, err;

        sock_fd = socket(AF_INET, SOCK_STREAM, 6); // 建立 socket 连接，类型为 TCP
        if (sock_fd == -1)
        {
                printk("failed to create sock_fd!\n");
                return;
        }

        memset(&local_addr, 0, sizeof(local_addr));
        local_addr.sin_family = AF_INET;
        local_addr.sin_addr.s_addr = inet_addr(local_IP); // 192.168.1.123:80
        local_addr.sin_port = htons(80);
        local_addr.sin_len = sizeof(local_addr);

        // 把 192.168.1.123:80 绑定到新建的 socket
        err = bind(sock_fd, (struct sockaddr *)&local_addr,
                   sizeof(struct sockaddr));
        if (err != ERR_OK)
        {
                closesocket(sock_fd);        // 失败，关闭 socket 连接
                printk("failed to bind()!\n");
                return;
        }
        err = listen(sock_fd, 3);// 启动监听 socket
        if (err != ERR_OK)
        {
                closesocket(sock_fd);        // 失败，关闭 socket 连接
                printk("failed to listen()!\n");
```

```
            return;
    }
    rt_kprintf("TCP/IP listening ......\n");

    /*
    * 循环等待用户接入
    */
    while (1)
    {
            int client_fd;
            struct sockaddr_in client_addr;    // 用户 socket 地址
            int addrlen = sizeof(client_addr);

            // 接收用户连接，当有用户连接请求时返回；RTOS 阻塞此函数
           client_fd = accept(sock_fd,
                          (struct sockaddr*)&client_addr, (socklen_t)&addrlen);
           if (client_fd > 0)
           {
                  printk("client incoming...\r\n");

                  /*
                  *          和连接的用户端保持通信；
                  *          多用户连接支持通过创建单独的线程来实现
                  */
                  for (;;)
                  {
                          memset(data_buf, 0, TCP_SERVER_BUFSIZE);

                          // 读入用户输入
                          err = recv(client_fd, data_buf,
                                 TCP_SERVER_BUFSIZE, 0);
                          if (err > 0)
                          {
                              /*  处理进入的连接 */
                                  printk("RECV: %s\n", data_buf);
               /*  检查这个请求是不是 HTTP "GET /\r\n"   */
               if( data_buf[0] == 'G' &&
                   data_buf[1] == 'E' &&
                   data_buf[2] == 'T' &&
```

```
                        data_buf[3] == ' ')
                    {
                        /*  发送头部数据 */
                        send(client_fd, http_html_hdr,
                             sizeof(http_html_hdr), 0);
                        /*  发送实际的 Web 页面 */
                        send(client_fd, indexdata, sizeof(indexdata), 0);
                    }
                                }
                                else if (err == ERR_CLSD)/* 用户连接已断开 */
                                {
                                        closesocket(client_fd);// 关闭用户连接
                                        printk("client disconnected.\r\n");
                                        break;
                                }
                                else if (err <= 0)
                                {
                                        closesocket(client_fd);  // 出错时
                                        printk("disconnect client...\r\n");
                                        break;
                                }
                        }
                }

        // delay_ms(200);
        }
        /*
        * NEVER GO HERE!
        */
        closesocket(sock_fd);
        printk("tcp_web_thread stop!\r\n");
}

/*
*       初始化 TCP 服务器，供用户调用
*/
void tcp_web_init(void)
{
```

```
        sys_thread_new("tcp_web",
        tcp_web_thread, NULL,
        DEFAULT_THREAD_STACKSIZE, DEFAULT_THREAD_PRIO + 1);
}
#include <finsh.h>
/* 导出到 msh 命令列表中 */
MSH_CMD_EXPORT(tcp_web_init, tcp_web_init test);
```

例程中，首先建立一个 TCP 连接，这个连接被绑定在 80 端口并且进入监听状态，等待连接。然后进入循环等待，一旦一个远程主机连接进来，accept 函数（这是一个阻塞进程）将返回连接的 client_fd 结构。再调用函数 recv 读入客户端的输入数据，检查这个数据请求是不是 HTTP 的“GET”。这个简单的 Web 服务器只响应 HTTP GET 对文件“/”的请求，并且检测到请求就会发出响应。

最后发送针对 HTML 数据的 HTTP 头和 HTML 数据。

先在开发板运行以下代码：

```
msh />tcp_web_init
msh />TCP/IP listening ......
```

这里等待连接。在 PC 端打开网页，地址栏中填写 192.168.1.123（这是开发套件的 IP 地址）后刷新，显示网页的信息，如图 16.4 所示。

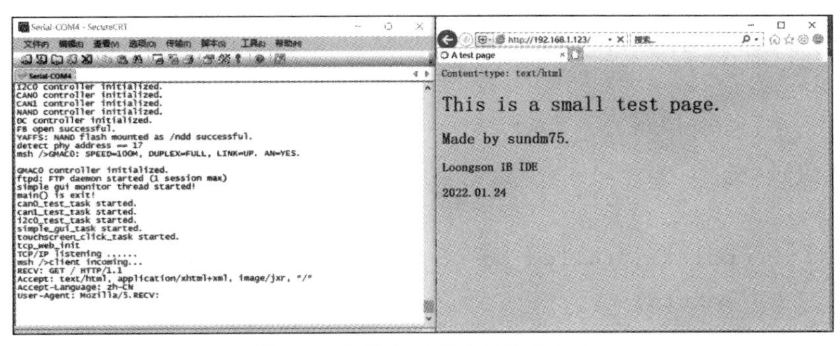

图 16.4　简单 Web 服务器连接成功

这时在串口控制台显示：

```
msh />client incoming...
RECV: GET / HTTP/1.1
Accept: text/html, application/xhtml+xml, image/jxr, */*
Accept-Language: zh-CN
User-Agent: Mozilla/5.RECV:
```

表示有 TCP 的连接，并进行了正确的处理。

16.3 TCP/IP 客户端数据收发编程示例

例程 tcp_client_test.c 建立一个客户端，连接 IP 地址为 192.168.1.111、端口为 9061 的服务器；连接成功后，接收服务器发来的消息并发送至串口。

```
/*tcp_client_test.c*/
#include "lwip/sockets.h"
#include "lwip/err.h"
#include "lwip/sys.h"

#define TCP_CLIENT_BUFSIZE 0x100
#define TCP_REMOTE_PORT 9061
#define remote_IP "192.168.1.111"

// 数据收发缓冲区
static char data_buf[TCP_CLIENT_BUFSIZE] = "hello, you are connected!\n";
static char data_rev_buf[TCP_CLIENT_BUFSIZE] ;

static void tcp_client_thread(void *arg)
{
        struct sockaddr_in remote_addr;   // 远程 socket 地址
        int sock_fd, err, count=0;

        sock_fd = socket(AF_INET, SOCK_STREAM, 0);// 建立socket连接，类型为TCP
        if (sock_fd == -1)
        {
                printk("failed to create sock_fd!\n");
                return;
        }

        memset(&remote_addr, 0, sizeof(remote_addr));
        remote_addr.sin_family = AF_INET;
        // 192.168.1.111:9061
        remote_addr.sin_addr.s_addr = inet_addr(remote_IP);
        remote_addr.sin_port = htons(TCP_REMOTE_PORT);

        // 连接指定 IP:PORT 的远程 TCP 服务器
        err = connect(sock_fd, (struct sockaddr *)&remote_addr,
                      sizeof(struct sockaddr));
```

```
if (err != ERR_OK)
{
        closesocket(sock_fd);      // 失败，关闭 socket 连接
        printk("failed to connect to server!\n");
        return;
}

#include "lwip/sockets.h"
#include "lwip/err.h"
#include "lwip/sys.h"

// 成功建立连接后进行通信
while (1)
{
        int rdbytes = 0;
        unsigned int ticks = get_clock_ticks();

        memset(data_buf, 0, sizeof(data_buf));     // 准备发送数据
        snprintf(data_buf, 99, "client ticks = %i.\n", ticks);

        // 发送数据
        if (send(sock_fd, data_buf, strlen(data_buf), 0) <= 0)
        {
                delay_ms(1000); continue;
        };
        // 接收回复
        rdbytes = recv(sock_fd, data_rev_buf, TCP_CLIENT_BUFSIZE, 0);
        if (rdbytes > 0)
        {
                printk("SERVER REV: %s\n", data_rev_buf);
                memset(data_rev_buf, 0, sizeof(data_rev_buf));
        }

        delay_ms(100);
        if (count++ >= 20)    /* 结束 */
        break;
}
```

```
        closesocket(sock_fd);     // 关闭连接
        printk("tcp_client_thread stop!\r\n");
}

/*
*       初始化 TCP 客户端，供用户调用
*/
void tcp_client_init(void)
{
        sys_thread_new("tcp_client",
        tcp_client_thread, NULL,
        DEFAULT_THREAD_STACKSIZE, DEFAULT_THREAD_PRIO + 1);
}
#include <finsh.h>
/* 导出到 msh 命令列表中 */
MSH_CMD_EXPORT(tcp_client_init, tcp_client_init test);
```

先在上位机上用TCP/UDP工具建立服务器，IP 地址为192.168.1.111、端口为9061，并打开监听，如图16.5 所示。

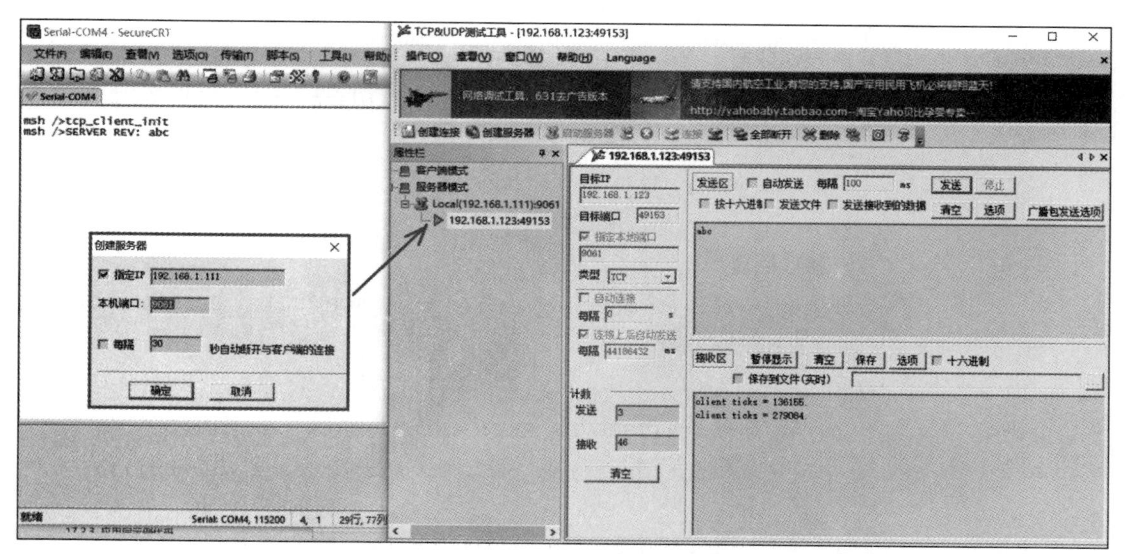

图 16.5　服务器调试窗口接收网络数据

在开发板的控制台中运行程序后，执行结果如下：

```
msh />tcp_client_init
msh />SERVER REV: abc
```

开发板作为客户端，与 PC（IP 地址为 192.168.1.111）建立连接，连接成功后，接收服务器发

来的消息“abc”并发送至串口。

练习题

1. 什么是 TCP/IP？常见的 TCP/IP 有哪些？
2. 使用 TCP/IP 传输时，如果发现错误如何处理？
3. IP 地址、端口的作用是什么？
4. 根据示例程序编写代码，实现创建本地 Web 服务，实现开发套件的按键检测。

探索提升

物联网是指通过信息传感器、射频识别技术、全球定位系统、红外感应器、激光扫描器等各种装置与技术，实时采集任何需要监控、连接、互动的物体或过程，采集其声、光、热、电、力学、化学、生物、位置等需要的信息，通过各类可能的网络接入，实现物与物、物与人的连接，实现对物品和过程的智能化感知、识别和管理。物联网是一个基于互联网、传统电信网等的信息承载体，它让所有能够被独立寻址的普通物理对象形成互联互通的网络。

物联网应用领域涉及方方面面，在工业、农业、环境、交通、物流、安保等基础设施领域的应用，有效地推动了这些领域的智能化发展，使得有限的资源被更加合理地分配使用，从而提高了行业效率、效益；在家居、医疗健康、教育、金融与服务、旅游等与生活息息相关的领域的应用，使得从服务范围、服务方式到服务质量等都有极大的改进，大大提高人们的生活质量；在涉及国防军事领域方面，虽然还处在研究探索阶段，但物联网应用带来的影响也不可小觑，大到卫星、导弹、飞机、潜艇等装备系统，小到单兵作战装备，物联网技术可有效提升军事智能化、信息化、精准化水平，极大提升军事战斗力，是未来军事变革的关键。

物联网是下一个推动世界高速发展的重要生产力，是继通信网之后的另一个万亿级市场。

第 17 章

基于 RT-Thread 的 LS1B 设备操作

本章知识

- 基于 RT-Thread 的 LS1B 开发套件的 I/O 设备管理框架
- 设备驱动的接口与实现方法

17.1 I/O 设备管理框架

绝大部分嵌入式系统都包括一些输入输出（I/O）设备，例如仪器上的数据显示、工业设备上的串口通信、数据采集设备上用于保存数据的 Flash 存储器或 SD（Secure Digital，安全数码）存储卡（简称 SD 卡），以及网络设备的以太网接口等。嵌入式系统通常都是针对专有特殊需求的设备而设计的，例如移动电话、MP3 播放器中的嵌入式系统就是典型的为处理 I/O 设备而设计的。

在缺乏操作系统的平台（即裸机平台）上，通常只需要编写 GPIO 硬件初始化代码即可。而引入 RT-Thread 后，RT-Thread 中自带 I/O 设备管理层，它将各种各样的硬件设备封装成具有统一接口的逻辑设备，以方便管理及使用。

RT-Thread 提供了一套 I/O 设备管理框架，它把 I/O 设备分成 3 层进行处理，即应用层、I/O 设备管理层、底层驱动，如图 17.1 所示。I/O 设备管理框架给上层应用提供了统一的设备对象接口和窗口，给下层提供了底层驱动接口。应用程序通过 I/O 设备管理框架提供的标准接口访问底层设备，底层设备的变更不会对上层应用产生影响，这种方式使得应用程序具有很好的可移植性，应用程序可以很方便地从一个 MCU 移植到另一个 MCU。

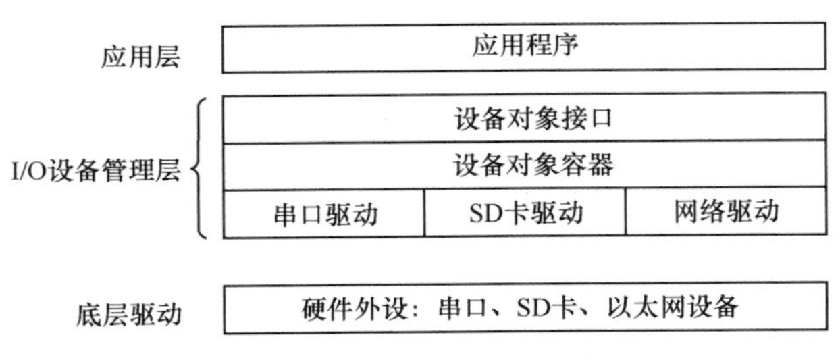

图 17.1　RT-Thread 的 I/O 设备管理框架

应用程序通过 RT-Thread 的设备对象接口获得正确的设备驱动，然后通过这个设备驱动与底层 I/O 硬件设备进行数据（或控制）交互。从系统整体位置来说，I/O 设备管理层相当于设备驱动程序和上层应用之间的中间层。

I/O 设备管理层实现了对设备驱动程序的封装。应用程序通过 I/O 设备管理层提供的标准接口访问底层设备，设备驱动程序的升级、更替不会对上层应用产生影响。这种方式使得设备的与硬件操作相关的代码能够独立于应用程序而存在，双方只需关注各自的功能实现，从而可降低代码的耦合性、复杂性，提高系统的可靠性。

RT-Thread 的设备模型是建立在内核对象模型基础之上的，设备被认为是一类对象，被纳入对象管理器的范畴。每个设备对象都由基对象派生而来，每个具体设备都可以继承其父类对象的属性，并派生出其私有属性。设备对象的继承和派生关系如图 17.2 所示。

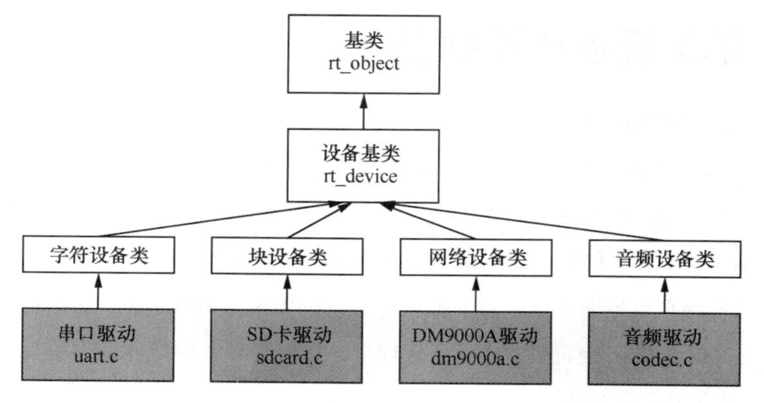

图 17.2　设备对象的继承和派生关系

17.2 RT-Thread 的设备接口

17.1 节介绍了 RT-Thread 的 I/O 设备管理框架，但对底层来说，如何编写一个设备驱动程序可能更为重要。本节将详细描述如何编写一个设备驱动程序，并以 GPIO 上的一个接口设备 LED 为例进行说明。本节的例程为 rt-thread-demo 目录下的 driver_test.c。

17.2.1 设备驱动必须实现的接口

RT-Thread 设备接口类包含一套公共设备接口，是面向底层驱动的：

```
/* 公共设备接口（由驱动程序提供） */
rt_err_t  (*init) (rt_device_t dev);
rt_err_t  (*open) (rt_device_t dev, rt_uint16_t oflag);
rt_err_t  (*close)(rt_device_t dev);
rt_size_t (*read) (rt_device_t dev, rt_off_t pos, void* buffer,
                   rt_size_t size);
rt_size_t (*write)(rt_device_t dev, rt_off_t pos, const void* buffer,
                   rt_size_t size);
rt_err_t  (*control)(rt_device_t dev, rt_uint8_t cmd, void *args);
```

这些接口也是上层应用通过 RT-Thread 设备接口进行访问的实际底层接口，如设备操作接口与设备驱动程序接口的映射，如图 17.3 所示。

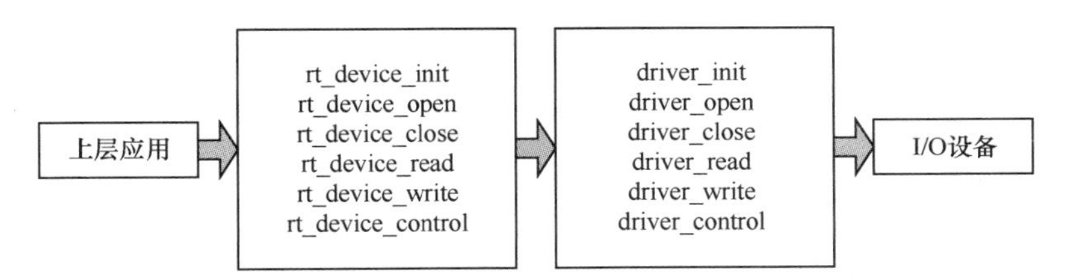

图 17.3　设备操作接口与设备驱动程序接口的映射

这些驱动实现的底层接口是上层应用最终访问的落脚点，例如，上层应用调用 rt_device_read 接口进行设备读取数据操作，上层应用先调用 rt_device_find 获得相对应的设备句柄，而在调用 rt_device_read 时，就是使用这个设备句柄所对应驱动的 driver_read。I/O 设备管理层提供的这 6 个接口（rt_device_init/open/close/read/write/control），对应到设备驱动程序的 6 个接口（driver_init/open/close/read/write/control），可以认为是底层设备驱动必须提供的接口。

17.2.2　设备驱动实现的步骤

在实现一个 RT-Thread 设备时，可以按照如下步骤进行。

（1）按照 RT-Thread 的对象模型扩展对象。扩展对象有两种方式：一是定义自己的私有数据结构，然后赋值到 RT-Thread 设备控制块的 user_data 指针上；二是从 struct rt_device 结构中进行派生。

（2）实现 RT-Thread 的 I/O 设备管理层中定义的 6 个公共设备接口。刚开始设计时，可以使用空函数（返回类型是 rt_err_t）进行填充，默认返回 RT_EOK；再根据自己的设备类型定义私有数据域；当可能有多个相似设备（例如串口 1、2）时，设备可以共用同一套接口，不同的只是各自的数据域（例如寄存器基地址）。

（3）根据设备的类型，注册到 RT-Thread 设备框架中。

17.2.3　编写驱动并自动注册

现在编写一个驱动，实现对 LED 的控制，将该驱动注册为字符设备类。

驱动例程为 test_driver.c，按照 17.2.2 小节中的步骤进行编写。

首先，声明 led_device 设备的结构体并定义一个 led1 设备，包含 LED 设备所使用的 GPIO 的引脚号。其中 led_device 为自己定义的私有数据结构，在注册设备时会赋值到 RT-Thread 设备控制块的 user_data 指针上。

```
struct led_device
{
    int led_num;
```

```
};

struct led_device led1 =
{
    led_gpio,
};

struct rt_device led1_device;
```

其次，编写设备驱动层的接口，实现 RT-Thread 的 I/O 设备管理层中定义的 6 个公共设备接口。

```
/* RT-Thread Device Interface */
static rt_err_t rt_led_init (rt_device_t dev)
{
    struct led_device* led_dev = (struct led_device*) dev->user_data;
    rt_kprintf("Init gpio! gpio_num = %d \n", led_dev->led_num);
    gpio_enable(led_dev->led_num, DIR_OUT);
    return RT_EOK;
}

static rt_err_t rt_led_open(rt_device_t dev, rt_uint16_t oflag)
{
    return RT_EOK;
}

static rt_err_t rt_led_close(rt_device_t dev)
{
    return RT_EOK;
}

static rt_size_t rt_led_read (rt_device_t dev, rt_off_t pos, void* buffer,
                              rt_size_t size)
{

    return RT_EOK;
}

static rt_size_t rt_led_write (rt_device_t dev, rt_off_t pos,
                               const void* buffer, rt_size_t size)
```

```
{

    return RT_EOK;
}

static rt_err_t rt_led_control (rt_device_t dev, rt_uint8_t cmd, void *args)
{
    struct led_device* led_dev = (struct led_device*) dev->user_data;
    switch (cmd)
    {
    case 1:
        gpio_write(led_dev->led_num, 0);
        break;
    case 0:
        gpio_write(led_dev->led_num, 1);
        break;
    }
    return RT_EOK;
}
```

最后，注册到 RT-Thread 设备框架中，将上层接口与访问的实际底层接口联系起来，所使用的设备类型为字符型。

```
rt_err_t rt_hw_led_register(rt_device_t device, const char* name,
                            rt_uint32_t flag, void *user_data)
{
    device->type        = RT_Device_Class_Char;
    device->rx_indicate = RT_NULL;
    device->tx_complete = RT_NULL;
    device->init        = rt_led_init;
    device->open        = rt_led_open;
    device->close       = rt_led_close;
    device->read        = rt_led_read;
    device->write       = rt_led_write;
    device->control     = (void *)rt_led_control;
    device->user_data   = user_data;

    /* register a character device */
```

```
    return rt_device_register(device, name, RT_DEVICE_FLAG_RDWR | flag);
}
```

17.2.4 编写应用程序测试驱动

测试驱动的代码为：

```
/*
 * 测试库中 GPIO 作为输出时的相关接口
 * LED 闪烁 10 次
 */
void driver_test(void)
{
    int i;
    static rt_device_t led_device;// LED 设备

  rt_hw_led_register(&led1_device, "led1",  RT_DEVICE_FLAG_RDWR , &led1);

  led_device = rt_device_find("led1");

  if (led_device != RT_NULL)
  {
        rt_device_init(led_device);

        for (i=0; i<10; i++)
        {

            rt_device_control(led_device, 0,RT_NULL);
            rt_thread_delay(100);
            rt_device_control(led_device, 1,RT_NULL);
            rt_thread_delay(100);
        }
  }
    return ;
}

#include  <finsh.h>
```

```
FINSH_FUNCTION_EXPORT(driver_test, driver_test  e.g.driver_test());
/* 导出到 msh 命令列表中 */
MSH_CMD_EXPORT(driver_test, driver_test);
```

在 FinSH 中运行命令 driver_test。首先，使用 rt_hw_led_register 函数注册字符设备类设备 led1；其次，在系统中找到该设备；最后，使用函数 rt_device_control 控制该设备，从而打开和关闭 led1，使 led1 闪烁 10 次。串口控制台显示的测试结果如图 17.4 所示。

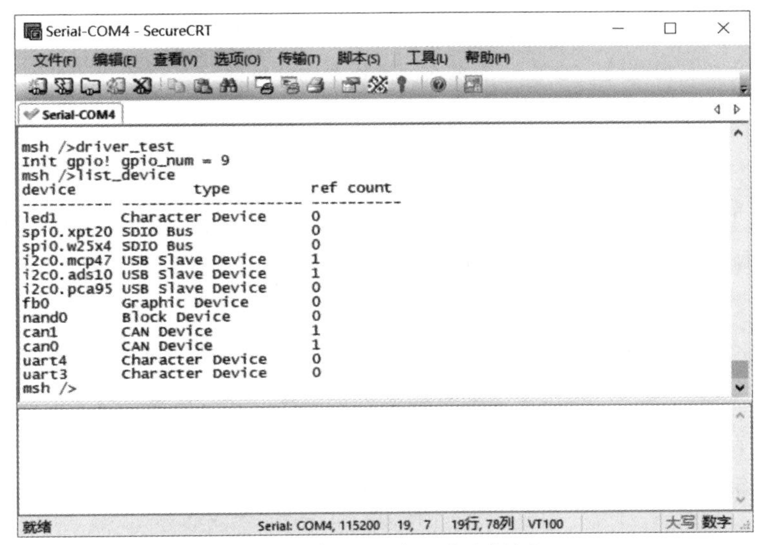

图 17.4 自定义设备驱动测试结果

练习题

根据示例程序编写代码，实现基于设备的按键操作。

探索提升

嵌入式操作系统是一种用途广泛的系统软件，通常包括与硬件相关的底层驱动软件、系统内核、设备驱动接口、通信协议、图形界面、标准化浏览器等。嵌入式操作系统负责嵌入式系统的全部软硬件资源的分配、任务调度，控制、协调并发活动。它必须体现其系统的特征，能够通过装卸某些模块来实现系统所要求的功能。目前在嵌入式领域广泛使用的操作系统有嵌入式实时操作系统 μC/OS-II、嵌入式 Linux、Windows Embedded、VxWorks 等，以及应用在智能手机和平板计算机中的 Android、iOS 等。

当嵌入式系统包含操作系统时，设备驱动程序会是什么样子？

首先，非嵌入式操作系统的设备驱动硬件操作可能仍然至关重要。如果没有这个部分，设备驱动程序和硬件就不能交互。

其次，我们需要将设备驱动程序合并到内核中。为了实现这种融合，我们必须在所有设备驱动程序中设计操作系统内核的接口。操作系统规定这些类型的接口，并且在结构上独立于特定于某一类设备的设备。

因此，当有操作系统时，设备驱动程序成为硬件和内核的链接。操作系统的存在将不可避免地要求设备驱动程序附加更多的代码和功能，从而将单个“驱动硬件设备操作”变成一个模块，用于从操作系统内部与硬件交互。

设备驱动程序以操作系统 API 的形式出现，不再直接提供接口。在获得操作系统后，设备驱动程序变得越来越复杂。问题是，在这种情况下，操作系统应该做什么？

首先，一个复杂的软件系统需要处理多个并发任务。如果没有操作系统，完成多任务并发是一个挑战。

其次，操作系统为嵌入式开发工程师提供内存管理机制。举个典型的例子，大多数基于 MMU 的处理器、Windows、Linux 和其他传统操作系统都支持每个进程单独访问 4GB 内存。

最后，操作系统给设备驱动程序的开发和使用带来了很多优势。操作系统以实现向更高级别的应用程序提供方便的操作为目的。如果所有设备驱动程序的设计理念都是操作系统提供独立于设备的接口，那么应用程序将可以使用统一的系统调用接口访问各种设备。对于 UNIX 的 VxWorks、Linux 和其他操作系统，应用程序可以读取和写入文件，并通过 write 函数和 read 函数访问不同的字符设备与块设备。这与设备和工作的具体类型无关，因此非常方便。

第18章

嵌入式系统的综合设计

本章知识

- 嵌入式系统的综合设计——基于物联网的智慧路灯

18.1 嵌入式系统设计流程

嵌入式系统常用于高效控制设备，被嵌入的系统通常是包含数字硬件和机械部件的完整设备，例如工业监控、家电设备等。嵌入式系统的设计灵活，可以智能处理各式各样的运算情况，以满足广大用户的不同需求。

设计一个嵌入式系统需要遵从一定的流程，一个标准的设计流程一般有 4 个步骤。

1. 总体论证

总体论证是对整体系统的可行性分析，首先要确定设计任务和设计目标，并提炼出设计规格说明书。整体系统需求分功能性需求和非功能性需求两部分。功能性需求是系统的基本功能需求，例如输入输出、操作方式等；非功能性需求包括系统性能、成本、功耗、体积等。同时还需要对国内外同类产品的应用情况予以了解。

2. 总体设计

明确整体系统的需求和设计规格后，要有针对性地进行总体设计。描述系统如何实现所需要的功能性需求和非功能性需求，包括对硬件、软件和执行装置的功能划分，以及系统的软件、硬件选型等。一个好的体系结构是设计成功的关键。

3. 硬件、软件设计

基于体系结构，对系统的硬件、软件进行详细的模块化设计。为了缩短产品开发周期，设计往往是并行的。嵌入式系统的设计工作大部分都集中在软件设计上，面向对象技术、软件组件技术、模块化设计是现代软件工程经常采用的方法。

4. 测试与调试

嵌入式系统开发的最大特点是软件、硬件综合开发。这是因为嵌入式产品是软硬件的结合体，软件针对硬件开发、固化、不可修改。测试与调试是将编写的程序投入实际运行前，用人工或编译程序等方法进行测试，修正语法错误和逻辑错误的过程。这是保证嵌入式系统正确性的必不可少的步骤。

嵌入式系统的调试包括硬件调试、软件调试以及综合调试。单纯的软件调试和硬件调试在单独的模块设计完成后进行，比较简单；综合调试是指整体组装完成后进行测试，在调试过程中可能会出现很多综合问题，比如预定的功能无法实现、已经实现的功能不满足需求等。这时就需要退回步骤 2 和步骤 3 进行重新设计；如果调试出现错误，而错误又难以定位，也必须退回到前面的步骤进行修正。

18.2 案例：基于物联网的智慧路灯

18.2.1 项目背景和需求

物联网技术是推动互联网应用发展的第三次信息产业浪潮，已经应用于众多领域。物联网技术通过传感器与互联网连接，实现物体的智能化识别。随着时代的发展，物联网的应用范围正在逐步扩大。一般来说，物联网可以理解为通过感知装置与网络进行信息传输，处理信息和计算数据，甄别出有效信息，达到物与物或人与物连接的目的，使网络技术与通信技术得到延伸。

随着工业化进程的加快，各种各样的配套基础设施建设也取得了突破性进展。而其中具有代表性、与人民生活密切相关的一项基础设施正是路灯系统。传统的路灯系统设计方案中存在一些不足之处，造成电能浪费、抢修缓慢等问题，而智慧路灯系统的出现从根本上解决了这些问题，因此有必要对基于物联网的智慧路灯系统设计进行研究。

本设计基于物联网，实现智慧路灯的远程监控，通过物联网和云计算等技术，实现对路灯的远程集中控制与管理，使路灯具有根据外界光照度和天气情况自动调节亮度、远程照明控制等功能；使用 LED 照明，能够大幅节省电力资源，提升公共照明管理水平，节省维护成本；可以实时查询路灯亮度、温度、湿度等数据；可记录系统操作日志，管理个人信息，使城市道路照明达到“智慧”状态。

18.2.2 系统总体设计

智慧路灯的设计目标是设计以无线通信技术为基础，对路灯进行远程控制的新型路灯系统，它能够结合光照度调整路灯亮度，能感知周围环境的温度、湿度等。智慧路灯系统主要可以分成软件平台及硬件系统两部分；在层次上大致可分为感知层（进行数据采集）、传输层（进行信号的远程传输）、应用层（进行远程显示和交互处理），如图 18.1 所示。其中软件平台是智慧路灯系统的核心，可基于网络迅速定位路灯并进行管理，包括设置灯的控制方案、显示路灯的各类传感器数据等功能。

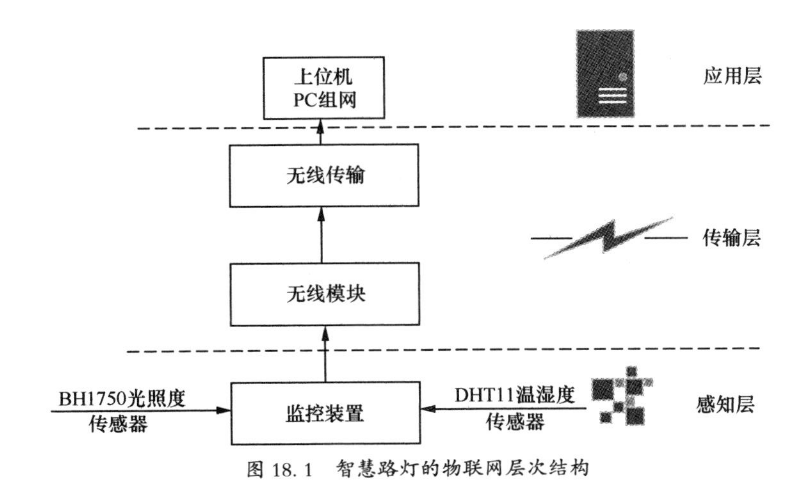

图 18.1 智慧路灯的物联网层次结构

18.2.3 硬件设计

在本设计中，监控装置基于 LS1B 开发套件，还配置了温湿度、光照度两种传感器，其性能参数分别如表 18.1 和表 18.2 所示。

表 18.1 DHT11 温湿度传感器的性能参数

型号	温度范围	湿度范围	响应时间	封装	供电电压
DHT11	0 ~ 50℃ ±2℃	20% ~ 90%±4%	10s	4 针单排直插	3 ~ 5.5V

表 18.2 BH1750 光照度传感器的性能参数

型号	光照度范围	测量精度	最小误差	接口	供电电压
BH1750	1 ~ 65535lx	1.2lx	1.1lx	I2C 总线	2.4 ~ 3.6V

此外，需要使用的硬件电路还包括一块 LCD、一个 ESP8266 Wi-Fi 模块、4 个 LED。系统硬件电路结构如图 18.2 所示。

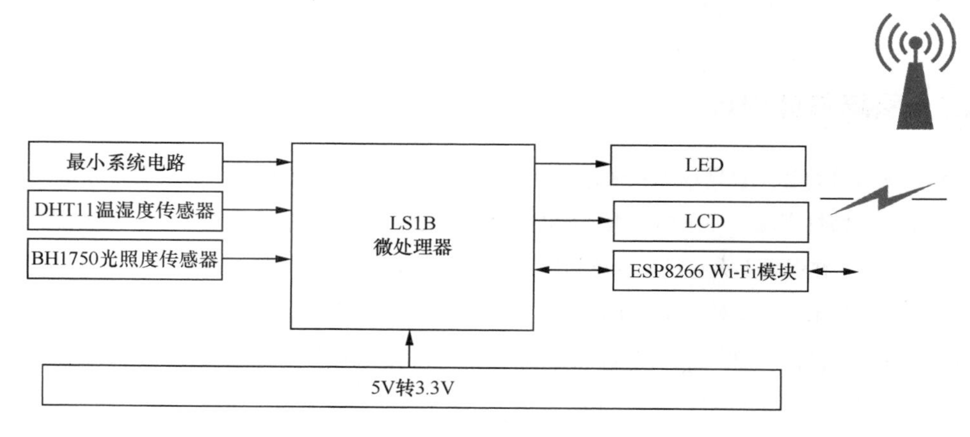

图 18.2 系统硬件电路结构

系统的硬件电路模块接线如图 18.3 所示。

系统硬件主要分布在感知层的核心监控装置和应用层的人机交互电路上，只有核心装置正常工作才能实现对温湿度和光照度的监控。主控芯片作为装置的核心处理器，采用 LS1B 开发套件，拥有 UART、SPI、I^2C 等多个通信接口以及 ADC、定时器等丰富的资源，可满足系统所需。本系统硬件平台集成数据采集、信号输出及控制、通信、MCU、人机交互等电路。其中，人机交互电路由串口和 LCD 等组成。

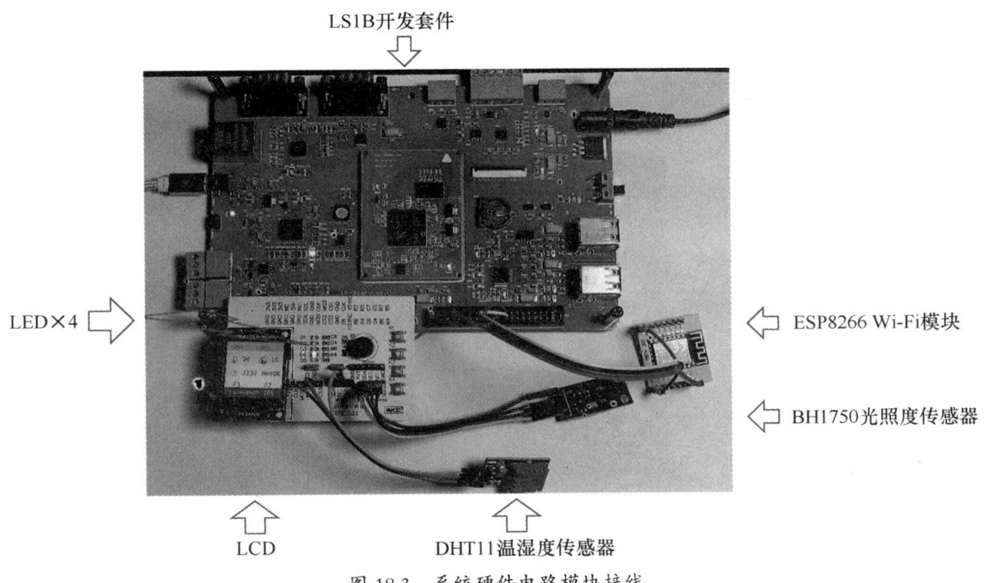

图 18.3 系统硬件电路模块接线

硬件电路与各模块采用杜邦线连接，硬件 GPIO 接线如表 18.3 所示。

表 18.3 智慧路灯系统硬件 GPIO 接线

LS1B 引脚	GPIO	模块	引脚	总线结构
SPI0_CLK	24	LCD	SCL	SPI
SPI0_SDA	26		SDA	SPI
LCD_EN	07		RES	GPIO
LCD_R4	23		DC	GPIO
SPI0_CS1	28		BLK	GPIO
SCL	32	BH1750 光照度传感器	光照度传感器 SCL	I2C
SDA	33		光照度传感器 SDA	I2C
LCD_HSYNC	06	DHT11 温湿度传感器	数据线	单总线
LCD_G6	17	红灯	LED	GPIO
LCD_G4	15	黄灯	LED	GPIO
LCD_B6	11	橙灯	LED	GPIO
LCD_B4	9	蓝灯	LED	GPIO
UART1_TX	51	ESP8266Wi-Fi 模块	TXD	UART
UART1_RX	50		RXD	UART

18.2.4 软件设计

1. LCD 设计

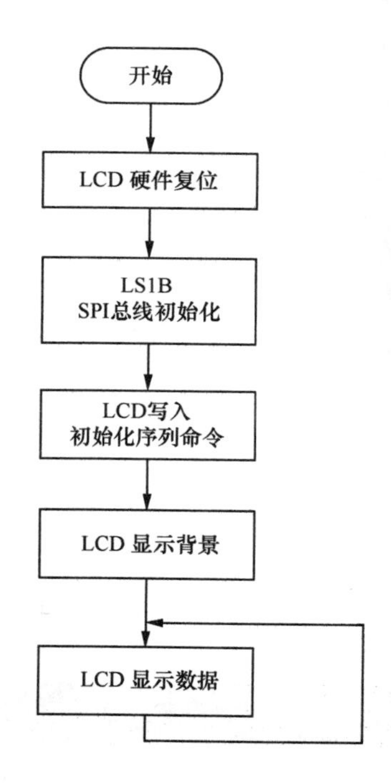

图 18.5 LCD 初始化和显示流程

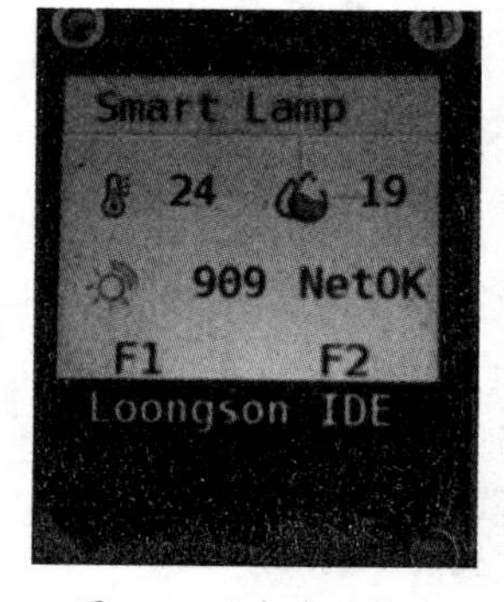

图 18.4 人机交互界面

人机交互界面是本系统中必不可少的部分，由 240×240 LCD 组成，通过此模块可以让用户直观地查看数据并对设备参数进行设置。人机交互界面分为三大部分，第一部分显示设备名称为"Smart Lamp"，第二部分显示当前传感器采集的数据，第三部分显示当前的网络状态，界面如图 18.4 所示。

人机交互界面的彩色 LCD 驱动集成电路为 ST7789，使用 SPI 方式进行通信，系统通过高速、全双工、同步通信总线 SPI 与 LS1B 进行通信，传输数据。LCD 初始化和显示流程如图 18.5 所示。LCD 首先将模块的 RST 引脚置为低电平，进行硬件复位，再拉高以恢复运行；配置 LS1B 的 SPI 总线初始化为 1Mbit/s，先发送高位，时钟相位为 0，时钟的极性为 1，时钟信号不反相；再发送 SPI 的片选信号；接着 LCD 写入初始化序列命令，主要配置 LCD 的颜色模式、帧率等；最后将背景图片写入显示缓存，并打开显示。

2. 光照度传感器数据采集

BH1750 是 16 位数字输出型环境光照度传感器，采用两线式串行总线接口，可以根据收集的光照度数据来调整灯的亮度。利用它的高分辨率可以探测较大范围的光照度变化，变化范围为 1 ~ 65535lx。

光照度传感器通过感应光照度输出 I^2C 信号。本系统将光照度传感器连接到 MCU 的 I2C0 引脚。光照度传感器初始化和采集数据流程如图 18.6 所示。

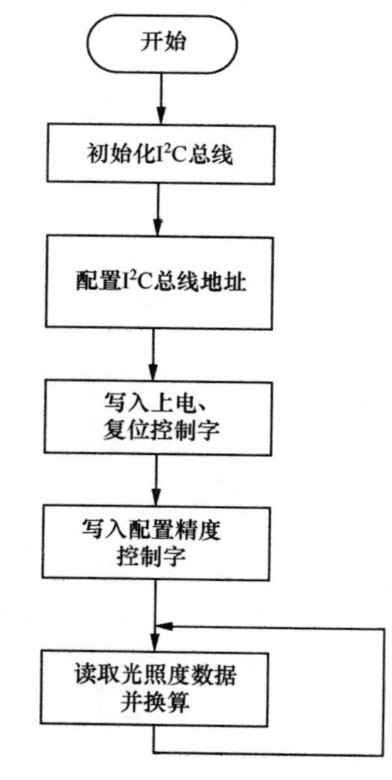

图 18.6 光照度传感器初始化和采集数据流程

3. 温湿度传感器数据采集

DHT11 是一款有已校准数字信号输出的温湿度传感器。它应用专用的数字信号采集技术和温湿度传感技术，确保产品具有极高的可靠性与卓越的长期稳定性。DHT11 包括一个电阻式感湿元件和一个 NTC 测温元件，并与一个高性能 8 位单片机相连接，具有超快响应、抗干扰能力强、性价比高的优点。温湿度传感器 DHT11 不需要进行初始化，其采集流程如图 18.7 所示。需要注意的是，采样周期时间间隔不得小于 1s。温湿度传感器 DHT11 读取数据要经历 4 个步骤。

步骤 1：DHT11 上电后（DHT11 上电后要等待 1s 以越过不稳定状态，在此期间不能发送任何指令），测试环境温湿度数据并记录数据，同时 DHT11 的 DATA 数据线由上拉电阻拉高一直保持高电平；此时 DHT11 的 DATA 引脚处于输入状态，时刻检测外部信号。

步骤 2：微处理器的 I/O 配置为输出低电平，且低电平保持时间不能小于 18ms（不得超过 30ms），然后微处理器的 I/O 设置为输入状态，由于上拉电阻的作用，微处理器的 I/O 即 DHT11 的 DATA 数据线也随之变高，等待 DHT11 给出应答信号。

步骤 3：DHT11 的 DATA 引脚检测到外部信号为低电平时，等待外部信号低电平结束，延迟后 DHT11 的 DATA 引脚处于输出状态，输出 83μs 的低电平作为应答信号，紧接着输出 87μs 的高电平通知外设准备接收数据，微处理器的 I/O 此时处于输入状态，检测到 I/O 有低电平（DHT11 应答信号）后，等待 87μs 的高电平后的数据接收。

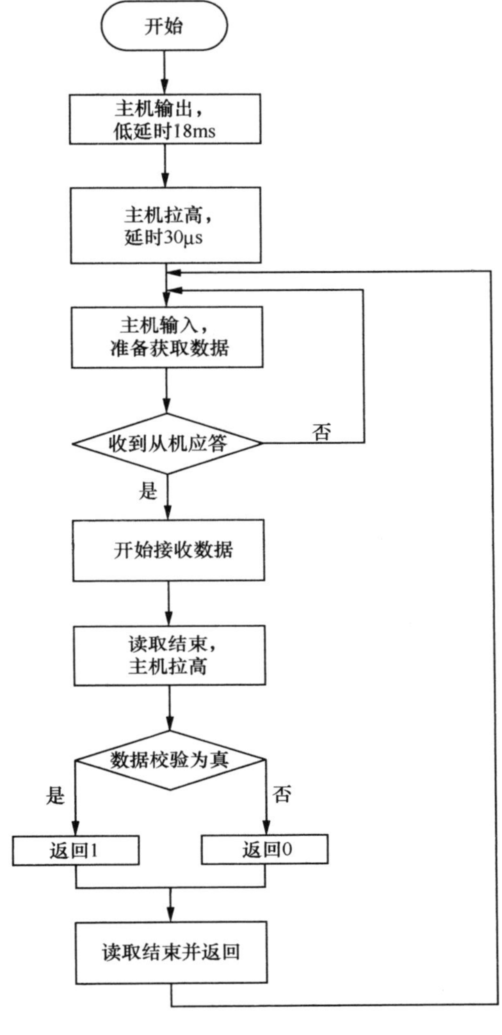

图 18.7 温湿度传感器 DHT11 采集流程

步骤 4：由 DHT11 的 DATA 引脚输出 40 位数据，微处理器根据 I/O 电平的变化接收 40 位数据。位数据“0”的格式为：54μs 的低电平和 23~27μs 的高电平。位数据“1”的格式为：54μs 的低电平加 68~74μs 的高电平。

采样数据完成后，在进行转换的过程中，为了减小误差、提升数据的准确度和真实性，本系统加入了均值滤波算法。该算法的思想是平均若干个连续周期内的采样值，特点是周期个数较多则滤波后数据平滑，但灵敏度不理想；周期个数较少则滤波后灵敏度好，但数据有“毛刺”。其无法抑制周期内的单个异常信号，故需要对异常信号做剔除处理。

4. 基于光照度进行 LED 的控制

在终端实现根据光照度控制 LED，将光照度分为 4 级，分别对应 4 个灯的控制。基于光照度的 LED 控制流程如图 18.8 所示。

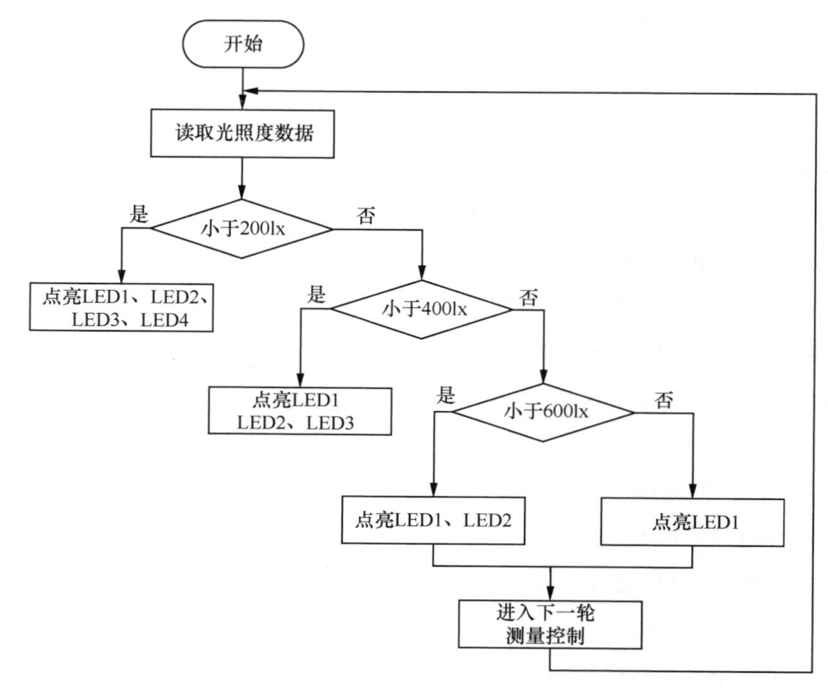

图 18.8 基于光照度的 LED 控制流程

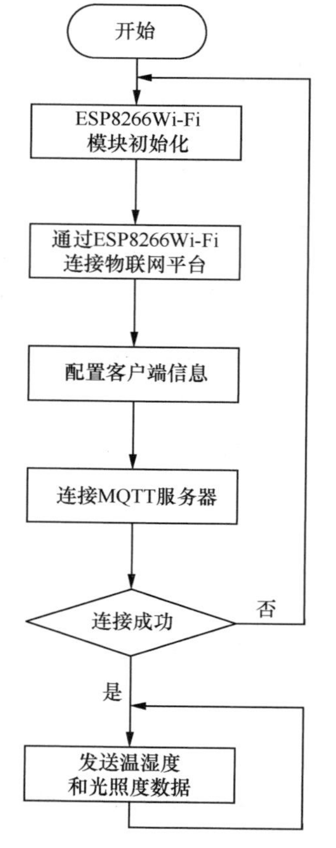

图 18.9 基于 ESP8266Wi-Fi 模块的联网和数据上传控制流程

5. 使用 ESP8266Wi-Fi 模块联网

ESP8266 系列模组是深圳市安信可科技有限公司开发的一系列基于乐鑫 ESP8266EX 的低功耗 UART-WiFi 芯片模块，可以方便地进行二次开发，接入云端服务，加速产品原型设计。这里采用 ESP-12F 模块，内置 MQTT（Message Queuing Telemetry Transport，消息队列遥测传输）协议透传固件。

ESP8266Wi-Fi 模块使用 UART 与 LS1B 进行通信，通过 UART 的 RXD 接收 LS1B 的指令，并将自己联网的反馈数据通过 UART 的 TXD 发送到 LS1B，方便 LS1B 判断网络状态，接收网络指令。

基于 ESP8266Wi-Fi 模块的联网和数据上传控制流程如图 18.9 所示。首先进行模块的初始化操作，再连接模块入网，接着配置接入 MQTT 服务器的用户名和密码，最后连接 MQTT 的服务器。连接成功后返回 1，并正常进行数据的发送；如果不成功，再回到初始化环节重复刚才的步骤。

6. 物联网平台的搭建

企业基于物联网通过运营设备数据实现效益提升已是行业趋势、业内共识。然而，物联网转型或者物联网平台建设过程中往往存在各类阻碍。针对此类制约企业物联网发展的问题，各类物联网平台提供了一系列的解决方案。

目前常用的物联网平台有百度云、阿里云、腾讯云等，它们都能解决物联网应用场景下设备大规模连接、多厂商兼容、响应实时性等问题，赋能线下共享设备实现智能化管理，降低运维成本、提高收益，满足用户体验的智能化、个性化需求。这里采用阿里云平台。阿里云物联网平台的搭建方法在官网上有专门的教程，这里不赘述。

首先创建产品 “smart lamp”，创建设备“ls1b_device”，功能定义添加对应的属性，先添加温湿度传感器和光照度传感器属性，如图 18.10 所示。

属性	光照度 (自定义)	LightLux	double (双精度浮点型)	取值范围：0 ~ 100000	查看
属性	温度 (自定义)	temperature	double (双精度浮点型)	取值范围：0 ~ 100	查看
属性	湿度 (自定义)	Humidity	double (双精度浮点型)	取值范围：0 ~ 100	查看

图 18.10 设备“ls1b_device”的传感器属性

再添加 LED 的属性，如图 18.11 所示。

属性	红灯 (自定义)	red_light	bool (布尔型)	布尔值：0 - 关 1 - 开	查看
属性	蓝灯 (自定义)	blue_light	bool (布尔型)	布尔值：0 - 关 1 - 开	查看
属性	黄灯 (自定义)	yellow_light	bool (布尔型)	布尔值：0 - 关 1 - 开	查看
属性	橙灯 (自定义)	orange_light	bool (布尔型)	布尔值：0 - 关 1 - 开	查看

图 18.11 设备 “ls1b_device” 的 LED 属性

最后创建物联网应用，设计平台的界面，将界面上的控件与产品设备的属性进行关联。最终搭建好的平台界面如图 18.12 所示，发布地址为 http://www.ls1bembeded.online/。例程会向此平台发送数据，读者可访问此网址进行测试。

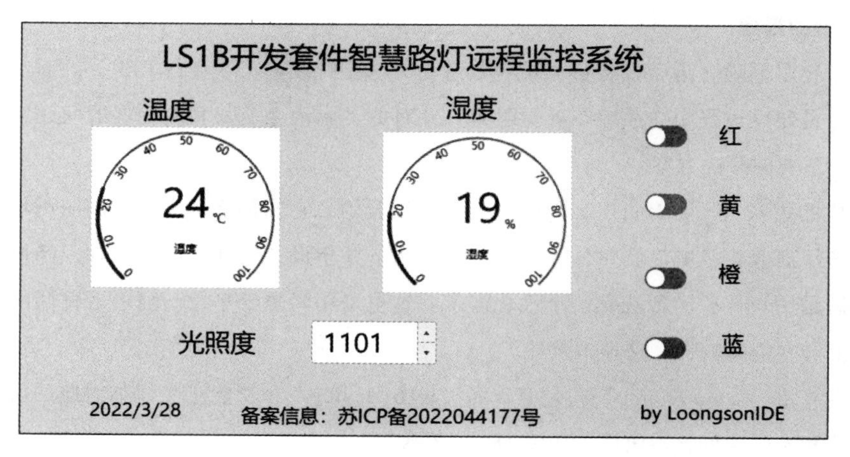

图 18.12　基于阿里云的物联网远程监控平台界面

18.2.5　智慧路灯的系统调试

智慧路灯的各个子模块调试完成后，已经完成的功能有 LCD 显示，温湿度和光照度数据正确采集，数据的实时显示，数据实时上传至物联网平台，物联网远程监控平台控制本地 LED。

如何将以上功能整合成统一的项目？首先进行方案的规划，再编程实现。考虑到智慧路灯系统联网不成功时，本地的功能不能停止，这里设计图 18.13 所示的流程。当联网不成功时进行本地控制，即根据光照度控制 LED；当联网成功后，则进行远程的 LED 控制。

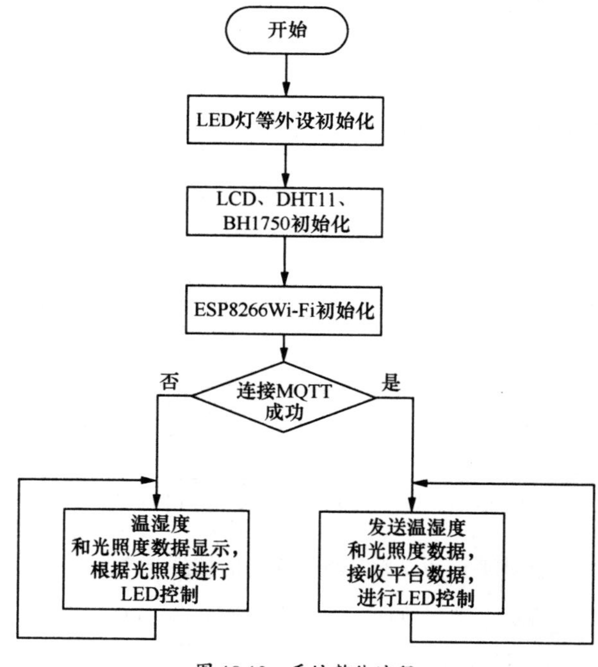

图 18.13　系统整体流程

系统整体运行效果如图 18.14 所示。

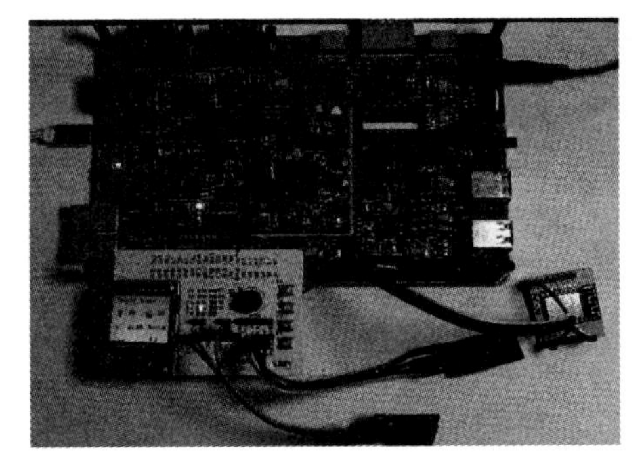

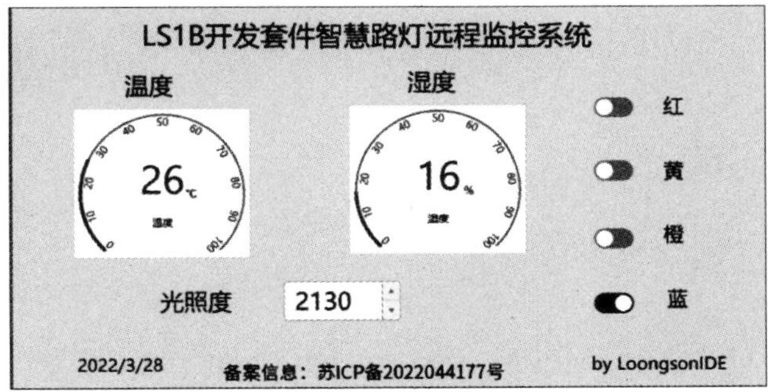

图 18.14 系统整体运行效果

参考文献

[1] 陈志旺 . STM32 嵌入式微控制器快速上手 [M]. 第 2 版 . 北京：电子工业出版社 ,2014.

[2] 邓宽，陈正宇，张玉，等 . 嵌入式 Linux 接口开发技术 [M]. 北京：电子工业出版社，2021.

[3] 刘火良，杨森 . RT-Thread 内核实现与应用开发实战指南：基于 STM32[M]. 北京：机械工业出版社，2018.

[4] 邱祎，熊谱翔，朱天龙 . 嵌入式实时操作系统：RT-Thread 设计与实现 [M]. 北京：机械工业出版社，2019.

[5] 王宜怀，史洪玮，孙锦中，等 . 嵌入式实时操作系统：基于 RT-Thread 的 EAI&IoT 系统开发 [M]. 北京：机械工业出版社，2021.

[6] 郑淑鉴，熊文华，胡少鹏 . 基于智慧路灯的城市道路物联网系统设计研究 [C]// 第十三届中国智能交通年会大会论文集 .2018：747-754.

[7] 刘霁葳 . 以物联网技术为基础的智慧路灯系统设计探讨 [J]. 智能建筑与智慧城市，2018(10)：127-128.

[8] 张家英 . 基于物联网的智慧路灯系统设计 [J]. 电子技术与软件工程，2017(22)：103-104.

[9] 陈鑫元，李筠，杨海马，等 . 基于物联网技术的智慧路灯系统设计 [J]. 数据通信，2016(01)：45-49.

[10] 邢彦，毋毅，吉喆阳，等 . 基于物联网技术的环境监测系统 [J]. 电子技术与软件工程，2018(01)：11.

致谢

感谢龙芯中科技术股份有限公司董事长胡伟武对本书的大力支持。

感谢龙芯中科技术股份有限公司的杜安利、叶骐宁等对本书龙芯嵌入式内容的支持。

感谢苏州市天晟软件科技有限公司的卞岳良在硬件平台、代码测试方面的支持。

感谢上海睿赛德电子科技有限公司的熊谱翔对本书RT-Thread内容的支持。

感谢社区龙芯俱乐部的刘世伟、周银坤、赵利龙、王星星、凌阳、陆明峰等人对本书开源技术内容的贡献。

感谢南京工业大学的王晓荣教授以及毕家钦、丁中港等同学在本书的硬件平台测试、例程、二次开发等方面的支持。